L'homme est-il responsable du réchauffement climatique ?

ANDRÉ LEGENDRE

EDP
SCIENCES

17, avenue du Hoggar – P.A. de Courtabœuf
BP 112, 91944 Les Ulis Cedex A

Imprimé en France
ISBN : 978-2-7598-0383-5

SOMMAIRE

Introduction 7

De Joseph Fourier (1768-1830) à Kyoto (1997) 17

Chapitre 1. L'effet de serre 27
Variation diurne et effet de serre 27
L'effet de serre et les trois planètes 34
Ce que l'on peut retenir 42

Chapitre 2. Forçage radiatif et sensibilité climatique 43
Une erreur récurrente ? 52
Ce que l'on peut retenir 62

Chapitre 3. Rétroactions et prévisions des modèles climatiques 65
Rétroactions dues à l'eau 66
Autres rétroactions 80
Ce que l'on peut retenir 80

Chapitre 4. Un peu plus sur l'albédo, les nuages et les aérosols 83
Qu'est ce qui peut faire varier l'albédo ? 85
Les aérosols 88
Ce que l'on peut retenir 91

Chapitre 5. Les températures du passé 93
Comment connaître les climats passés 94
Le carottage des glaces et des sédiments 100
Les variations climatiques depuis le début des ères géologiques ... 102
Au temps des Dinosaures 103
Au temps d'Homo habilis 104
Au temps d'Homo erectus 104

Au temps d'Homo sapiens 105
Au cours du présent interglaciaire 108
Au cours des derniers millénaires 110
Ce que l'on peut retenir 117

Chapitre 6. Les températures actuelles 119
Évolution des températures au cours du XXe siècle 120
Les mesures thermométriques elles-mêmes 127
Satellites et ballons 128
Ce que l'on peut retenir 139

Chapitre 7. Les glaces d'aujourd'hui, d'antan et le niveau des mers... 141
Les prévisions du GIEC 142
Le niveau des mers et sa mesure 144
Raisons des variations du niveau des mers 152
Ce que l'on peut retenir 172

Chapitre 8. Les gaz à effet de serre, le cycle du carbone et Gaïa 175
L'eau 176
Le méthane (CH_4) 176
L'ozone (O_3) 178
Les oxydes d'azote 179
Les chlorofluorocarbures et les fluorocarbures 180
L'hexafluorure de soufre (SF_6) 180
Le gaz carbonique (CO_2) 181
Le cycle du carbone 191
Gaïa 205
Ce que l'on peut retenir 208

Chapitre 9. Un peu plus sur les événements extrêmes 211
Les vagues de chaleur et de froid 213
La sécheresse et les pluies diluviennes 215
Les cyclones tropicaux 218
Le ralentissement du Gulf Stream 222
Ce que l'on peut retenir 226

Chapitre 10. Les causes du réchauffement 229
L'énergie que le Soleil veut bien nous dispenser 230
Intercession des rayons cosmiques 244
L'effet de serre et sa fluctuation 253
Et les échanges internes ? 257
Ce que l'on peut retenir 259

Quelques pages en guise de conclusion 261
Une théorie très controversée 262
Relation quantitative CO_2/température 264

Un large consensus ? 268
D'autres causes pour le réchauffement climatique ? 270
Des peurs et des hommes 272
Le CO_2 est-il l'ennemi public qu'on nous présente ? 273
Des réponses pour un développement durable ? 275
Recherche d'une plus grande efficacité énergétique 278
Prise de position 285

Références citées 291

Pour en savoir plus 305

Remerciements 307

INTRODUCTION

Il n'y a plus d'hiver, le climat « se détraque ». Cette expression populaire du réchauffement climatique s'accompagne de la version « il n'y a plus d'été » ou de celle, encore plus courante, « *il n'y a plus de saisons !* ».

Ces trois versions se réfèrent, de manière subconsciente, à l'existence d'un climat idéalement stable dont les fantaisies du « temps » empêcheraient sans cesse la réalisation. Les journaux télévisés et les médias de toute nature entretiennent d'ailleurs cette référence en répétant, jour après jour, que l'homme est en train de modifier le climat stable dans lequel il prospérait. Cette stabilité serait menacée par l'irresponsable aventure technologique humaine qui va inévitablement être sanctionnée par un réchauffement insupportable.

Tout ce qui survient de mauvais dans le monde, de la canicule de 2003 au cyclone Katrina, en passant par les inondations de 2002 en Tchéquie et les records d'enneigement aux États-Unis, est désormais attribué au réchauffement climatique dont l'homme est responsable. Les plus alarmistes nous décrivent un avenir menaçant avec montée des mers, dépérissement de la végétation, sécheresse et pluies diluviennes, progression des maladies tropicales, des ouragans, des cyclones, des inondation et des noyades d'ours blancs… et concluent à l'urgence de changer nos modes de vie.

Pourtant, le climat de notre planète n'a jamais été stable. Il y a seulement 15 000 ans, nous étions encore en période glaciaire et depuis 150 000 ans *Homo sapiens* a vu se succéder une période interglaciaire plus chaude qu'aujourd'hui, une période glaciaire qui a duré 100 000 ans, puis de nouveau une période chaude, celle que nous vivons actuellement depuis 10 000 ans. Nos ancêtres ont subi, à l'échelle de quelques générations, durant chacune de ces trois périodes, des variations, quelquefois rapides de la température.

La période chaude actuelle, l'Holocène, a elle-même débuté par un brusque retour du froid retardant momentanément la fin du dégel. Elle a connu, il y a environ 8 000 ans un optimum climatique durant lequel le Sahara était verdoyant, puis quelques épisodes plus chauds ou plus froids qu'aujourd'hui, tels que le petit âge glaciaire. Ce dernier, après avoir été péniblement ressenti au siècle de Louis XIV, ne s'est achevé qu'au milieu du XIXe siècle.

Cela n'empêche pas que le réchauffement actuel soit décrit comme étant sans précédent. L'année 2005 aurait été la plus chaude jamais enregistrée[1]. La température moyenne du globe se serait élevée de 0,8 °C en un siècle. Les trois dernières décennies auraient vu une augmentation de la température moyenne du globe de plus de 0,6 °C, ce qui révélerait une accélération du processus. Mais, surtout, les modèles climatiques nous prédisent pour la fin du siècle des augmentations de température difficilement supportables.

Le programme *Climate prediction net*, qui met en œuvre des modèles utilisant la puissance de calcul considérable de dizaines de milliers d'ordinateurs personnels, prévoit, pour la fin du siècle, une augmentation de température comprise entre 1,9 et 11,5 °C. Il est vrai que la majorité

1. Il est vrai que les enregistrements thermométriques ne datent que de 150 ans.

des résultats se situent entre 4,2 et 8 °C, mais les médias n'ont évidemment retenu que la limite supérieure de 11 °C. Interrogé au sujet de ces résultats, M. Pierre Jouzel[2] a déclaré au journal *Le Monde* du 25 janvier 2006 « *qu'on ne peut exclure que le réchauffement soit supérieur à 6 °C à la fin du siècle si on ne fait pas attention* ».

Ce réchauffement de 6 °C est la limite supérieure dont fait état le dernier rapport des experts du climat de l'ONU. Bien que ce rapport donne une fourchette de 1,1 à 6,4 °C et indique 3 °C comme valeur la plus probable, le catastrophisme ambiant et l'alarmisme professionnel des médias ne mémorisent que la valeur maximale.

On nous prédit donc un avenir dramatique. La fonte des glaces va entraîner une élévation du niveau des mers qui rayera de la carte des régions entières, dont certaines sont parmi les plus peuplées du monde. La végétation n'aura pas le temps de s'adapter à l'évolution rapide de température prévue, les régions céréalières deviendront improductives et les forêts tempérées dépériront. La biodiversité sera réduite. Les ouragans et les cyclones, les inondations, et de manière générale les événements extrêmes deviendront plus fréquents et plus violents. La sécheresse au Sahel sera aggravée. Les maladies tropicales s'étendront aux régions actuellement tempérées. Les décès liés au réchauffement et aux canicules augmenteront…

Il y a, certes, de quoi être effrayé par ces changements brutaux qui risquent de faire de la Terre « une planète différente de celle que nous connaissons ». Surtout lorsque l'on constate que ces alarmes ne sont pas le seul fait de journalistes en manque de copies à sensation mais sont diffusées par des conférenciers de renom, comme Al Gore, et justifiées par des scientifiques reconnus.

La responsabilité de ces catastrophes à venir est attribuée à l'homme, coupable d'avoir développé une civilisation technologique

2. Directeur de l'Institut Pierre Simon Laplace (IPSL) fédérant six laboratoires de recherches. Outre la recherche, l'IPSL a en charge la diffusion des connaissances auprès des pouvoirs publics, des industries et des citoyens.

qui rejette dans l'atmosphère des quantités de plus en plus importantes de dioxyde de carbone, en conséquence de l'utilisation croissante des combustibles fossiles, charbon, pétrole et gaz naturel.

L'accroissement du dioxyde de carbone[3] dans l'atmosphère résulte de la combustion du carbone contenu dans les hydrocarbures fossiles. C'est un gaz à effet de serre ; il est donc susceptible de renforcer l'effet de serre dont bénéficie notre planète. Pour l'instant, nous jouissons, dans les régions tempérées, de l'agréable température moyenne que nous procure l'effet de serre naturel alors que, sans lui, nous grelotterions de froid en plein été. Mais il est compréhensible que certains puissent penser que son augmentation excessive puisse conduire à un réchauffement insupportable. C'est d'ailleurs le propos qui est tenu par un certain nombre de scientifiques, s'exprimant au nom du GIEC.

Le GIEC, ou Groupement intergouvernemental sur l'évolution du climat, a été créé en 1988 par L'Organisation météorologique mondiale (OMM) et le Programme des Nations unies pour l'environnement (PNUE). Cet organisme onusien a pour rôle « *d'expertiser l'information scientifique, technique et socio-économique qui concerne le risque de changement climatique* ***provoqué par l'homme*** ». Son rôle, ainsi défini, présuppose dès l'origine la responsabilité de l'homme dans le réchauffement en cours et à venir. Il n'est donc pas surprenant que le GIEC s'emploie à le démontrer.

La théorie élaborée par le GIEC repose sur un certain nombre de principes et d'observations qui appellent autant de questions.

Première observation : les relevés thermométriques montrent, sans équivoque, une hausse de la température moyenne globale depuis le milieu du XIXe siècle. Les trois décennies récentes révèlent une accélération de cette élévation de température, et l'on enregistre un réchauffement sans précédent de l'Arctique.

3. Qui sera, le plus souvent, désigné dans ce qui suit par sa formule : CO_2.

Deuxième observation : les glaciers terrestres reculent partout dans le monde et la superficie des banquises diminue.

Troisième observation : le niveau des mers s'élève.

Quatrième observation : la fréquence et l'intensité des événements extrêmes (ouragans cyclones, inondations...) augmentent.

Cinquième observation : des espèces végétales et animales ont déjà réagi au changement climatique et les coraux, notamment, montrent des signes de souffrance.

Sixième observation : les relevés effectués à partir des carottes prélevées dans les glaces des inlandsis arctique et antarctique établissent clairement une covariation des températures et des concentrations en gaz à effet de serre. De plus, la concentration actuelle de CO_2 dans l'atmosphère, soit 380 ppmv, est supérieure à toutes celles qui ont été mesurées dans les carottes glaciaires depuis 800 000 ans.

Aucune de ces observations, sauf peut-être la dernière, n'étonnera vraiment l'homme cultivé ni même celui qui se satisfait de la lecture des journaux. Ils s'interrogeront cependant sur le sens donné à une température moyenne globale, alors que les émissions télévisées leur démontrent chaque jour la variabilité régionale des températures. Mais ils concluront assez rapidement que ce sens peut exister, lorsque l'on regarde notre planète de loin, depuis l'espace.

Ils se demanderont néanmoins s'il ne convient pas de relativiser certaines des affirmations qui précèdent.

La fiabilité des mesures thermométriques est-elle assurée ? Ces mesures sont-elles confirmées par les mesures effectuées par les satellites ? L'accélération de l'élévation de température est-elle confirmée pour les années les plus récentes ? Le réchauffement constaté en Arctique est-il réellement sans précédent ?

Les glaciers terrestres reculent, mais n'est-ce pas normal à la sortie du petit âge glaciaire dont l'appellation caractérisait justement leur progression ? La diminution de surface des banquises est-elle valable pour les deux régions polaires, comme le laisse supposer le caractère global du réchauffement ? Le niveau des mers monte, mais ne monte-t-il pas depuis le dernier paroxysme glaciaire, il y a 18 000 ans ?

L'appréciation de la fréquence et de l'intensité des événements extrêmes a, d'évidence, un caractère subjectif ; leur augmentation est-elle scientifiquement établie ?

La souffrance des coraux ne peut-elle avoir d'autres causes que les émissions croissantes de dioxyde de carbone, considérées comme responsables de la montée de température et de l'acidification des océans ?

Les résultats des carottages glaciaires nous sont moins familiers, même si l'on en parle beaucoup. Ils suscitent néanmoins plusieurs questions : Une covariation implique-t-elle une relation de cause à effet et, si oui, qui est l'œuf et qui est la poule ? Les faibles variations du CO_2 constatées dans les carottes glaciaires peuvent-elles expliquer les variations importantes de température relevées au cours des 800 000 ans couverts par les mesures ? Des concentrations supérieures à celles qui sont admises officiellement n'ont-elles jamais été trouvées dans le passé ?

Sur les bases exposées par le GIEC, le non-spécialiste aura, avant même de connaître les réponses aux questions qu'il se pose, le sentiment que l'augmentation anthropique du CO_2 dans l'atmosphère pourrait bien être la cause de l'augmentation de température depuis la fin du petit âge glaciaire. Il ne ferait alors que devancer la théorie soutenue par le GIEC qui s'appuie, pour l'essentiel, sur deux principes et sur les résultats de la modélisation des climats.

Premier principe : le CO_2 est un gaz à effet de serre. Il absorbe une part de l'énergie rayonnée par le sol et la renvoie, en partie, vers celui-ci. Il renforce ainsi le rayonnement solaire reçu par la surface terrestre. Ce renforcement se traduit par une élévation de la température de cette surface. La concentration du CO_2 dans l'atmosphère croît depuis le début de l'ère industrielle. Le renforcement ou, si l'on préfère, l'effet de serre s'intensifie donc et la température au sol continuera d'augmenter.

Deuxième principe : l'augmentation de température provoquée par l'accroissement du CO_2 entraîne une plus grande évaporation de l'eau. Comme la vapeur d'eau est également un gaz à effet de serre, la boucle de rétroaction positive ainsi créée va de nouveau élever la température du sol et des basses couches de l'atmosphère.

La modélisation : les modèles climatiques indiquent, en application de ces deux principes, qu'un doublement de la concentration préindustrielle du CO_2, plus précisément le passage d'une concentration de 280 ppmv à 560 ppmv, entraînerait une augmentation de température de 2 à 4,5 °C. Sur la base des hypothèses qui peuvent être formulées pour l'évolution des émissions anthropiques de CO_2, les modèles climatiques couplant les circulations atmosphérique et marine prévoient des augmentations de température pouvant aller jusqu'à 6,4 °C à la fin du siècle.

Les questions lui venaient aisément lorsqu'il s'agissait des observations, mais sur les principes le non-spécialiste se sent moins à l'aise. Il se risquera cependant à formuler les questions suivantes :

Comment expliquer et quantifier l'effet de serre terrestre ? Le CO_2 en est-il le seul responsable ? Puisque l'effet de serre est lié à l'existence d'une atmosphère, qu'en est-il pour les autres planètes, et en particulier pour celles qui nous sont les plus proches, Mars et Vénus ?

Le GIEC fait intervenir la vapeur d'eau dans le cadre d'une boucle de rétroaction. Mais l'eau n'est-elle pas, indépendamment, l'un des principaux contributeurs primaires à l'effet de serre terrestre ? Comment répartir, alors, l'effet quantitatif entre l'eau et le CO_2 ? Plus précisément, quelle est l'absorption attribuable au CO_2 en présence d'eau ? Ce qui introduit très naturellement la question complémentaire : Quel est l'effet quantitatif du CO_2, considéré seul, en dehors de toute rétroaction ?

L'intensification de l'évaporation n'aura-t-elle pas pour effet la formation d'une plus grande quantité de nuages ? Une plus grande quantité de nuages ne réfléchira-t-elle pas une plus grande part de l'énergie solaire, avec pour conséquence un refroidissement ? S'il existe une boucle de rétroaction, est-on sûr qu'elle soit positive, comme le postule le GIEC ? Ne pourrait-elle pas être négative et constituer ainsi une boucle de régulation ?

La modélisation, largement utilisée en physique et dans d'autres sciences, est un moyen efficace, mais qu'en est-il de la modélisation climatique ? Les incertitudes majeures concernant les données à entrer et, plus encore, celles qui concernent leurs interactions, n'obligent-elles pas à des paramétrisations qui peuvent n'être que d'ajustement et ne pas résulter de l'application de lois physiques ? Quelle confiance peut-on alors accorder aux modèles climatiques ? Les modèles de climat s'apparentent, mais de façon plus complexe, aux modèles météorologiques ; peuvent-ils échapper à l'imprévisibilité des phénomènes chaotiques ?

J'ai d'abord été convaincu que l'homme était responsable du réchauffement climatique et que ce dernier, s'il se poursuivait, pouvait constituer une menace pour l'humanité et la diversité des espèces. Cette conviction reposait sur un enchaînement logique : le dioxyde de carbone est un gaz à effet de serre ; l'homme, en consommant les combustibles fossiles, rejette dans l'atmosphère des quantités croissantes de dioxyde de carbone ; on ne doit donc pas s'étonner de l'accroissement de sa concentration dans l'atmosphère ; cet accroissement conduira à une intensification de l'effet de serre, donc à une élévation de la température dont l'homme serait responsable ; cet accroissement de la température pourrait devenir insoutenable.

J'ai eu ensuite la curiosité, naturelle de par ma formation scientifique, de rechercher les réponses aux questions qui précèdent et, notamment, de rechercher comment « l'évidence qualitative » pouvait se quantifier.

J'aurais pu raconter la progression pas à pas de ma quête personnelle, avec son lot d'hésitations, d'incertitudes, puis de convictions.

Je vous propose, plus directement, dans les chapitres qui suivent une tentative de réponse aux questions énoncées plus haut et que chacun se pose tout naturellement. J'y ajouterai, bien sûr, une question que vous vous posez certainement depuis quelques pages : Si le CO_2 n'a qu'une incidence minime sur le climat et si les rétroactions positives sont mises en doute, alors comment peut-on expliquer la montée de température depuis le milieu du XIXe siècle ?

DE JOSEPH FOURIER (1768-1830) À KYOTO (1997)

Vous êtes peut-être impatient d'aborder le vif du sujet. Je vais cependant vous proposer d'observer une pause afin de rappeler comment la notion d'effet de serre est née et comment le débat autour de ce sujet s'est développé jusqu'à devenir « l'affaire » de l'effet de serre. Le terme « affaire » est redevable à Philippe Roqueplo[1]. Il désigne la période à partir de laquelle la controverse échappe aux seuls scientifiques concernés par le climat et où le débat scientifique se complique de prises de positions écologiques, économiques, politiques... écologistes.

Le terme « effet de serre » a été employé pour la première fois par Joseph Fourier, en 1827. Dans les premières décennies du XIXe siècle, les scientifiques avaient en effet compris que la température moyenne dont bénéficiait notre planète ne pouvait être redevable au seul

1. Philippe Roqueplo, *Climats sous surveillance,* Éd. Economica, 1993.

rayonnement solaire direct. Il fallait qu'une part du rayonnement émis par la surface terrestre et renvoyé vers l'espace soit piégée dans l'atmosphère et retournée vers le sol.

John Tyndall essaya, sur la base de cette idée, de mettre en évidence une absorption par les gaz les plus importants de l'atmosphère, l'azote et l'oxygène. Il constata qu'ils étaient transparents vis-à-vis du rayonnement infrarouge. Par chance, disent certains, il testa le gaz de houille (méthane) avec lequel il éclairait son laboratoire et découvrit qu'il était absorbant dans l'infrarouge. Il poursuivit alors ses expériences sur d'autres gaz et trouva que le dioxyde de carbone et la vapeur d'eau se comportaient de la même façon. Il développa alors, au cours des années 1860, l'idée que certains gaz, parmi lesquels la vapeur d'eau et le dioxyde de carbone, n'affectent pas la lumière visible mais absorbent les radiations de grandes longueurs d'onde, conservant ainsi à la Terre une partie de la chaleur reçue du Soleil. Tyndall soutenait que la vapeur d'eau était le principal responsable, alors que d'autres scientifiques pensaient que ce rôle était joué par le CO_2, car les « opinions » des scientifiques s'opposaient déjà.

Svante Arrhenius, à la fin du XIXe siècle, partageait ce dernier point de vue et calculait qu'un doublement de la concentration atmosphérique en CO_2, (0,03 % à son époque), conduirait à une augmentation de température de 5 à 6 °C. Il ajoutait que les fluctuations du CO_2 atmosphérique pourraient être une explication des périodes glaciaires et concluait avec optimisme : « *Nous pouvons espérer pour l'avenir des températures plus égales et des conditions climatiques plus douces, particulièrement en ce qui concerne les régions les plus froides de la Terre. Pour le bien d'une population qui semble en voie d'accroissement plus rapidement que jamais* ».

En réalité, les calculs d'Arrhénius s'avérèrent erronés. Certains de ses contemporains ont d'ailleurs tenté de démontrer expérimentalement que l'incidence climatique du CO_2 ne pouvait être aussi importante. D'une part parce que les mesures faisaient apparaître que le pouvoir d'absorption du CO_2 était déjà saturé aux concentrations actuelles. D'autre part parce que les bandes d'absorption du CO_2 avaient un fort recouvrement avec celles de la vapeur d'eau qui, étant beaucoup plus abondante, masquait l'absorption du CO_2 dans ces mêmes bandes.

Les scientifiques qui avaient adopté avec enthousiasme les conclusions d'Arrhénius reconnurent alors s'être fourvoyés et l'on n'entendit plus parler de l'influence climatique du CO_2 pendant des décennies. Si l'idée était encore mentionnée, ce n'était que pour la réfuter. Beaucoup de membres de la communauté scientifique étaient d'ailleurs convaincus que la Terre autorégulait la composition de son atmosphère par le biais des océans.

D'autres scientifiques refusaient d'accepter l'idée que le CO_2 atmosphérique soit sans effet climatique. Mais un seul avocat, Guy Stewart Callendar, se résolut, vers 1938, à défendre ouvertement les idées d'Arrhénius et de ses contemporains. Callendar était ingénieur et météorologue amateur. Il compila les mesures de températures des dernières décennies, en retint une augmentation et, dans le même temps, constata un accroissement de 10 % de la concentration atmosphérique en CO_2. Il conjectura que cette augmentation du CO_2 pouvait expliquer celle des températures, en raison du renforcement de l'effet de serre. Puis, il calcula qu'un doublement du CO_2 pourrait conduire à une augmentation de température de 2 °C, ce qu'il ne considérait pas dommageable. Sa préoccupation n'était d'ailleurs pas celle d'un réchauffement futur, mais celle d'une explication du mystère des époques glaciaires.

La communauté des météorologistes, tout en citant Callendar dans les manuels des années 1940 et 1950, ne lui accordait qu'une créance limitée. La communauté des météorologistes n'était d'ailleurs pas convaincue que le CO_2 ait augmenté dans l'atmosphère et restait persuadée que le recouvrement des bandes d'absorption du CO_2 par celles de l'eau bloquait toute influence du dioxyde de carbone. Mais au cours des années 1950, le sujet fut repris par les militaires américains qui s'intéressaient aux applications éventuelles du rayonnement infrarouge. Ils trouvèrent qu'une analyse spectrale plus fine des raies d'absorption laissait des espaces évitant une saturation totale, « particulièrement dans la haute troposphère, froide et à pression réduite »[2].

Simultanément au travail des militaires qui remettaient en selle une possible contribution du CO_2 à l'augmentation de l'effet de serre, l'absorption rapide d'un excès de CO_2 par les océans était mise en cause. Si certains scientifiques continuaient d'estimer que la surface des océans assurerait une régulation en termes de mois, d'autres, plus nombreux, le niaient. En 1950, Roger Revelle affirmait que l'absorption par les océans était contrôlée par des phénomènes complexes empêchant de réguler une augmentation rapide du CO_2 atmosphérique. Il concluait que l'émission de CO_2 par une humanité croissante et industrialisée ne pourrait être compensée par une absorption de l'océan et que le CO_2 atmosphérique continuerait d'augmenter.

En 1957, Roger Revelle et Hans Suess, qui travaillaient alors tous deux à La Jolla, en Californie, à la *Scripps Institution of Oceanography*, publièrent un article dans lequel ils déclaraient que les océans absorbaient le dioxyde de carbone à un taux sensiblement inférieur à celui qui était ordinairement prévu. Ils suggéraient que, de ce fait, les émissions humaines allaient augmenter la concentration du CO_2 dans l'atmosphère et accroître l'effet de serre. Ils regrettaient que l'homme « *ait commencé une expérience de géophysique à grande échelle* ».

Certains scientifiques n'étaient pas encore convaincus que la concentration de l'atmosphère en CO_2 allait augmenter. Callendar revint alors à la charge (1958) en confirmant que le CO_2 était en croissance continue depuis le début du XIXe siècle. Il ne comprenait cependant pas pourquoi l'océan ne pouvait absorber en totalité le CO_2 additionnel.

Des scientifiques suédois, rejoignant Suess et Revelle, expliquèrent plus complètement le stockage du CO_2 par les océans et soulignèrent notamment que le dégazage pouvait survenir avant que la circulation

2. (et où l'on trouve peu d'eau).

océanique entraîne le CO_2 vers les abysses. Ils annonçaient une progression de 25 % du CO_2 atmosphérique pour la fin du XXe siècle, tandis que d'autres scientifiques annonçaient un réchauffement dramatique pour le siècle suivant[3]. Revelle, qui était, en 1958, Président de l'Année géophysique internationale (AGI), demanda à Charles David Keeling de mettre au point une mesure sûre de la concentration atmosphérique en CO_2 et obtint des fonds de l'AGI pour réaliser le projet. C. D. Keeling établit alors une base, proche de l'observatoire de Mauna Loa à Hawaï, à 3 000 mètres d'altitude. C. D. Keeling montra que la concentration en dioxyde de carbone croissait d'année en année, même si l'on ne retrouvait dans l'atmosphère que la moitié des émissions anthropiques.

À la fin des années soixante, les premiers modèles cherchant à établir l'augmentation de température qui résulterait d'un doublement du CO_2 atmosphérique furent élaborés[4]. Ils faisaient largement intervenir la rétroaction due à l'eau. Ils furent suivis de nombreux autres, prenant toujours en compte les mêmes facteurs, à l'élaboration desquels participa activement James Hansen.

Mais des scientifiques éminents refusaient de soutenir l'idée qu'un accroissement des émissions de CO_2 pourrait changer dramatiquement le climat. Certains pensaient qu'au pire on pouvait s'attendre à une augmentation de température de 1 ou 2 °C au terme des quatre prochains siècles.

Tout cela fut vite oublié, car au symposium de météorologie de Stockholm, en 1972, le réchauffement global n'était plus d'actualité. La communauté des météorologues constatait que, depuis 1940, le refroidissement global avait renversé la tendance au réchauffement du début du siècle. Plusieurs des participants annonçaient une fin plus ou moins proche de la période interglaciaire. La même année 1972, Cesare Emiliani (1922-1995), connu pour l'étude des cycles

3. Mikhail Budyko, 1962.
4. Manabé et Wetherald, 1967.

climatiques par forages dans les sédiments marins et dont les travaux font toujours autorité, était persuadé que « le climat aimable » que nous connaissons devrait se terminer dans un millier d'années par une nouvelle période glaciaire. Bref, on ne parlait que du refroidissement à venir et de nombreux experts estimaient que la polémique précédente sur le climat avait été alimentée par quelques scientifiques irresponsables et des journalistes à la recherche de sensationnel. Ils insistaient sur le fait que le système climatique est robuste et contrôlé par des rétroactions négatives.

Au cours des années 1980, la température recommença à croître et, de nouveau, les scientifiques se demandèrent si le CO_2 et les autres gaz à effet de serre ne détenaient pas la clé du système climatique de la planète. Lorsque furent connus les premiers résultats des carottages effectués dans les calottes glaciaires montrant la covariation des températures et de la concentration en CO_2, il parut cohérent d'attribuer au CO_2 le rôle dominant dans l'alternance des périodes glaciaires et interglaciaires et plus généralement dans les changements climatiques. Et, comme les résultats faisaient apparaître des valeurs de la concentration atmosphérique en CO_2, toutes inférieures à la valeur actuelle, beaucoup se demandèrent s'il ne fallait pas commencer à s'inquiéter.

D'autres firent remarquer qu'à l'époque des dinosaures, les quelques degrés centigrades en plus, assortis d'une concentration atmosphérique en CO_2 nettement plus élevée qu'aujourd'hui, n'étaient pour rien dans leur extinction et avaient, au contraire, favorisé le développement des mammifères. Ils s'appuyaient d'autre part sur la théorie de Milankovitch pour affirmer que les périodes glaciaires n'étaient pas une conséquence de la variation du CO_2.

La publication en 1987 du rapport sur le carottage de Vostok[5] qui couvrait 160 000 ans exacerba le débat sur l'œuf et la poule. La variation du CO_2 précédait-elle ou suivait-elle l'augmentation de température ?

5. Jean-Marc Barnola (1987).

En 1988, une terrible sécheresse affecta les États-Unis. On retrouva, comme dans les romans de Steinbeck, les tourbillons de poussière emportant la terre arable du Middle West. Outre l'évocation du spectre des années trente qui était dans toutes les mémoires, les conséquences économiques apparaissaient très importantes. Pour répondre à l'inquiétude du public et au désarroi des élus, le Sénat des États-Unis convoqua une commission d'experts.

Conduits par James Hansen[6], les experts affirmèrent que les événements climatiques qui affectaient, en cette année 1988, les États-Unis étaient liés au réchauffement planétaire en cours. Ils ajoutaient que ce réchauffement entraînerait bien d'autres conséquences, au moins aussi éprouvantes, si rien n'était fait pour limiter les émissions de gaz à effet de serre et, en particulier, les émissions de gaz carbonique qui résultaient de l'utilisation croissante des combustibles fossiles.

« L'affaire » de l'effet de serre proprement dite était lancée !

L'audition des experts par le Sénat américain eut un retentissement médiatique considérable. En septembre 1988, une enquête constata que plus de la moitié des citoyens américains avaient entendu parler ou eu connaissance du problème du réchauffement climatique redevable à l'effet de serre.

Le mouvement écologiste, qui n'avait jusqu'alors trouvé qu'un intérêt occasionnel pour le réchauffement global, en fit son thème principal.

Le réchauffement climatique global n'était plus seulement un thème de recherche, mais conduisait à un débat scientifique où les échanges devenaient exacerbés. Dans le même temps, le sujet du réchauffement climatique devenait sujet de confrontations politiques. Les médias n'étaient pas en reste et publiaient des articles aux conclusions catastrophiques avec la précision de sécheresses dévastatrices, orages destructeurs, vagues énormes déferlant sur des bandes littorales noyées, …

6. James Hansen, directeur du Goddard Institute for Space Studies de la NASA.

La réaction ne fut pas seulement médiatique, le réchauffement « planétaire » incita l'Organisation des Nations unies à créer, en 1988, en coopération avec l'Organisation météorologique mondiale, le GIEC (Groupe intergouvernemental sur l'évolution du climat).

Au « Sommet de la Terre », organisé par l'ONU en 1992 à Rio de Janeiro, on entendit surtout les organisations écologiques relayées par les médias. Il s'agissait de sauver la Terre, injustement menacée par le développement technologique et industriel. Les scientifiques se montrèrent plus réservés. Signé par 250 scientifiques éminents dont 52 « Prix Nobel », le manifeste d'Heidelberg rédigé durant la conférence de Rio mettait « *en garde les autorités, responsables du destin de notre planète, contre toute décision qui s'appuierait sur des arguments pseudo-scientifiques ou sur des données fausses ou inappropriées* ».

La conférence de Rio aboutit néanmoins à la signature d'une convention-cadre. La plupart des États représentés s'engageaient à promouvoir un développement durable et à limiter les émissions de gaz carbonique et des autres gaz à effet de serre. Une référence aux volumes des émissions de 1990 était bien évoquée, mais le protocole signé ne comportait ni engagement quantitatif, ni dates à respecter.

L'ONU continua à organiser des conférences[7] sur le réchauffement climatique qui aboutirent en 1997 au sommet de Kyoto.

À cette date, la théorie du réchauffement climatique dû à l'accroissement du CO_2 atmosphérique comme conséquence de la civilisation technologique était déjà devenue l'opinion dominante.

Le protocole de Kyoto prévoyait, pour les pays développés, l'obligation de mesurer leurs émissions de gaz à effet de serre et de procéder à une réduction de celles-ci, avant 2012, d'au moins 5,5 % par rapport aux émissions de 1990. Les pays en développement, dont le Brésil, la Chine, l'Inde et l'Indonésie, n'avaient aucune obligation quantitative. Le protocole devait entrer en vigueur dès que 55 pays représentant plus de 55 % des émissions de 1990 l'auraient ratifié.

7. Buenos-Aires, Bonn, La Haye, Marrakech, Montréal…

Cette dernière condition ne fut remplie qu'avec la ratification par la Russie en novembre 2004. Après sept années de virtualité, le protocole devenait donc effectif (le 16 février 2005) sans, toutefois, être ratifié par les États-Unis et l'Australie.

Son retentissement médiatique fut néanmoins considérable et l'opinion selon laquelle l'homme était le responsable d'un changement climatique aux conséquences redoutables en fut encore plus largement accréditée et propagée.

1

L'effet de serre

VARIATION DIURNE ET EFFET DE SERRE

Ce matin, le ciel entièrement couvert laisse pressentir une journée maussade. Vous regrettez la somptuosité du lever de Soleil d'hier dans un ciel dégagé de tout nuage, ce qui vous avait mis le cœur en joie. En revanche, vous appréciez la température plus douce qu'hier, car hier il faisait frisquet au cours de cette promenade quotidienne, toujours très matinale. Comme hier, la journée est calme, sans vent, et vous vous interrogez sur la raison de ce redoux.

Que, très tôt le matin, la température soit minimale ne vous étonne guère puisque le Soleil, notre source de chaleur, ne brille pas la nuit. Mais pourquoi la température cesse-t-elle de monter en début d'après-midi, alors que notre astre continue de nous dispenser sa chaleur ? Vous vous êtes déjà posé cette question et vous avez pensé que la température de l'air, au voisinage du sol, résultait de l'équilibre entre l'énergie que le sol reçoit du Soleil et l'énergie qu'il dissipe par convection, évaporation et rayonnement. Vous avez conclu, après quelques instants de réflexion, que cette dissipation augmentait au fur et à mesure que le sol s'échauffait, tandis qu'après midi (heure solaire) la chaleur reçue du Soleil déclinait. L'égalité entre la source de chaleur et sa dissipation ne pouvait que se produire à un moment ou l'autre en début d'après-midi (figure 1.1).

L'écart entre la température maximale, atteinte au début de l'après-midi, et la température minimale, constatée peu après le lever du Soleil, est la variation diurne de la température. Vous savez que cette variation diurne diffère d'un lieu à l'autre, d'une saison à l'autre et même d'un jour à l'autre. Mais pourquoi, justement ce matin fait-il plus doux qu'hier ? Ce qui diffère, c'est que ce matin, l'atmosphère est plus humide, ce dont témoignent les nuages bas qui couvrent le ciel et le coup d'œil que vous avez jeté sur votre hygromètre. Alors, cette plus grande humidité serait-elle responsable d'un moindre refroidissement nocturne ?

La surface du sol, comme celle de tout corps porté à une certaine température, émet un rayonnement thermique. Aux températures qui nous sont familières, ce rayonnement est invisible. Invisible, mais détectable. Il suffit, par exemple, d'approcher de sa joue la semelle d'un fer à repasser pour savoir s'il est encore chaud. S'il est éteint depuis longtemps, nous ne sentirons rien. Mais s'il a été éteint récemment, la sensation de chaleur sur la joue révèle le rayonnement émis par la semelle du fer à repasser. Aux températures élevées, ce rayonnement devient visible. C'est en particulier le cas du rayonnement émis par la surface du Soleil dont la température est voisine de 5 700 °C et qui rayonne, pour une grande part, dans le domaine visible. Comme chacun le sait, ce domaine visible va du violet au rouge, comme le dévoile « l'arc-en-ciel » provoqué par les gouttelettes d'eau d'une pluie fine. Mais le rayonnement solaire s'étend au-delà du domaine visible. Avant les longueurs d'onde correspondant au violet, il existe un autre domaine qui est celui de l'ultraviolet et au delà du domaine correspondant au rouge, il existe un domaine de plus grandes longueurs d'onde, celui de l'infrarouge. Le sol terrestre dont

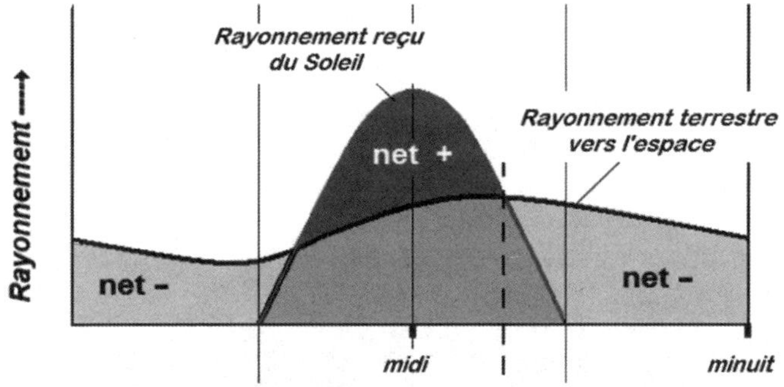

Fig. 1.1. | Cette figure montre que le maximum d'émission du sol vers l'espace se situe quelques heures après midi, au moment où le sol a atteint sa température maximale. À ce moment de la journée, l'énergie solaire reçue à la surface du sol (courbe en cloche) est égale à l'énergie rayonnée par le sol vers l'espace (courbe ondulée). Ensuite, le bilan énergétique devient déficitaire, le rayonnement émis vers l'espace n'est plus compensé par l'énergie solaire. Le refroidissement nocturne se poursuit jusqu'après le lever du Soleil.

la température est faible ne rayonne, lui, que dans le domaine infrarouge (figure 1.2).

Si l'atmosphère était totalement transparente au rayonnement infrarouge, le rayonnement émis par la surface terrestre serait totalement dissipé vers l'espace. Mais l'atmosphère contient des molécules capables d'absorber le rayonnement infrarouge. C'est le cas des molécules d'eau, qui absorbent le rayonnement infrarouge dans plusieurs bandes de longueurs d'onde.

Lorsque nous voulons écouter notre station de radio préférée, nous allons rechercher la longueur d'onde correspondant à cet émetteur. Par analogie, on peut considérer que les molécules d'eau sont, en raison de leur structure, « accordées » sur certaines longueurs d'onde dans lesquelles elles absorbent sélectivement.

Après avoir absorbé un photon infrarouge, les molécules d'eau se trouvent dans un état qualifié d'« excité ». Elles ne tarderont pas, spontanément ou sous le choc des autres molécules de l'air, à retomber à leur état normal en réémettant le photon infrarouge qu'elles avaient absorbé. Cette réémission va s'effectuer, statistiquement, dans

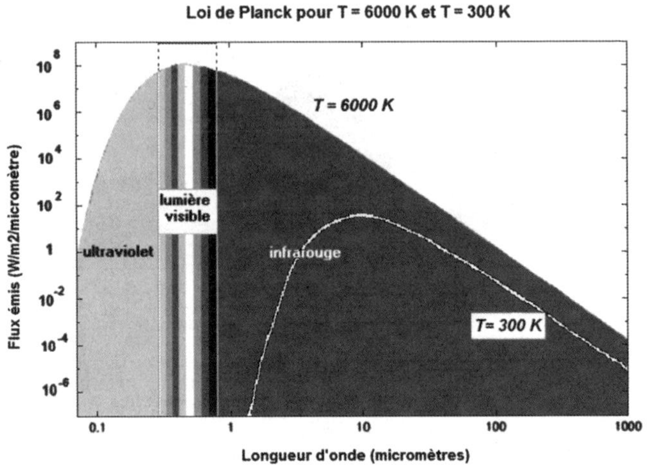

Fig. 1.2. | Rayonnement émis par les surfaces solaires et terrestres.
La figure représente le rayonnement émis par des corps « noirs », à des températures voisines de celles de la surface solaire d'une part et de la surface terrestre d'autre part. Les températures sont des températures absolues[1] (degrés Kelvin). L'échelle des flux émis et celle des longueurs d'onde sont des échelles logarithmiques de manière à pouvoir faire figurer sur un même graphique le rayonnement terrestre et le rayonnement solaire émis par unité de surface, le rayonnement solaire étant plus d'un million de fois supérieur.
Le flux émis, comme on le constate, dépend directement de la température et varie avec la longueur d'onde, conformément à la loi de Planck. La longueur pour laquelle le flux émis, pour une température donnée, est maximum peut être calculé en appliquant la loi de Wien qui découle directement de la loi de Planck.
Pour une température T = 6 000 °K, très voisine de celle de la surface solaire, le maximum correspond à une longueur d'onde de 0,5 μm, c'est-à-dire se situe, comme on le constate sur la figure, dans le domaine visible.
Pour la température de la surface terrestre qui est voisine de 300 °K, la totalité du rayonnement se situe dans le domaine infrarouge et le maximum de rayonnement correspond à une longueur d'onde de 10 micromètres.

toutes les directions ; tout reviendra finalement à ce que la moitié du rayonnement absorbé par les molécules d'eau retourne vers le sol.

1. La température absolue est mesurée à partir du zéro absolu soit – 273 °K. 1 °K = 1 °C, mais dans l'échelle Kelvin, qui prend tout son intérêt en thermodynamique, la glace fond à 273 °K et l'eau bout à 373 °K.

C'est pourquoi la nuit dernière, par ciel couvert, vous avez pu constater qu'il faisait moins froid que la veille lorsque le ciel était clair. L'humidité plus élevée que la veille, autrement dit le nombre de molécules d'eau plus élevé dans l'atmosphère, a entraîné une absorption plus grande du rayonnement infrarouge émis par la surface et, en conséquence, un plus grand retour de ce rayonnement vers le sol (figure 1.3).

Ce retour, c'est l'effet de serre. Cette appellation résulte de l'analogie avec ce que l'on constate dans une serre ou lorsque nous laissons notre voiture au Soleil, l'été. Mais cette analogie est un peu abusive car il s'agit, en réalité, de deux phénomènes différents.

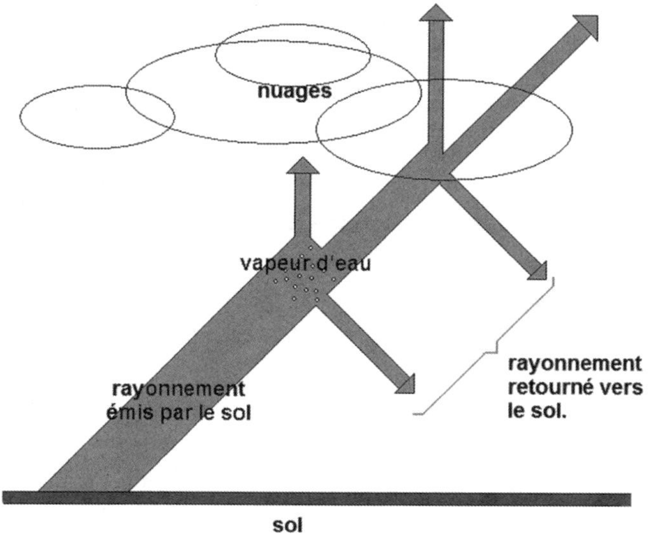

Fig. 1.3. | Rayonnement du sol terrestre et effet de serre.
Le sol, ayant une certaine température, émet un rayonnement infrarouge vers l'espace. Une partie de ce rayonnement est absorbée par les molécules d'eau contenues dans l'air, sous forme de vapeur et sous forme liquide ou solide. Le rayonnement absorbé est ensuite réémis dans toutes les directions et, statistiquement, la moitié du rayonnement absorbé par les molécules d'eau est retournée vers le sol.

Dans une serre ou dans notre voiture, l'élévation de température est effectivement causée par le rayonnement solaire qui traverse les vitrages et échauffe les surfaces et l'air confiné. Les surfaces émettent bien, à leur tour, un rayonnement infrarouge, mais comme les vitrages réfléchissent ce rayonnement, celui-ci ne peut évacuer de chaleur vers l'extérieur. Le milieu confiné ne permet pas plus à l'air chauffé par convection de s'évacuer. Dans le cas de l'atmosphère, il ne s'agit plus d'une réflexion mais d'une absorption du rayonnement infrarouge, liée à la structure de certaines molécules, suivie d'une réémission. Cela dit, il y a bien analogie dans la mesure où, dans les deux cas, la chaleur se trouve piégée et ne peut s'évacuer vers l'extérieur ou l'espace. N'ayons donc pas de réticence à utiliser le terme « effet de serre ».

Ainsi, la variation de la quantité d'eau présente dans l'atmosphère serait responsable de l'effet de serre et de l'amplitude de la variation diurne de la température ? C'est bien ce que l'on constate. Dans les régions arides, comme le Sahara par exemple, où l'atmosphère est très faiblement humide, l'absorption du rayonnement infrarouge vers l'espace est faible, l'énergie renvoyée vers le sol le sera aussi et les nuits sont donc très froides, malgré la température élevée atteinte le jour. La variation diurne de la température est importante. À l'inverse, au-dessus des océans, où règne une humidité importante, la variation diurne de la température est modérée (figure 1.4).

Toute proportion gardée, il en sera de même en région tempérée. Par une nuit étoilée le rayonnement infrarouge vers l'espace sera plus important et il fera plus froid. Au contraire, par temps humide, les molécules d'eau présentes sous forme de vapeur[2] et sous forme condensée dans les nuages seront plus nombreuses. L'absorption du rayonnement infrarouge et son retour partiel vers le sol seront plus importants, le sol refroidira moins et la nuit sera plus douce. La variation diurne sera atténuée en raison d'un effet de serre plus important.

2. C'est essentiellement sous cette forme que l'eau est présente dans l'atmosphère.

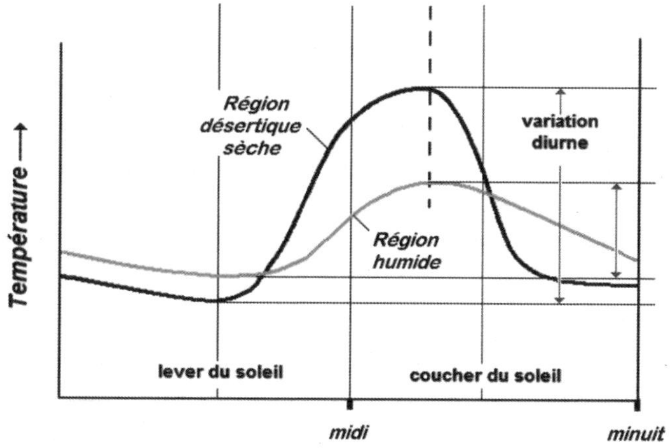

Fig. 1.4. | Cette figure fait clairement apparaître que, dans un désert, l'écart de température entre le jour et la nuit (variation diurne) est plus élevé que dans une région tempérée humide. La température nocturne y est plus faible, le rayonnement terrestre vers l'espace ne comporte qu'un très faible retour, conséquent d'un effet de serre très limité. Un bon exemple de région humide est constitué par les mers et océans au-dessus desquels la variation diurne est, en effet, plus réduite qu'en moyenne sur les continents et, *a fortiori*, que dans les zones arides de ces derniers.

C'est ce que vous avez pu remarquer lors de votre promenade très matinale. La température était plus douce que la veille, en raison d'une plus grande humidité de l'air.

Bien, me direz-vous, mais il existe d'autres molécules dans l'air que celles de l'eau. N'ont-elles aucun rôle dans l'effet de serre ?

L'air contient en grand nombre des molécules d'azote et d'oxygène. Ces molécules n'absorbent pas le rayonnement infrarouge. En reprenant l'analogie déjà utilisée, elles ne sont pas « accordées » sur les longueurs d'onde correspondant au rayonnement infrarouge. En revanche, des molécules minoritaires absorbent, comme l'eau, dans l'infrarouge ; c'est le cas par exemple du dioxyde de carbone (CO_2) et du méthane (CH_4).

Au contraire de l'eau, leur concentration atmosphérique ne varie pas du jour au lendemain et le CO_2 comme le CH_4 ne peuvent pas expliquer des changements rapides de la variation diurne de la température. Leur concentration étant uniformément répartie dans l'atmosphère, leur présence dans l'atmosphère ne peut pas plus expliquer les différences d'effet de serre entre les régions arides et la surface des océans. C'est bien l'eau, dont la présence atmosphérique est très variable, qui peut expliquer ces changements rapides et ces différences.

Les médias et le GIEC attribuent cependant au CO_2 et, dans une moindre mesure, au CH_4 et quelques autres molécules, un rôle important dans l'effet de serre et dans la variation séculaire ou tridécennale de la température moyenne globale de notre planète. Nous verrons au chapitre suivant ce qui peut en être dit.

Les médias attribuent également au CO_2, molécule très majoritaire de l'atmosphère de la planète Vénus, la température infernale qui règne à sa surface. Ils nous font redouter pour l'avenir, sinon un sort comparable, à tout le moins un climat torride peu enviable. Ceci mérite un examen plus approfondi.

L'EFFET DE SERRE ET LES TROIS PLANÈTES

Chacun comprend aisément que la température d'une planète dépend de sa distance au Soleil. Mais cette température dépend également de l'albédo de la planète et de son effet de serre. L'albédo caractérise l'importance de la réflexion et de la diffusion de la lumière solaire. Plus précisément, l'albédo est le pourcentage de l'énergie reçue du Soleil qui se trouve réfléchie vers l'espace et qui n'est donc pas utilisée pour chauffer le sol de la planète.

Dans le cas de la Terre, l'albédo de 29,8 % est largement déterminé par la présence d'eau, sous forme de vastes océans, de surfaces englacées et de nuages. Celui de Mars, où n'existent ni eau ni végétation, n'est que de 16 %[3].

3. Si Mars n'a pas d'eau, son atmosphère est en revanche très poussiéreuse et ces aérosols interviennent évidemment sur l'albédo.

Mais la température du sol de la planète dépend également de ce qu'elle possède ou non une atmosphère. D'abord parce que cette atmosphère peut contenir des nuages, dus à la vapeur d'eau sur Terre, à l'acide sulfurique sur Vénus et au méthane sur Titan. Nuages qui augmentent l'albédo. Ensuite parce que la composition de l'atmosphère peut provoquer un effet de serre.

Pour mieux comprendre l'incidence de ces différents facteurs – distance au Soleil, albédo, effet de serre – comparons Mars et la Terre.

Le rayonnement solaire est actuellement, à la distance de la Terre et avant de pénétrer dans l'atmosphère, de 1 368 watts par mètre carré (sur le plan perpendiculaire à la droite reliant la Terre au Soleil). Dans les mêmes conditions, à la distance de Mars (une fois et demie plus éloigné du Soleil que la Terre) l'énergie solaire est de 589 watts par mètre carré[4]. L'énergie finalement reçue du Soleil, à la surface de chacune des planètes, est égale à l'énergie reçue du Soleil, diminuée de l'énergie réfléchie. Cette dernière dépend de la présence de nuages mais aussi de la nature du sol, de la présence d'étendues liquides, de neige, de glace, de végétation, etc.

Chaque mètre carré de la surface des deux planètes recevra donc en moyenne :

$$(1368 \times (1 - 0{,}298)) / 4 = 240 \text{ W pour la Terre}$$
$$(589 \times (1 - 0{,}16)) / 4 = 124 \text{ W pour Mars}$$

Ces valeurs tiennent compte de l'énergie reçue du Soleil, pour la distance à laquelle se trouvent les deux planètes, et de leur albédo. Le diviseur 4 vient de ce que la surface d'interception du rayonnement solaire est celle d'un grand cercle planétaire alors que la surface recevant l'insolation est celle d'une sphère. Or, comme chacun le sait, la surface d'une sphère est égale à quatre fois celle d'un grand cercle.

4. L'énergie reçue est inversement proportionnelle au carré de la distance à la source émettrice.

Pour assurer leur équilibre thermique, ces deux planètes vont évidemment devoir rayonner vers l'espace une quantité d'énergie égale à l'énergie reçue, soit respectivement 240 W/m^2 pour la Terre et 124 W/m^2 pour Mars.

Considérons, dans un premier temps, que l'atmosphère de ces deux planètes soit transparente aux rayonnements, c'est-à-dire n'entraîne aucun effet de serre. Dans ces conditions, pour rayonner l'énergie reçue, la surface des planètes devra atteindre une température déterminée par la loi de Stefan :

$$E = \sigma T^4$$

(où E est l'énergie émise, σ est la constante de Stefan-Boltzmann, égale à $5,674 \times 10^{-8}$ et T est la température absolue en degrés Kelvin).

Le calcul a pour résultats T = 255 °K (– 18 °C) pour la Terre et 216 °K (– 57 °C) pour Mars (figure 1.5).

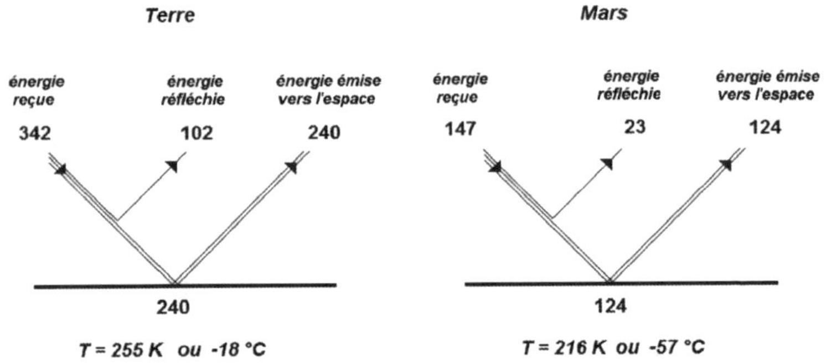

Fig. 1.5. | Température de surface de la Terre et de Mars en l'absence d'atmosphère. L'application de la loi de Stefan permet de calculer la température de surface de la Terre et de Mars en l'absence d'atmosphère, donc en l'absence d'effet de serre.

On pouvait s'attendre à ce qu'il fasse plus froid sur Mars, qui est plus éloigné du Soleil ; c'est vérifié. Mais on retiendra que sans effet de serre il ferait également grand froid sur Terre !

Il convient, au passage, de noter le rôle important joué par l'albédo. Si la Terre avait un albédo identique à celui de Mars, ce qui serait sensiblement le cas si notre planète était privée d'eau, donc d'océans, de nuages et de végétation, la température terrestre serait de 267 °K, soit – 6 °C et non pas de – 18 °C. L'albédo terrestre résulte pour une large part de la présence de l'eau à la surface de notre planète – océans, neige et glace – mais également de sa présence dans l'atmosphère sous forme de nuages. Ceci, faut-il le souligner, démontre une nouvelle fois l'importance de l'eau quant à son incidence sur la température de la planète bleue.

Il nous faut ensuite remarquer que les températures de surfaces mesurées par les satellites diffèrent des températures calculées ! Elles sont respectivement de 288 °K, soit + 15 °C, pour la Terre (et non de – 18 ou – 6 °C) et de 218 °K, soit – 55 °C, pour Mars[5] (et non de – 57 °C). Il n'y a pourtant ni erreur de mesure, ni erreur de calcul. Cette différence révèle simplement l'existence d'un effet de serre, qui résulte de la présence, dans l'atmosphère de ces planètes, de molécules qui absorbent le rayonnement infrarouge. Il s'agit essentiellement, pour la Terre, d'eau et de CO_2 et, pour Mars, de CO_2. L'effet de serre terrestre se traduit par un accroissement de la température de surface de 33 °C si l'on retient l'albédo actuellement constaté, contre 2 °C pour Mars. Certes, l'atmosphère de Mars est ténue. Néanmoins, une colonne atmosphérique contient sur Mars plus de dioxyde de carbone qu'une colonne atmosphérique terrestre. Plus précisément, sur Mars, le nombre de molécules de CO_2 dans une colonne atmosphérique est une fois et demie celui qui est constaté sur Terre. La pression atmosphérique est certes faible sur Mars, elle n'est que de 6,6 hectopascals, mais la concentration atmosphérique en CO_2 est de 95 %, c'est-à-dire est 2 500 fois plus importante que sur Terre. La quasi-absence d'effet de serre sur Mars explique d'ailleurs l'importance de la différence des températures entre le jour et la nuit, qui peut dépasser 100 °C.

5. La température moyenne de Mars est souvent donnée comme étant de 210 °K (Williams, NASA). Cette température conduirait à un effet de serre négatif. J'ai retenu, comme le fait le Laboratoire de météorologie dynamique du CNRS la température moyenne de 218 °K, également citée par différents organismes. L'un d'eux (*Mars Institute*) donne 217 °K.

L'effet de serre terrestre, beaucoup plus important, est évidemment redevable à l'eau, ce que souligne d'ailleurs le rapport n° 25 de l'Académie des sciences qui cite des mesures effectuées par les satellites du programme ERBE[6] selon lesquelles, pour un effet de serre total de 160 W/m^2, la contribution de l'eau est de 100 W/m^2 sous forme de vapeur et de 30 W/m^2 sous forme condensée dans les nuages. La responsabilité des molécules d'eau apparaît donc supérieure à 80 %, valeur également retenue par Curry et Webster (1999).

Parallèlement, la faiblesse de l'effet de serre sur Mars, qui ne conduit qu'à une élévation de température de 2 °C, ne manquera pas de surprendre ceux qui lisent chaque jour que le CO_2 est le grand responsable de l'effet de serre terrestre.

Revenons maintenant sur Terre. L'effet de serre, dû principalement à l'eau atmosphérique, y entretient l'agréable température moyenne de + 15 °C dont nous bénéficions, comme l'illustre la figure 1.6.

La fenêtre de transparence de l'atmosphère terrestre se situe heureusement dans la bande de longueurs d'onde (10 µm ± 2) pour laquelle l'énergie rayonnée par la surface terrestre est maximale.

Cette fenêtre est ménagée par l'absence d'absorption significative due à l'eau et au CO_2, (le CO_2 absorbe dans des bandes voisines de 2 – 2,7 – 4,3 – 15 µm). Seule l'ozone a une absorption d'importance significative dans l'axe de la fenêtre de transparence[7].

En revanche, au-delà et en deçà de la fenêtre de transparence, l'absorption est importante, voire presque totale (zones en grisé foncé), notamment autour de 15µ. C'est d'ailleurs la raison pour laquelle l'augmentation des molécules absorbantes dans cette bande de longueurs d'onde ne peut avoir qu'un effet limité (figure 1.7).

Imaginons maintenant que la Terre ne soit pas la planète bleue, c'est-à-dire que l'eau n'y soit pas présente. Il n'y aurait ni 73 % de sa surface couverte par les océans, ni surfaces enneigées, ni nuages, ni

6. *Earth Radiation Budget Experiment*, expérience sur le bilan radiatif de la Terre.
7. L'absorption par l'eau n'y est pas nulle mais n'y a qu'un rôle très mineur.

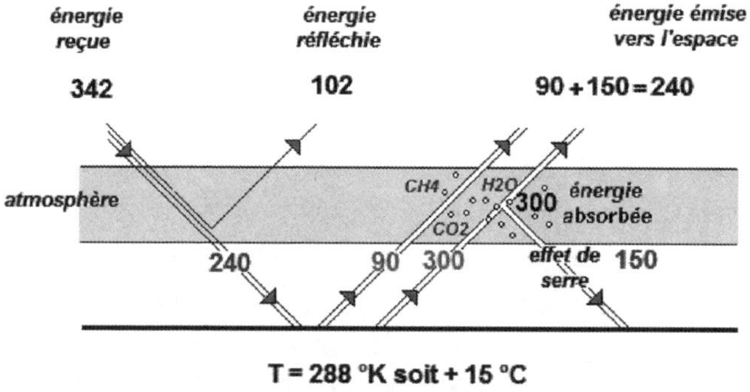

Fig. 1.6. | L'effet de serre naturel de notre planète.
La température (moyenne) de la surface de notre planète est de 288 °K, ou 15 °C, comme le constatent les satellites. Pour que cette température se maintienne, il faut un équilibre qui n'est obtenu, conformément à la loi de Stefan, que si la surface évacue par rayonnement 390 W/m^2. Il faut donc que l'énergie de 240 W/m^2 reçue directement du Soleil reçoive le renfort d'une énergie de 150 W/m^2. Ce renfort, que les spécialistes qualifient de « *forçage* radiatif » puisqu'il vient *renforcer* le rayonnement solaire direct, c'est l'effet de serre. L'absorption du rayonnement infrarouge émis par la surface par les molécules d'eau, de CO_2 etc. conduit, statistiquement, à une réémission moitié vers l'espace, moitié vers la surface terrestre. Pour que le forçage radiatif soit de 150 W/m^2, il faut donc que l'énergie absorbée soit de 300 W/m^2 et que l'énergie rayonnée vers l'espace soit de 150 W/m^2. Cette énergie réémise vers l'espace est insuffisante pour maintenir l'équilibre. Ceci implique que la surface terrestre émette directement vers l'espace 90 W/m^2, sans absorption atmosphérique.
C'est ce que permet la « fenêtre de transparence » de l'atmosphère, c'est-à-dire la bande des longueurs d'onde pour lesquelles il n'existe pas d'absorption notable.

végétation. Son albédo serait alors comparable à celui de Mars. Son atmosphère ne contiendrait pas de vapeur d'eau et l'effet de serre s'en réduirait d'autant.

En fait, l'effet de serre dû au seul CO_2 devrait être, à sa concentration actuelle, voisin de celui de Mars. En prenant en compte les gaz à effet de serre autres que le CO_2, cet effet de serre se traduirait par une augmentation de température, de l'ordre de 4 à 6 °C. La température de la Terre serait alors, avec un albédo égal à celui de Mars, voisine de 0 °C et non de + 15 °C. Ceci souligne encore une fois l'importance de l'eau sur Terre.

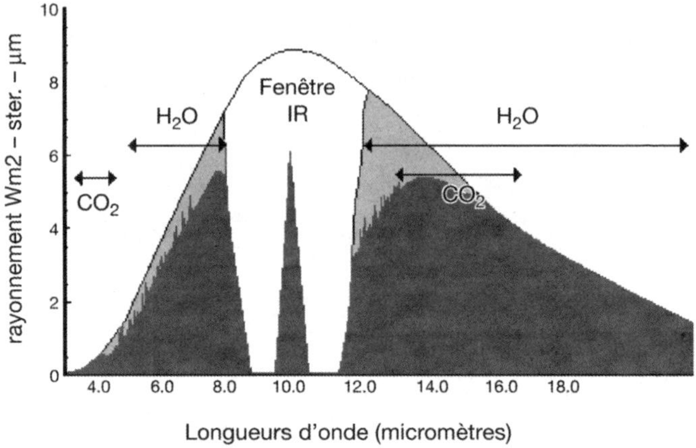

Fig. 1.7. | Représentation schématique de l'absorption IR.
Une fenêtre de transparence existe pour l'atmosphère terrestre aux environs de 10 µ. En deçà et au-delà de la fenêtre de transparence l'absorption est très importante.

Mais si l'effet de serre est faible sur Mars et redevable sur Terre pour l'essentiel à l'eau, qu'en est-il pour Vénus ?

Les médias nous alertent sur la température infernale qui règne sur Vénus et qui est due, nous affirment-ils, à l'important effet de serre qui existe sur cette planète en conséquence de son atmosphère de CO_2. Ceci est inquiétant puisque Vénus est la planète jumelle de la Terre. Jumelle, elle l'est par sa taille, puisque son diamètre est très voisin de celui de notre planète. Mais si on lui attribue une histoire très voisine de celle de la Terre, sa situation actuelle est bien différente.

D'abord, elle est plus proche du Soleil que la Terre et l'énergie solaire qui atteint Vénus, avant de pénétrer dans son atmosphère, est de 2 627 W/m^2. Ensuite, l'atmosphère de Vénus n'a rien de comparable à celle de la Terre. Son eau s'est totalement évaporée puis a été dissociée par le rayonnement solaire ultraviolet. L'atmosphère de Vénus est actuellement constituée de CO_2, d'un peu d'azote et de constituants minoritaires, essentiellement des composés du soufre et un peu d'eau résiduelle. Les constituants minoritaires sont à l'origine de cinq étages de nuages de compositions chimiques et de propriétés optiques différentes qui recouvrent toute la planète. Ces nuages, où dominent les gouttelettes d'acide sulfurique, sont très réfléchissants, ce qui entraîne un albédo élevé proche de 65 %. Ceci explique pourquoi Vénus, ou si l'on préfère « l'étoile du berger », est, pour la vision humaine, l'objet le plus brillant dans le ciel après le Soleil et la Lune.

En retenant cet albédo et sans effet de serre, la température de Vénus serait très voisine de celle de la Terre ; le fort albédo compense, en effet, l'énergie plus importante reçue du Soleil. Mais la température mesurée de Vénus est de 460 °C (450 à 480 °C d'après les sondes *Venera*). Vous pouvez donc apprécier l'énorme effet de serre qui existe sur Vénus. Comment s'en étonner lorsque l'on observe que, sur Vénus, une colonne atmosphérique contient 250 000 fois plus de molécules de CO_2 que sur Terre ? Mais, elle contient aussi des composants minoritaires qui absorbent dans des longueurs d'ondes voisines de celle de son maximum de rayonnement, parmi lesquels de nombreux composés du soufre.

À la température de Vénus, la loi de Wien[8] nous indique que le maximum du rayonnement émis se situe vers 3,9 µm, c'est-à-dire est très éloigné de la principale bande d'absorption du CO_2 située vers 15 µm. En revanche les molécules des composés du soufre, bien qu'en faible quantité, sont très efficaces au voisinage de cette longueur d'onde[9].

Ainsi, le voile se lève sur le mystère de la température infernale de Vénus. L'atmosphère de Vénus n'est pas seulement constituée d'une quantité considérable de CO_2, elle comporte également la présence de composés du soufre (SO_2, SO_3, SO_4H_2, COS…) ; le tout crée l'énorme effet de serre constaté.

La sonde *Vénus Express* explore actuellement l'atmosphère vénusienne et, sans doute, nous en saurons encore plus d'ici quelques mois ou années.

---

8. λ^{max} T = C, où λ^{max} est la longueur du maximum de rayonnement en µm, T est la température absolue en °K et C est une constante égale à 2898.

9. www.insu.cnrs.fr/f437pdf,atmosphere-venus.pdf

CE QUE L'ON PEUT RETENIR

- *Il ferait bien froid sur Terre sans effet de serre.*
- *La différence de température entre Mars et notre planète résulte de ce que Mars est plus éloigné du Soleil, mais procède également d'un effet de serre terrestre plus important. Cette différence d'effet de serre n'a pas pour cause le* CO_2*, présent en quantités voisines dans une colonne atmosphérique de Mars ou de la Terre, mais est le résultat de la présence d'eau sur notre planète. L'atmosphère de la « planète bleue » contient en effet beaucoup d'eau sous forme de vapeur, ou sous forme liquide ou solide dans les nuages.*
- *L'augmentation dans l'atmosphère terrestre des gaz à effet de serre autres que l'eau ne peut conduire, prise isolément, qu'à un « forçage » limité. Les raisons en sont d'une part l'existence d'une fenêtre de transparence dans les longueurs d'onde correspondant au maximum d'énergie et d'autre part la quasi-saturation du potentiel d'absorption dans les autres longueurs d'onde.*

Remarque

Il n'a été tenu compte dans ce qui précède que des échanges par rayonnement. Les échanges de chaleur entre la surface du sol et l'atmosphère par convection ou par transfert de chaleur latente ont volontairement été omis. Ce n'est pas qu'ils soient négligeables, ils sont importants, mais ils se compensent au niveau global du système surface-atmosphère considéré comme un ensemble. Pour cet ensemble, ils peuvent être oubliés au plan global[10]*. Les faire intervenir ne ferait que compliquer la présentation du problème, sans ajouter à sa compréhension. L'évaporation de l'eau, par exemple, nécessite une certaine quantité de chaleur prélevée sur le système surface-atmosphère, mais cette quantité de chaleur sera restituée au système lors de la condensation qui ne manquera pas de survenir.*

10. Mais il n'en va pas de même au niveau régional.

2

Forçage radiatif et sensibilité climatique

Nous avons vu au chapitre précédent que sur Mars l'effet de serre dû au CO_2, seul gaz à effet de serre présent en quantité dans son atmosphère ténue, était faible ; que, sur Terre, l'effet de serre était, pour l'essentiel, dû à l'eau et que, sur Vénus, l'effet de serre n'était pas seulement redevable au CO_2 bien qu'il soit le constituant majeur de son atmosphère dense. Néanmoins, beaucoup pensent que sur Terre la contribution du CO_2 à l'effet de serre joue un rôle déterminant.

Une telle affirmation ne peut rester qualitative ; son bien-fondé ne peut résulter que de la quantification. Essayons donc de quantifier l'augmentation de température qui serait provoquée par un doublement du CO_2 atmosphérique, considéré isolément avant toute rétroaction négative ou positive. Quantifier au lieu de se satisfaire d'un discours qualitatif, c'est utiliser les lois de la physique et les mesures pour aboutir à des résultats chiffrés.

Que le lecteur qui n'apprécie pas les chiffres ne s'effraie pas par avance, les calculs qui suivent sont simples et accessibles à tous, et qu'il se rassure, le petit effort d'attention qui lui est demandé restera unique dans cet ouvrage.

Le gaz carbonique est un gaz à effet de serre, son augmentation dans l'atmosphère induira, selon la terminologie utilisée par les spécialistes, un « forçage » radiatif additionnel qui se traduira par une augmentation de température. La quantification de ce forçage radiatif est un élément dont l'importance ne peut échapper à ceux qui s'interrogent sur l'incidence réelle et la responsabilité du CO_2 dans le réchauffement en cours.

Le rapport du GIEC de 2007, confirmant sur ce point celui de 2001, indique que, sans faire intervenir aucune rétroaction, un doublement de la concentration préindustrielle de 280 ppmv entraînerait un forçage radiatif de 3,7 W/m^2. Cette valeur se fonde sur les travaux de Myhre et al. (1998) et de Jain et al. (2000) et résulte de la formulation simplifiée suivante, due à Myhre :

$$Forçage = \alpha \ ln\ (C/C_o),$$

avec

C= concentration actuelle ou prévue,

C_o *= 280 ppmv et a = 5,35 (ln étant le logarithme népérien).*

(Pour un doublement de la concentration en CO_2, le rapport C/C_0 vaut 2, ln vaut 0,693 et le produit $\alpha\ ln\ (0{,}693 \times 5{,}35)$ vaut bien 3,7 W/m^2.)

Pour un doublement du CO_2, la surface terrestre devra donc rayonner 3,7 W/m^2 additionnels qui viendront s'ajouter aux 390 W/m^2 qu'elle doit émettre, à l'équilibre, pour compenser, comme nous l'avons vu dans la figure 1.6 du chapitre précédent, l'énergie solaire reçue et l'effet de serre naturel.

Pour atteindre le nouvel équilibre, la surface terrestre va devoir émettre :

$$390 + 3{,}7 = 393{,}7\ W/m^2.$$

La loi de Stefan : $\mathbf{F = \sigma T^4}$ (où F est le flux total émis, T la température absolue et σ la constante de Boltzmann, égale à $5{,}674 \times 10^{-8}$), déjà utilisée au chapitre précédent, permet de calculer la température de surface qui est nécessaire pour émettre ce rayonnement. Le calcul nous apprend que cette température doit être de 288,61 °K.

Avant l'intervention de ce renfort de 3,7 W/m^2, nous avons constaté, au chapitre 1 que, compte tenu de l'effet de serre « naturel », la température de la Terre était de 287,93 °K. Nous pouvons donc nous attendre, pour un doublement du CO_2 atmosphérique à un accroissement de température de :

288,61 – 287,93 = 0,68 °K ou, si l'on préfère, de 0,68 °C.

Une partie de cet accroissement de température a déjà eu lieu, puisque la concentration en CO_2 a déjà augmenté de 280 à 380 ppmv depuis la période « préindustrielle », prise comme référence. En utilisant de nouveau la relation simplifiée proposée par Gunnar Myhre (Forçage = $\alpha \ln (C/C_o)$) et la loi de Stefan, on peut calculer que l'accroissement de la concentration atmosphérique du CO_2 de 380 ppmv, valeur actuelle, à 560 ppmv, valeur double de la concentration préindustrielle, conduirait à une augmentation de température d'environ 0,4 °C.

Ceci ne devrait pas nous effrayer !

La modestie de cette élévation de température, à venir, tient au fait que l'absorption est déjà quasi-totale dans les bandes de longueurs d'onde où les molécules de CO_2 interviennent. C'est ce qui est illustré par le dernier schéma du chapitre 1. On comprend aisément que lorsque le nombre de molécules absorbantes dans une colonne atmosphérique augmente, les molécules se trouvant à l'extrémité de la chaîne ont moins de chances que celles qui les précèdent sur le trajet du rayonnement de rencontrer un photon ayant la longueur d'onde voulue, les premières molécules ayant déjà absorbé une grande partie des photons dans la longueur d'onde considérée. Plus précisément, lorsque le nombre de molécules dans un état excité, c'est-à-dire ayant déjà absorbé un photon, augmente trop par rapport au nombre total des molécules absorbantes, l'absorption ne peut se poursuivre : on dit qu'il y a saturation. C'est ce que traduit, en spectroscopie, l'élargissement des raies, qui n'est pas proportionnel au nombre de molécules absorbantes mais observe un mode logarithmique.

À l'approche de la saturation, l'absorption du rayonnement infrarouge par les molécules de CO_2 et H_2O devient de moins en moins efficace pour les longueurs d'onde concernées. C'est pourquoi la relation proposée par G. Myhre a une forme logarithmique. Cette expression logarithmique a pour conséquence directe que les augmentations de température qui résulteraient d'un triplement de la valeur préindustrielle, soit 840 ppm, voire d'une élévation de la concentration à 1000 ppmv (0,1 %), seront de plus en plus modestes.

Par rapport à aujourd'hui, en utilisant encore une fois la relation de Myhre et la loi de Stefan, chacun peut trouver que les augmentations de température à attendre seraient respectivement de 0,74 °C pour le triplement et de 0,85 °C si le CO_2 parvenait jusqu'à la concentration de 1 pour 1 000 (environ trois fois la concentration actuelle). En d'autres termes, un triplement de la valeur préindustrielle du CO_2 atmosphérique conduirait à un accroissement de température à venir qui ne dépasserait pas celui qui est retenu par le GIEC pour le dernier siècle. Nous sommes donc très loin des prédictions des modèles climatiques.

Le rapport du GIEC de 2007 analyse en détail les différentes contributions au forçage radiatif (CO_2, CH_4, O_3 troposphérique, nuages, aérosols, variation d'albédo liée aux modifications anthropiques du sol...). L'incidence combinée de l'ensemble de ces contributions depuis 1750, dont certaines sont négatives, s'avère strictement égale à la contribution retenue par le GIEC pour le seul CO_2, soit 1,6 W/m^2 (figure 2.1).

Cette dernière valeur n'a rien qui puisse nous étonner, puisque c'est la même que l'on peut trouver en utilisant la formule de calcul proposée par G. Myhre ($\alpha \, ln \, (C/C_o) = 5{,}35 \, ln \, (380/280) = 1{,}6 \, W/m^2$).

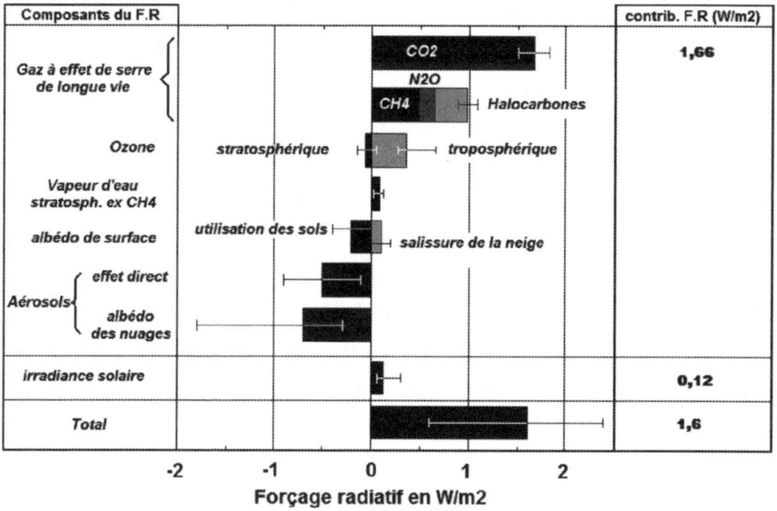

Fig. 2.1. | Les composants du forçage radiatif.
Cette figure, dont les éléments sont repris du rapport du GIEC de 2007[1], montre l'importance relative attribuée aux différents composants du forçage radiatif. Elle fait notamment apparaître que le forçage total est pratiquement égal au forçage initié par le CO_2. (D'après IPCC 2007 : WG1-AR4.)

Nous pouvons en revanche nous étonner de ce qu'une augmentation de 1,6 W/m^2 du forçage radiatif, qui ne peut justifier qu'une augmentation de température de trois dixièmes de degré, puisse être présentée comme unique responsable de la montée de température d'environ 1 °C déclarée depuis l'époque préindustrielle, c'est-à-dire depuis 1750. L'étonnement persiste lorsque le GIEC annonce une augmentation de température de 0,65 °C pour les cinquante dernières années, alors que l'augmentation de la concentration en CO_2 ne justifierait, selon G. Myhre, que 0,13 °C.

On se demande alors d'où vient l'amplification d'un facteur 5 ? Et le GIEC ne nous aide pas à répondre lorsqu'il affirme que, pour la période 1950-2005, « *il est parfaitement invraisemblable que*

1. GIEC 2007, Rapport de synthèse.

l'insolation ou les aérosols aient pu avoir une influence comparable à celle des forçages d'origine anthropique ».

Les modèles auxquels se réfère le GIEC annoncent une augmentation de température comprise entre 1,5 et 4,5 °C pour un doublement du CO_2. On peut s'étonner de nouveau de l'écart entre les prévisions des modèles et la valeur de 0,68 °C calculée précédemment. À ce stade, chacun peut se demander si cet écart est attribuable à la prise en compte de rétroactions positives ou à l'introduction dans les modèles de données basiques contestables.

Nous verrons, au chapitre suivant, que la prise en compte de rétroactions positives est controversée. Pour ce qui concerne les données basiques, un article de la revue Nature de 1990[2] explicite, dans un encadré, la valeur de l'augmentation de température à retenir pour un doublement de la concentration atmosphérique préindustrielle en CO_2, avant toute rétroaction, soit 1,2 °C. C'est sur ce principe que le même article annonce des résultats de modèles climatiques faisant état d'augmentations de température à venir comprises entre 1,9 et 5,2 °C. C'est également cette base qui continue, comme nous le verrons plus loin, d'être communément retenue.

Le développement du calcul présenté dans l'article de la revue *Nature* m'a paru problématique. Je l'ai donc repris et j'ai soumis le résultat de cette réflexion à la critique de quelques esprits bien faits. La conclusion est que la valeur de 1,2 °C se révèle erronée, comme l'établit l'encadré ci-après.

2. C. Lorius 1990.

Comment le diable se cache dans le détail de la quantification

L'article de la revue Nature indique que le bilan énergétique radiatif terrestre par unité de surface résulte de la relation :

$$N = (1 - \alpha)\ S/4 - \varepsilon\, \sigma\, T_s^4$$

Où :

$(1-\alpha)\ S/4$ est l'énergie reçue par chaque mètre carré de la surface de la planète.

S est la constante solaire prise ici égale à 1370 W/m^2,

α est l'albédo,

et le terme /4 correspond au fait que la surface de la Terre est égale à quatre fois la surface interceptant le rayonnement solaire,

« $\varepsilon\, \sigma\, T_s^4$ » est l'énergie émise, à l'équilibre, par la surface terrestre,

σ est la constante de Stefan-Boltzman,

ε l'émissivité

et T_s la température absolue de la surface.

À l'équilibre, N est nul et la relation précédente s'écrit :

$$(1-\alpha)\ S/4 = \varepsilon\, \sigma\, T_s^4$$

L'article de la revue Nature *précise que, pour un albédo égal à 0,3 (soit une énergie absorbée de 240 W/m^2), la température T_s calculée est égale à 255 °K.*

Ceci n'est valable que si l'émissivité est égale à l'unité. (C'est ce qui a été admis, implicitement, au chapitre 1 qui précède, comme dans la revue Nature).

La Terre est en effet un corps gris qui diffuse et réfléchit une part importante de l'énergie solaire qui, nous le savons (cf. figure 1.2), est centrée sur une longueur d'onde de 0,5 µm. En revanche, le rayonnement émis par la Terre dans l'infrarouge est centré sur la longueur d'onde de 10 µm et correspond à une émissivité qui peut, en première approximation, être considérée comme égale à l'unité. La relation exprimant l'équilibre radiatif terrestre devient alors :

$$(1-\alpha)\ S/4 = \sigma T_s^4 \qquad (1)$$

L'utilisation du terme « émissivité » dans l'article de la revue Nature laisse toutefois songeur.
Il est précisé qu'il s'agit de « l'émissivité effective de l'atmosphère » ; on s'interroge alors, avant que vienne à l'esprit l'idée qu'il pourrait s'agir de la transmittance (ou transmission du rayonnement, exprimée en %).
La transmittance est, dans le cas de l'atmosphère de notre planète, le rapport entre l'énergie transmise vers l'espace après la traversée de l'atmosphère et l'énergie émise par la surface terrestre. Exprimée en pourcentage, la transmittance est le complément à cent de l'absorption (cf. figure 2.3). Au contraire de l'émissivité qui, pour un corps dans un état donné et une longueur d'onde donnée, a une valeur déterminée, la transmittance infrarouge de l'atmosphère varie avec l'absorption infrarouge et donc avec l'effet de serre. Pour une absorption nulle, en l'absence d'effet de serre, la transmittance est égale à 1. Pour l'effet de serre naturel conduisant la surface terrestre à émettre 390 W/m² pour une température de 288 °K, la transmittance est égale à 0,61.
Il est alors correct d'écrire : $(1-\alpha)\ S/4 = \varepsilon\, \sigma T_s^4$.
Mais ε *n'est pas l'émissivité, c'est la transmittance.*

La confusion entre émissivité et transmittance n'est pas seulement terminologique et se retrouve dans des publications antérieures à celle de la revue Nature. *Robert Cess (1976) reprenant les valeurs numériques précédentes (soient 288 °K pour la température de surface, 390 W/m² pour l'énergie émise par cette surface et 233 W/m² pour l'énergie infrarouge transmise au sommet de l'atmosphère) conclut que l'« émissivité » est de :*

$$233\ /\ 390 = 0,6.$$

Le manque de rigueur en physique incite le diable à intervenir. L'article de la revue Nature poursuit, en effet, en indiquant qu'un accroissement du forçage radiatif ΔQ *entraîne nécessairement une modification de la température* T_s. *Ce qui est exact.*
Mais, et c'est là que le diable intervient, l'article de la revue Nature précise que :

$$\Delta T = 0{,}3\ \Delta Q.$$

Comme l'article de la revue Nature estime à 4 W/m² l'accroissement du forçage causé par un doublement de la concentration en CO_2, il déduit que l'augmentation de température résultante serait de :

$$4 \times 0{,}3 = 1{,}2\ °C.$$

Ce qui est tout à fait inexact.
La relation $\Delta T = 0{,}3\ \Delta Q$ n'est valable que ***lorsqu'il n'existe aucun effet de serre****, c'est-à-dire lorsque la surface doit évacuer 240 W/m², tout comme le sommet de l'atmosphère.*
En dérivant l'équation (1), qui n'est autre que la loi de Stefan et qui peut s'écrire : $Q = \sigma T^4$, on obtient $dT / dQ = T / 4Q$.
Ce qui conduit, pour l'effet de serre naturel demandant à la surface d'évacuer 390 W/m², à $\Delta T = 0{,}18\ \Delta Q$ (et non $\Delta T \approx 0{,}3\ \Delta Q$), comme l'illustre la figure 2.2.

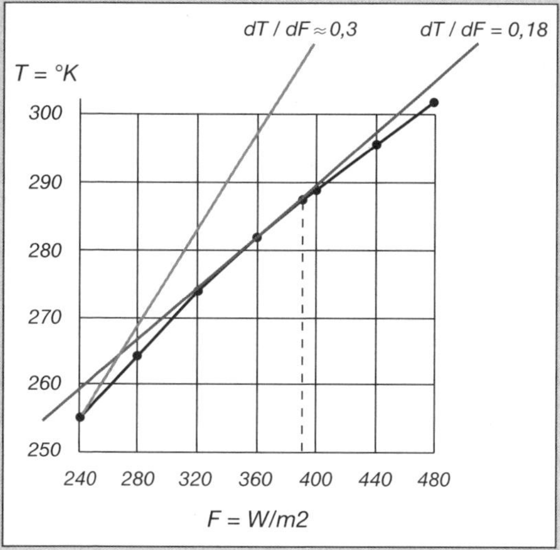

Fig. 2.2.

Pour un forçage additionnel, lié à un doublement du CO_2 et évalué à 4 W/m^2, l'énergie à évacuer devient 390 + 4 = 394 W/m^2 et la valeur de dT/dQ devient 0,184, ce qui conduit à une augmentation de température :

$$\Delta T = 0{,}184 \times 4 = 0{,}73\ °K, \text{ ou } 0{,}73\ °C.$$

Ainsi, l'augmentation de température entraînée par un doublement du CO_2 atmosphérique n'est pas de 1,2 °C, mais de 0,73 °C !

Remarque 1

Le calcul précédent correspond à un forçage de 4 W/m^2, soit le forçage retenu pour le doublement du CO_2 avant le rapport du GIEC de 2001. Pour le forçage radiatif additionnel admis aujourd'hui, soit 3,7 W/m^2, l'augmentation de température correspondant à un doublement du CO_2 dans l'atmosphère n'est plus de 0,73 °C, mais de :

$$\Delta T = 0{,}184 \times 3{,}7 = 0{,}68\ °C.$$

C'est la valeur que nous avons trouvée, par une autre démarche, en seconde page de ce chapitre.
Elle diffère de la valeur retenue dans l'article de Nature *de près de 60 % et montre comment l'effet réel du CO_2 peut être surestimé.*

Remarque 2

L'inflation de 60 % ci-dessus est calculée en admettant la valeur de 3,7 W/m^2 publiée par le GIEC. Mais, comme nous le verrons plus loin dans ce chapitre, cette valeur est contestée et considérée par beaucoup comme surévaluée. L'augmentation de température attribuée par le GIEC à un accroissement du CO_2 atmosphérique s'en trouve alors encore plus exagérée.

UNE ERREUR RÉCURRENTE ?

Nous venons de constater, dans l'encadré précédent, qu'il est inexact d'établir une relation de proportionnalité constante entre la variation du forçage radiatif et l'augmentation de température conséquente.

Malheureusement, les rédacteurs du rapport du GIEC de 2007 contribuent à entretenir l'erreur relevée en exposant que le forçage « *peut être relié linéairement à la température moyenne d'équilibre de la surface* » et en proposant l'équation :

$$\Delta T = \lambda\, \Delta F,$$

où T est la température moyenne de la surface terrestre, λ est le « paramètre de la sensibilité du climat » et ΔF le forçage radiatif.

Ils précisent que ΔF ne prétend pas représenter la totalité de la réponse climatique et qu'il s'entend avant toute rétroaction. Ils ajoutent que ce « concept » résulte des premières études de réponse du climat aux changements de l'insolation solaire et du CO_2.

Dès 1976, Robert Cess, dont l'excellence scientifique n'est pas en cause, calcule en effet ce paramètre de la sensibilité climatique. Il retient les conditions normales : une température de la surface terrestre de 288 °K et un rayonnement infrarouge émis au sommet de l'atmosphère de 233 W/m^2. Il trouve un rapport dF/dT égal à 3,3, autrement dit la même valeur de dT/dF, soit 0,3, que celle qui a été retenue dans l'encadré de la revue *Nature* que je viens d'évoquer. Mais cette valeur n'est obtenue que si l'on considère que l'« émissivité » de la surface est variable et que cette surface ne rayonne que 233 W/m^2 pour une température de 288 °K, alors que la loi de Stefan nous confirme qu'elle rayonne 390 W/m^2 à cette température. R. Cess commet ainsi la même erreur que l'article de la revue *Nature*, en considérant que l'« émissivité » de la surface peut être variable, alors que ce qui est variable est la transmission (ou, si l'on préfère, l'absorption) de l'atmosphère.

Cette erreur, faute d'être relevée, conduit la plupart des auteurs de publications à retenir et à utiliser la valeur de 1,2 °C pour l'augmentation de température résultant du seul doublement du CO_2. Le Livre blanc édité par la communauté climatologique française en janvier 2007 le confirme et précise que pour un doublement du CO_2 l'accroissement de température serait de 1,2 ± 0,1 °C. De son côté

D. Harvey (2000), cité par L'Agence canadienne d'évaluation environnementale, témoigne : « *Si, à l'exception de la température, tous les autres paramètres demeuraient constants à la suite d'un réchauffement supplémentaire de 4 W/m^2 , le climat de la Terre serait plus chaud de 1,2 °C. L'ampleur exacte de cette hausse de température a été calculée en se fondant sur des principes scientifiques solides, vérifiables et validés.* »

Je ne suis pas sûr que R. Cess soit à l'origine de ces malentendus ; il se trouve simplement que le document cité est le plus ancien que j'aie pu trouver sur ce sujet. Mais ce qui est certain, c'est que, depuis, la quasi-totalité des documents publiés retient la valeur de 1,2 °C comme résultat d'un doublement de la valeur de référence du CO_2 (280 ppmv). Alors que, j'espère vous en avoir convaincu, cette valeur n'est, au plus, que de 0,68 °C.

Du paramètre de la sensibilité du climat, on passe très naturellement au « concept » de sensibilité climatique. Elle se définit comme la variation du climat en réaction à toute perturbation susceptible de modifier l'état d'équilibre existant. Selon ce concept, la réponse du climat peut être mesurée en termes d'augmentation de température, mais peut l'être également en termes de précipitations, de nébulosité ou de tout autre phénomène climatique qui co-varie avec le bilan radiatif. Toutefois, communément, ce concept général se réduit à la modification de la température de la surface terrestre résultant d'un doublement de la concentration atmosphérique en CO_2, lorsque toutes les rétroactions ont été intégrées.

La sensibilité climatique ainsi définie est, d'après les résultats des modèles, comprise entre 1,5 et 4,5 °C. Nous pouvons nous étonner de l'importance de cette fourchette, qui traduit l'imprécision des résultats. Le rapport du GIEC de 2007 nous répond en expliquant que les progrès réalisés autorisent de réduire l'intervalle, et retient une nouvelle fourchette comprise entre 2 et 4,5 °C. Malgré une augmentation considérable de la puissance de calcul, peu de progrès ont été réalisés. Il y a trente ans déjà que Jule Gregory Charney (l'un des pionniers de la météorologie moderne), prenant pour base les travaux de Syukuro Manabe du *Geophysical fluid dynamics Laboratory* et de James Hansen du *Goddart Institute*, ajoutait, pour faire bonne mesure, 0,5 °C d'incertitude et obtenait la fourchette de 1,5 à 4,5 °C comme effet d'un doublement du CO_2, rétroactions comprises. Cette fourchette, devenue canonique, a été reprise dans les rapports du GIEC jusqu'en 2001 et très légèrement réduite dans celui de 2007.

La conclusion de tout cela est que l'on est en droit de s'interroger sur la crédibilité des prévisions des modèles climatiques. Si le paramètre de sensibilité du climat qu'ils utilisent est, conformément à ce qui précède, constant et égal à 0,3, il ne faudrait plus s'étonner du scepticisme manifesté par beaucoup en regard des prévisions avancées par les modèles de climat.

ET SI 0,68 °C, ÉTAIT UNE VALEUR SURESTIMÉE ?

Dans ce qui précède, nous avons admis que la formule proposée par Gunnar Myhre, qui conduit à déterminer un forçage additionnel de 3,7 W/m^2 pour un doublement de la concentration en CO_2, n'était pas contestable.

Cette valeur a pour base des modèles reposant sur l'exploitation « ligne par ligne » de bases de données spectroscopiques, telles que Hitran (***Hi**gh resolution **Tran**smission spectroscopic data base*). Ceci ne peut être mis en cause sauf à en souligner la complexité, mais l'on peut, en revanche, s'étonner que d'autres auteurs[3] retrouvent les mêmes résultats sur la base d'équations empiriques reliant les températures du passé à l'accroissement du CO_2. La convergence des résultats obtenus par ces deux voies utilisant des méthodes aussi différentes, dont la deuxième s'apparente à une pétition de principe, est surprenante.

En revenant sur la première, je peux confirmer, pour l'avoir tenté, que l'exploitation des bases de données spectroscopiques n'est pas

3. Wigley et al. (1985).

une chose aisée. Historiquement, ces banques ont été constituées pour renseigner sur les propriétés des molécules absorbantes de l'atmosphère. Elles fournissent, en principe, la valeur des divers paramètres spectroscopiques pour les différentes molécules, de composition isotopique donnée. Ces valeurs peuvent résulter de mesures expérimentales, mais sont, le plus souvent, calculées sur des bases quantiques. Leur mise à jour est effectuée régulièrement et des corrections sont régulièrement apportées. Mais les calculs étant effectués pour des transitions entre les différents niveaux d'énergie moléculaires possibles, les données concernant les continuums sont parfois incomplètes, même si les lacunes sont en régression constante[4].

L'exploitation est donc difficile. En tout état de cause, l'absorption retenue en intégrant ligne par ligne devrait tenir compte de l'absorption de l'eau pour chacune des longueurs d'onde considérées.

Ceci, parce que les molécules de CO_2 et de H_2O interviennent ensemble, globalement. Plus précisément, elles sont concurrentes, notamment aux environs de la principale bande d'absorption du CO_2, vers 15 µm. Dans cette bande, l'absorption pour une longueur d'onde donnée devrait être attribuée en raison des concentrations et des efficacités respectives. Il faut en effet comprendre que l'eau n'a pas seulement un rôle prépondérant dans l'effet de serre terrestre, mais qu'elle limite l'absorption par le CO_2 dans le domaine infrarouge. C'est ce que montrent les courbes de transmittance établies par Jacques Gentili au Laboratoire des sciences de la matière, ENS Lyon, dans les conditions normales de température et de pression et en utilisant un tube en pyrex de 4 cm de diamètre et environ 1 m de longueur fermé par des fenêtres en bromure de potassium. La figure 2.3 exprime ces résultats en termes d'absorption %[5].

4. Alors que les transitions donnent lieu à des raies spectrales de longueurs d'onde bien déterminées, les continuums donnent lieu à une absorption continue.

5. L'absorption ou absorbance % est le complément à 100 de la transmittance et les courbes ont simplement été inversées.

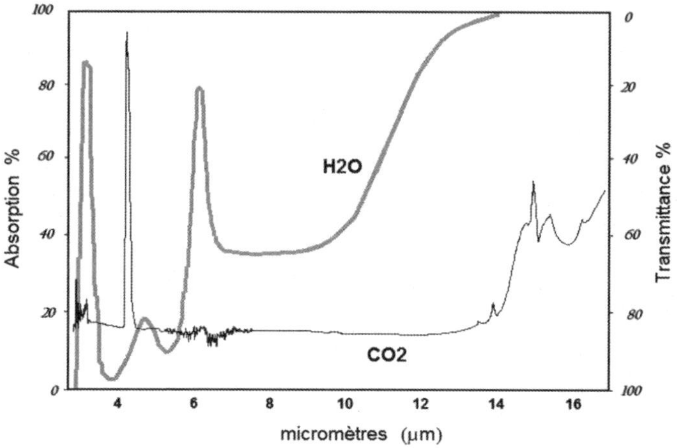

Fig. 2.3. | La courbe en trait gris épais donne l'absorption en % de l'eau pour les longueurs d'onde de 2 à 14 µm. À partir de 14 µm, l'absorption est quasi-totale. La courbe en trait noir fin, donne l'absorption du CO_2 pour les longueurs d'onde de 2 à 17 µm. L'absorption du CO_2 est particulièrement intense pour le pic centré sur 4,2 µm et pour la bande centrée sur 15 µm. Mais dans la bande autour de 15 µm, le CO_2 est fortement concurrencé par H_2O et dans la bande vers 4 µm l'effet quantitatif de l'absorption par CO_2 ne peut être que très limité, puisque l'énergie émise par la surface terrestre dans cette bande de longueurs d'onde est très faible (cf. chapitre 1).

La difficulté d'évaluation transparaît dans les annonces successives. Dans son rapport de 1990 le GIEC retenait 4,27 W/m^2. Cette valeur a ensuite été ramenée à 4 W/m^2 et a été longtemps retenue comme base des calculs, avant d'être réduite à 3,7 W/m^2 dans le rapport de 2001, valeur confirmée dans le rapport de 2007.

Malgré cette confirmation, certains pensent que cette dernière valeur est surestimée.

Peter Dietze (2000), en prenant en compte le recouvrement des absorptions par l'eau et le CO_2 dans la bande de longueurs d'onde autour de 15 µm, conclut que le forçage dû à un doublement du CO_2 est seulement de 1,9 W/m^2. P. Dietze a utilisé les données du Hitran-1996 compilées par Jack Barrett. Jack Barrett (1995), sur la base d'une expérience où l'on injecte 360 puis 720 ppmv de CO_2 dans une enceinte remplie d'air contenant 2,6 % de vapeur d'eau, avance des valeurs encore plus faibles.

Heinz Hug (1998) considère, pour les mêmes raisons (recouvrement des absorptions par H_2O et par CO_2) et parce qu'une partie des absorptions se traduit en énergie cinétique et pas seulement en rayonnement émis, que l'absorption attribuée au CO_2 est très surestimée par le GIEC.

Richard Lintzen estime que les valeurs retenues par le GIEC sont à diviser par un facteur 3 à 4.

Les résultats donnés par le modèle Modtran[6] conduisent à un forçage inférieur à 3 W/m^2 (pour un doublement de la concentration de 280 à 560 ppmv et pour l'atmosphère standard américaine de 1976). Ce qui se traduirait, pour un doublement du CO_2, par une augmentation de température inférieure à 0,5 °C.

Lowtran et Modtran sont des modèles d'atmosphère relativement simples, capables de calculer les flux radiatifs sortants ou entrants en fonction du profil vertical, des longueurs d'onde et de l'absorption atmosphérique, cette dernière variant notamment avec la composition de l'atmosphère. Mais les modèles auxquels les alarmistes se réfèrent le plus volontiers sont des modèles de circulation générale, où la circulation atmosphérique est couplée avec celle des océans. Ces modèles, du même type que ceux qui sont utilisés en météorologie, sont néanmoins beaucoup plus complexes. Ils prennent en compte la composition de l'atmosphère et ses échanges avec les océans et la végétation, les aérosols, la chimie atmosphérique, le volcanisme, les précipitations, l'occupation de la surface et la glace de mer, les nuages, les circulations atmosphérique et océanique… et nécessitent un énorme travail d'élaboration, puis la mobilisation durant de très longues heures des plus puissants ordinateurs.

Cela a un coût élevé, qui réclamerait que les données utilisées pour la modélisation ne soient pas seulement paramétrées par approximations,

6. Dont une des bases de données est Hitran.

mais soient physiquement indiscutables. L'une des données indispensables est justement le forçage lié au CO_2, en présence d'eau. L'investissement dans un programme basé sur la mesure expérimentale, dans une large gamme de températures et de pressions, de l'absorption par l'air contenant différentes concentrations d'eau et de CO_2 serait, de ce point de vue, profitable. Mais, selon toute apparence, les porte-parole du GIEC n'ont pas une vocation expérimentale[7] et préfèrent faire confiance aux énormes calculateurs qui moulinent les modèles informatiques.

Il est vrai que c'est ainsi que sont élaborées journellement les prévisions météorologiques, à partir de modèles climatiques atmosphériques. Mais ces prévisions sont établies sur la base de mesures réelles, continuellement mises à jour. Malgré cette mise à jour, l'horizon des prévisions ayant une probabilité suffisante se limite à une huitaine de jours. Les modèles climatiques qui établissent une prévision du climat pour les trente prochaines années, ou plus, à partir de données beaucoup plus nombreuses restent, eux, dépendants d'une paramétrisation incertaine, concernant de nombreux facteurs. Leurs résultats dépendent en particulier de l'effet de serre additionnel attribuable au CO_2, considéré avant toute rétroaction.

Alors, plutôt que de faire aveuglément confiance aux modèles, pourquoi ne pas répéter, en l'étendant et en l'affinant, l'expérience de Jack Barrett qui a le mérite de se situer dans le monde réel et non dans le monde virtuel des modèles ?

RETOUR SUR LE DUO H_2O – CO_2

Revenons quelques instants sur l'importance de l'absorption, donc du forçage du dioxyde de carbone. Un certain nombre de publications font état de la valeur de 50 W/m^2 pour le forçage « naturel » dû à l'ensemble du CO_2 et des autres gaz à effet de serre. Cette valeur

7. Le Président du GIEC n'est pas un physicien mais un économiste.

serait déduite du calcul ligne par ligne à partir des bases de données spectroscopiques.

Elle se révèle incompatible avec l'absorption par la vapeur d'eau, soit 100 W/m^2, à laquelle s'ajoute celle des nuages, soit 30 W/m^2, valeurs citées dans le rapport n° 25 de l'Académie des sciences et obtenues à partir des relevés du système satellitaire ERBE. En effet, la somme des valeurs précédentes conduirait à une absorption de 100 + 30 + 50 = 180 W/m^2, valeur évidemment excessive et qui dépasse la valeur totale de 160 W/m^2 relevée par ERBE en 1990.

Le mystère s'éclaircit lorsque l'on se souvient que l'eau absorbe dans les mêmes longueurs d'ondes que CO_2. Ce recouvrement est schématisé par la figure 2.4.

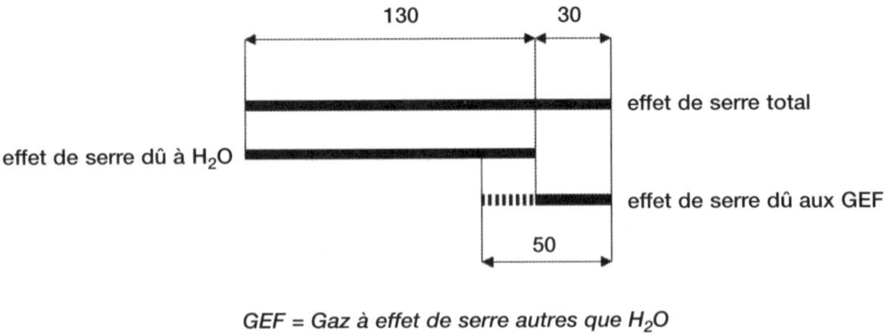

Fig. 2.4. | Le recouvrement de l'absorption des gaz à effet de serre par celle de l'eau entraîne qu'une part de l'effet de serre qui serait causé par les gaz à effet de serre (autres que H_2O), s'ils étaient seuls, soit masqué en présence d'eau.

Il découle du schéma représenté figure 2.4 que la contribution à l'effet de serre total de l'ensemble des gaz à effet de serre, eau non comprise, serait de 30 W/m^2.

Lors de la mesure citée dans le rapport n° 25 de l'Académie des sciences, la concentration atmosphérique était de 352 ppmv. Pour un doublement de la concentration préindustrielle, portant la concentration à 560 ppmv, la formule utilisée dans ce qui précède ($F = 5{,}35 \ln C/C_0$) permet de calculer une augmentation du forçage de 2,48 W/m^2. Le forçage initial de 30 W/m^2 deviendrait 32,48 W/m^2, ce qui reste toujours très largement inférieur à la valeur affichée de 50 W/m^2 pour la contribution du CO_2 à l'effet de serre terrestre. Ceci constitue, peut-être, une raison supplémentaire du caractère inflationniste de certains calculs.

Cette augmentation du forçage de 2,48 W/m^2 occasionnerait une augmentation de température de 0,4 °C. C'est d'ailleurs un intervalle voisin que retient Richard Lindzen (0,22 à 0,44 °C). Nous nous écartons ainsi de plus en plus de la valeur de 1,2 °C que l'on continue de retrouver, en toute occasion, dans la littérature. Tout cela autorise de conclure que la contribution du CO_2 à l'effet de serre terrestre est, selon toute probabilité, très largement surestimée.

Cette surestimation tient, comme vous l'avez retenu de ce qui précède, d'une évaluation de l'absorption physique des molécules de CO_2 excessive en présence d'eau (en raison du recouvrement des bandes d'absorption de l'eau et du CO_2 pour les longueurs d'ondes autour de 15 µm). Comme nous l'avons vu au chapitre précédent, le rayonnement infrarouge ne peut être absorbé, pour une longueur d'onde déterminée, que par des molécules « accordées » sur cette longueur d'onde. Mais si cette spécificité n'est jamais en défaut, il peut arriver que deux molécules différentes se trouvent « accordées » pour une même longueur d'onde. Dans la bande de longueurs d'ondes de 14 à 18 µm, intégrant la longueur d'onde de 15 µm pour laquelle l'absorption par CO_2 est maximale, les molécules H_2O et CO_2 sont toutes deux absorbantes (figure 2.3). Elles vont donc se trouver en concurrence, et l'absorption est à répartir en proportion de leur concentration et de leur efficacité. Or, la concentration moyenne des molécules d'eau dans l'atmosphère est très supérieure à celle des molécules de CO_2. Dans une colonne atmosphérique, il y a en moyenne 65 fois plus de molécules d'eau que de molécules de CO_2 et ce rapport dépasse 100 pour les 5 000 premiers mètres d'atmosphère qui contiennent pratiquement toute l'eau et où l'essentiel de l'effet de serre est généré.

La relative abondance de l'eau dans l'atmosphère a pour conséquence que les bandes d'absorption sont pratiquement saturées dans ce domaine du spectre (14 à 18 µm). L'addition de nouvelles molécules absorbant le rayonnement infrarouge dans cette bande, quelles que soient ces molécules, ne peut donc guère accroître l'absorption. Les formules simplifiées proposées pour évaluer l'impact d'un accroissement du CO_2 prennent d'ailleurs en compte le fait que l'absorption additionnelle n'est pas proportionnelle au rapport des concentrations, mais au logarithme de ce rapport. Ce qui limite de manière très sensible, comme nous l'avons vu, l'effet d'une augmentation, à venir, du CO_2 atmosphérique.

CE QUE L'ON PEUT RETENIR

- *Toute théorie, admise par un nombre suffisant de scientifiques, comporte toujours une part de vérité. Concernant la théorie de la responsabilité du dioxyde de carbone dans le réchauffement climatique en cours, cette part de vérité est que l'augmentation de température peut être attribuée, très partiellement, à l'accroissement du CO_2 atmosphérique. Sur les bases exposées par le GIEC lui-même, l'augmentation de température à attendre d'un doublement de la concentration préindustrielle de CO_2 ne serait que de 0,68 °C.*
- *La part de vérité s'amenuise toutefois lorsque les auteurs du rapport du GIEC adoptent le principe d'un paramètre de sensibilité climatique constant. Ce principe conduit notamment à retenir une valeur de 1,2 °C au lieu de 0,68 °C. Or, rappelons-le, cette dernière valeur, est déjà considérée par beaucoup comme surestimée. L'augmentation de température directement induite par un doublement du CO_2 atmosphérique pourrait bien ne pas dépasser, au total, deux à trois dixièmes de degré.*
- *La variation du forçage causé par le CO_2 a une formulation logarithmique dont la conséquence est que des quantités supplémentaires de CO_2 ont de moins en moins d'incidence. L'augmentation de température à attendre d'ici à la fin du XXIe siècle, en raison de l'accroissement*

du CO_2 *atmosphérique, ne saurait dépasser celle qui est annoncée pour le* XX*e siècle et qui s'inscrivait déjà, sans poser de problème particulier, dans les limites de la variabilité naturelle.*

- *La crédibilité des prédictions de modèles climatiques, allant jusqu'à prévoir + 6 °C à la fin du* XXI*e siècle, se trouve, légitimement, mise en cause.*

3

Rétroactions et prévisions des modèles climatiques

De la lecture du chapitre précédent, vous aurez retenu qu'un doublement de la concentration atmosphérique de CO_2 ne saurait conduire qu'à une augmentation de température de quelques dixièmes de degré centigrade. Vous avez été surpris que le GIEC puisse annoncer, sur la base des résultats de modèles climatiques, que ce doublement conduira à un accroissement de la température de 1,5 à 4,5 °C. Vous en avez conclu que ces dernières valeurs ne peuvent résulter que de l'intervention de facteurs amplificateurs et vous avez eu, bien sûr, raison. Une amplification multipliant la valeur initiale par un facteur proche de 7 (de 0,68 °C à 4,5 °C) continue cependant de vous surprendre.

Les modèles climatiques amplifient le forçage initial redevable au CO_2 en faisant intervenir des boucles de rétroaction. Mais, alors que le signal pouvait être calculé de manière assez précise, ces boucles de rétroaction introduisent des incertitudes. Incertitudes telles que l'on peut aller jusqu'à s'interroger sur leur signe global, positif ou négatif.

RÉTROACTIONS DUES À L'EAU

La rétroaction positive liée à l'augmentation de la vapeur d'eau dans l'atmosphère, en conséquence d'une augmentation de température, est le principal facteur d'amplification retenu par les modèles. L'eau, qui est très souvent oubliée lorsque l'on mentionne les contributeurs primaires à l'effet de serre terrestre, se voit ainsi reconnaître un rôle majeur, bien qu'indirect. L'importance donnée à la rétroaction positive de l'eau est, en effet, toujours très supérieure à l'incidence directe du CO_2. La figure 3.1 schématise le raisonnement suivi.

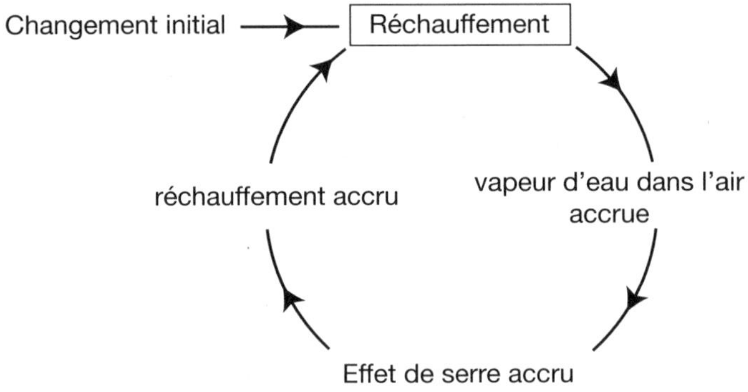

Fig. 3.1. | Rétroaction positive.

Certains pourraient s'inquiéter de ce que ce cycle ne devienne infernal. Mais qu'ils se rassurent. D'une part, depuis des centaines de millions d'années, le climat terrestre a connu une relative stabilité qui a maintenu l'eau à l'état liquide et la vie. D'autre part, ce cycle a une limite, celle de la saturation de l'atmosphère en vapeur d'eau. Cette saturation survient lorsque la contribution de la vapeur d'eau à la pression atmosphérique totale atteint une valeur donnée[1]. Une partie

1. La pression de vapeur nécessaire pour saturer l'air est la **pression de vapeur saturante**. Sa valeur ne dépend que de la température de l'air et est donnée, en fonction de la température, par l'équation de Clausius-Clapeyron.

de la vapeur d'eau est alors condensée en eau liquide ou solide, c'est-à-dire engendre des nuages. Cette eau condensée sera ensuite retirée de l'atmosphère par des précipitations sous forme liquide (pluie) ou solide (neige, grêle).

Lorsqu'une bulle d'air, considérée comme isolée du milieu par une paroi souple imaginaire, s'élève verticalement, elle va se dilater au fur et à mesure que la pression qui l'entoure diminue et elle va en conséquence se refroidir. Pour une bulle d'air sans humidité, la bulle va perdre 1 °C chaque fois qu'elle gagnera 100 m d'altitude[2]. Si la bulle d'air est humide, autrement dit si elle contient de la vapeur d'eau, cette vapeur va devenir saturante lorsque la température aura suffisamment baissé et se condensera.

Lorsque la vapeur d'eau se condense, l'énergie qui avait été empruntée à la surface lors de l'évaporation et qui était stockée sous forme de chaleur latente se trouve libérée. Cet apport de chaleur, qui est très important, diminue le refroidissement de la bulle. Alors que, pour l'air sec, le gradient de température qui caractérise le refroidissement est d'environ 10 °C par kilomètre, pour l'air humide ce gradient se réduit aux environs de 6 °C par kilomètre en raison du réchauffement lié à la condensation. L'air froid et sec des régions polaires entraîne un fort gradient qui a comme conséquence de situer l'altitude de la tropopause[3] vers 8-10 km, tandis que l'air chaud et humide des tropiques élève la tropopause vers 16-20 km d'altitude.

Quoi qu'il en soit, le gradient de température impose que la vapeur d'eau, si elle est en quantité suffisante, ce qui est généralement le cas, devienne saturante à une altitude donnée. L'eau n'existe donc pas seulement dans l'atmosphère sous forme de vapeur, elle y est aussi

2. La chute de température peut surprendre par sa rapidité, mais cette variation est déjà sensible entre le sol (parc Saint-Maur) et le sommet de la tour Eiffel : 2,3 °C pour la moyenne de janvier 2007 et 5,2 °C pour le mois de juillet de la même année.

3. La tropopause est la limite à partir de laquelle commence la stratosphère.

présente sous forme liquide ou solide, autrement dit sous forme de nuages. Vapeur et nuages, cette dualité embarrasse les auteurs des modèles climatiques. Plus de vapeur d'eau dans l'atmosphère signifie une augmentation du nombre des molécules qui absorbent le rayonnement infrarouge, donc une augmentation de l'effet de serre. Mais plus d'eau dans l'atmosphère, c'est aussi plus de nuages dont on sait qu'ils contribuent à l'effet de serre, mais aussi à l'« effet parasol ». L'effet parasol est le nom donné au renvoi partiel vers l'espace du rayonnement solaire, qui, ainsi réfléchi, n'atteint pas la surface terrestre. Or dans le bilan radiatif global des nuages, l'effet parasol surpasse nettement l'effet de serre. Certains soulignent cependant que les cirrus de haute altitude ont un effet parasol faible[4] et que leur bilan radiatif pourrait être positif ; ils ajoutent que leur quantité pourrait augmenter avec la température. En ce qui concerne le premier point, il convient d'avoir présent à l'esprit que la masse d'eau contenue dans les cirrus est très faible en regard de la quantité totale d'eau de l'atmosphère sous forme de vapeur et de nuages bas (les 5 000 premiers mètres de l'atmosphère contiennent pratiquement toute l'eau), ce qui relativise leur contribution à l'effet de serre. Par ailleurs, leur réflectivité est très variable car elle dépend, essentiellement, de la forme et de la dimension des cristaux de glace qui les composent. En ce qui concerne le second point (l'augmentation des cirrus), il faut rappeler que les chercheurs[5] qui exploitent les résultats des mesures des satellites constatent que durant les vingt dernières années la couverture des nuages hauts n'a pas évolué.

Alors, quel est le résultat final d'un accroissement de l'eau atmosphérique ? L'absorption et, en conséquence, l'effet de serre vont-ils l'emporter sur la réflexion et la diffusion ? Et, question préalable, une augmentation de température de la surface terrestre va-t-elle forcément conduire à un accroissement des molécules d'eau contenues dans

4. Les cirrus sont souvent très minces et laissent passer une grande partie de la lumière solaire sans la réfléchir ou la diffuser.

5. Claudia Stubenrauch (2008).

l'atmosphère ? Cette augmentation de température ne va-t-elle pas se limiter à accélérer le cycle de l'eau et à accroître les précipitations ?

Ces questions, quoique l'on en dise, n'ont pas de réponse évidente. Pour illustrer les incertitudes existant à ce sujet, je vous propose, dans l'encadré, « Une histoire de bulles ».

Une histoire de bulles

La masse choisie pour les bulles de la figure 3.2 est de 1 m^3 d'air sec, aux conditions normales de température et de pression, ce qui permet d'exprimer l'humidité absolue, HA, en grammes de vapeur d'eau contenue. L'humidité relative, HR, qui nous est plus familière est également indiquée (elle représente le rapport, exprimé en pourcentage, entre la masse de vapeur d'eau constatée et celle de la vapeur saturante, à la même température).

Le gradient de température, pris en considération, est le gradient moyen qui correspond à l'atmosphère normalisée[6] et qui conduit à une température de – 17 °C à l'altitude de 5 000 m. Voisin de 6,5 °C par km, sa différence avec le gradient d'une atmosphère sèche, soit environ 10 °C par km vient de la libération, lors de la condensation, de la chaleur latente emportée par la vapeur d'eau, lors de son évaporation. Aux altitudes de 3 000 et 5 000 m cette libération de chaleur a été matérialisée, comme s'il s'agissait d'un phénomène discontinu. Cette libération de chaleur n'est pas une mince affaire puisque la condensation d'un gramme de vapeur d'eau fait monter la température de la bulle d'environ 2 °C.

Lorsque la bulle s'élève, elle se refroidit et la vapeur devient saturante. L'excès de vapeur, par rapport à la saturation, se condense, ce qui se concrétise par la formation d'un nuage, plus ou moins dense, constitué de microgouttelettes ou de microcristaux.

En A, la bulle d'air considérée est ***supposée*** *être à la température de la surface, soit 20 °C et* ***l'on fait l'hypothèse*** *que l'évaporation porte l'humidité relative à 55 %. La bulle va ensuite s'élever et se refroidir. En B, la vapeur devient saturante, l'humidité relative atteint 100 %, toutefois sans condensation.*

6. Tel que définie par l'Organisation de l'aviation civile internationale.

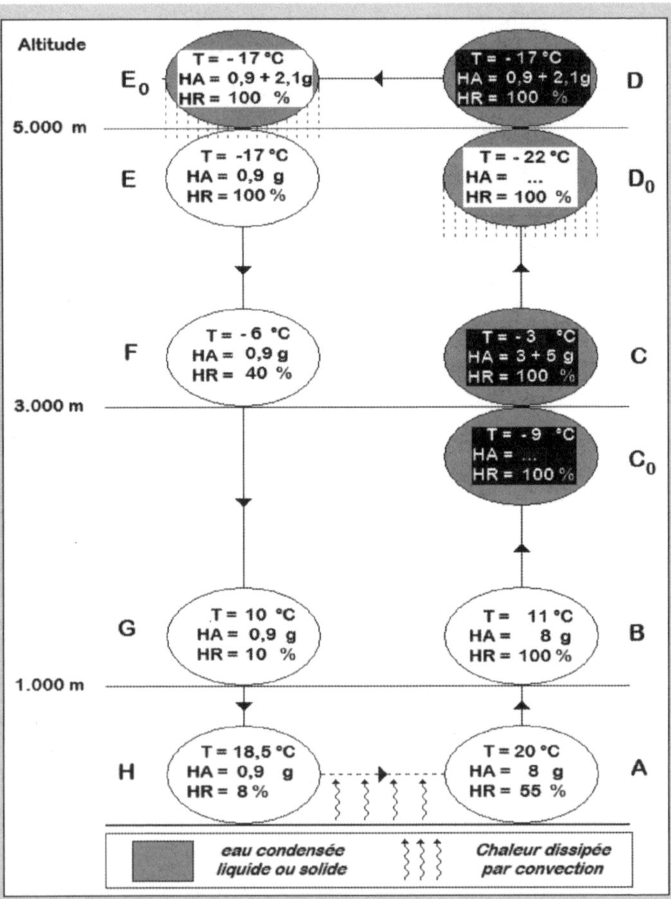

Fig. 3.2. | Les bulles représentées sont considérées comme isolées du milieu extérieur par une paroi souple. Les bulles devraient donc se dilater avec l'altitude. Sur ce schéma, les bulles ont la même dimension, car celle-ci ne symbolise pas le volume mais la masse qui, elle, est invariable.

En C_0, la bulle atteint l'altitude de 3 000 m et continue de se refroidir. En appliquant le gradient de 10 °C par km sa température s'abaisserait à – 9 °C, mais une condensation importante se produit. Cette condensation est constatée en C, la bulle contenant 3 g d'eau sous forme de vapeur et 5 g sous forme solide. Elle s'accompagne d'un réchauffement de la bulle, en raison de la

*chaleur latente libérée par la condensation. En D_0, **on fait l'hypothèse** que l'eau condensée précipite. Mais, comme la bulle continue de se refroidir depuis l'altitude de 3 000 m, on constate en D une nouvelle condensation. La bulle contient, alors, 0,9 g d'eau sous forme de vapeur et 2,1 g sous forme solide. **On admet** que l'eau condensée précipite en totalité en E_0.*
*En E, la bulle va entamer la partie du cycle en subsidence et va se réchauffer au fur et à mesure de sa descente. Il n'y aura évidemment plus de condensation et l'humidité relative va s'abaisser rapidement, illustrant ainsi la sensibilité de cette variable en regard de la température, alors que la quantité d'eau contenue ne varie pas. Au terme de la subsidence, l'humidité relative n'est plus que de 8 %. L'ascendance et la subsidence constituent un cycle de convection. **Il a été supposé**, qu'au long de ce cycle aucun échange de chaleur n'avait lieu entre la bulle et son environnement (on dit que ce cycle est adiabatique). **Il a également été supposé** qu'aucun échange de vapeur d'eau n'avait lieu entre la bulle et son environnement. Cette supposition était implicite en considérant la bulle formée d'une paroi souple étanche et était indispensable au raisonnement présenté. Il en va tout autrement dans la réalité en raison de la grande variabilité spatiale de l'humidité et de la turbulence de l'air.*

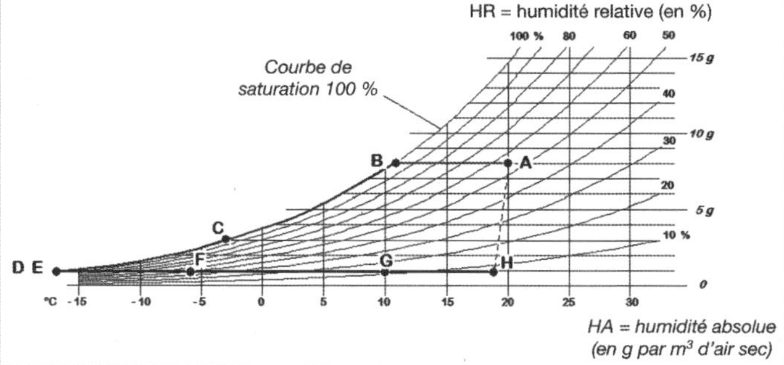

Fig. 3.3. | Diagramme de Mollier.
Ce diagramme donne la courbe de saturation (humidité relative = 100 %), l'humidité relative (lignes courbes) et l'humidité absolue (lignes horizontales) en fonction de la température. Si deux variables sont fixées, par exemple l'humidité absolue et la température, la troisième, dans ce cas l'humidité relative, l'est aussi. C'est ce diagramme qui est utilisé dans le cycle parcouru de A à H dans une histoire de bulles et qui est représenté, sur le diagramme, par un trait noir épais.

Les hypothèses et suppositions introduites dans « Une histoire de bulles » soulignent les incertitudes concernant les variations de l'humidité atmosphérique. Tout d'abord, cette histoire met en évidence la très grande variabilité de l'humidité de l'air avec l'altitude et sa forte dépendance du gradient vertical de température, avec lequel elle est en interaction constante. Car si l'humidité dépend de ce gradient, sa condensation conditionne à son tour ce gradient, comme nous l'avons noté à propos de l'altitude de la tropopause, plus élevée dans l'atmosphère humide tropicale que dans l'atmosphère sèche des régions polaires. Cette histoire de bulles nous fait, ensuite, découvrir que plus l'humidité au voisinage du sol est élevée, plus vite, l'état de saturation est atteint. En d'autres termes, plus la concentration en vapeur d'eau augmente dans l'atmosphère, plus la probabilité de voir des nuages bas se former augmente.

Il convient d'ajouter, comme chacun le sait, que l'humidité de l'atmosphère varie en fonction du lieu et, pour un même lieu, en fonction de la période de l'année, mais aussi d'un jour à l'autre. Cette très grande variabilité rend problématique toute hypothèse de caractère trop global. Elle souligne également la très grande incertitude concernant la quantité réelle d'eau contenue dans l'atmosphère à la suite d'une évaporation accrue. Nous pouvons donc nous interroger sur la validité de l'hypothèse, explicite ou implicite, de conservation de l'humidité relative, couramment adoptée par les modèles climatiques.

Dans « Une histoire de bulles », il a été supposé que l'eau condensée était précipitée peu après. Mais, l'on constate tous les jours qu'il y a des nuages sans pluie. C'est donc que l'eau condensée ne conduit pas forcément à des précipitations. Avant les précipitations, sous forme de pluie, grêle ou neige il faut d'abord que la vapeur d'eau atteigne la saturation puis se condense et forme un nuage. Ce phénomène ne se produit pas aisément et l'air reste fréquemment sursaturé. Pour qu'il y ait condensation, il faut qu'un nombre suffisant de molécules d'eau se rassemblent, disons une centaine, pour constituer un embryon de liquide. Or la probabilité statistique de rencontre spontanée en un seul point d'un si grand nombre de molécules d'eau, aux concentrations considérées, est extrêmement faible.

La sursaturation serait donc l'état normal sans le phénomène découvert par Coulier au XIXe siècle : ce sont des impuretés en suspension dans l'atmosphère[7] qui aident la vapeur d'eau à changer de phase. Ce peut être aussi, comme on l'a découvert au XXe siècle, les ions créés par les rayons cosmiques. Ces noyaux de condensation jouant le rôle de pièges facilitent l'accumulation des molécules d'eau et permettent ainsi au volume critique correspondant au germe de la phase liquide de se constituer petit à petit. La phase condensée peut ainsi être engendrée peu après le moment où la saturation est atteinte. Inutile de souligner que l'efficacité de ces noyaux de condensation est très variable. En conséquence, l'atmosphère, lorsque sa température est inférieure au point de saturation, peut ou non conduire à une condensation, c'est-à-dire à la formation de nuages, ou bien rester sursaturée.

Après la condensation, une nouvelle incertitude apparaît qui concerne la précipitation. Les gouttelettes formées autour des noyaux de condensation vont grossir par coalescence[8] et par effet Bergeron[9]. Les gouttes ou les cristaux de glace présents dans le nuage peuvent atteindre des dimensions variables (jusqu'à 5 mm) avant de tomber vers le sol, si leur vitesse de chute est supérieure à celle des courants d'air ascendants. Mais les gouttelettes n'atteignent pas toujours la dimension autorisant leur chute...

7. Cristaux de sel marin, sulfates, pollens, poussières de diverses origines, micro-organismes, etc.

8. Captation des micro-gouttelettes par collision avec des gouttes de dimension plus importante ou par recondensation de manière analogue à l'effet Bergeron mais en l'absence de cristaux de glace.

9. Découvert par Tor Bergeron, il met en jeu la formation de cristaux de glace et leur grossissement à partir de la vaporisation des gouttelettes d'eau surfondue présentes dans le nuage.

Les modèles sont-ils capables de représenter de manière fiable des phénomènes aussi complexes que la microphysique des nuages ? En réalité, les modèles adoptent un paramétrage simplifié et reposent, même si ce n'est pas toujours explicite, sur l'hypothèse de la conservation de l'humidité relative. Cette hypothèse n'est pas sans importance. Manabe et Wetherald (1967) ont montré que l'élévation de la température de surface par effet de serre était, dans le cas d'une hypothèse d'humidité relative constante, près de deux fois supérieure à ce quelle serait dans le cas d'une hypothèse d'humidité absolue constante. « Une histoire de bulles » rappelle que l'humidité relative est le rapport, exprimé en pourcentage, entre la quantité d'eau présente dans le volume considéré et la quantité d'eau correspondant à la saturation pour cette même température. Or, si la quantité d'eau qui correspond à la saturation augmente bien avec la température, conformément à une loi physique, la loi de Clausius-Clapeyron, dire que l'humidité relative est conservée n'obéit pas à une loi physique, c'est une hypothèse. Cette hypothèse entraîne d'ailleurs une autre hypothèse sur le gradient vertical de température. Lors des condensations, comme nous l'avons vu, il y a libération de la chaleur latente qui a été empruntée à la surface lors de l'évaporation. Il en résulte un transfert de chaleur depuis la surface (qui se trouve refroidie) jusqu'aux altitudes auxquelles se produit la condensation. Ceci a évidemment pour conséquence une modification du gradient vertical des températures. C'est pourquoi certains modèles imposent une limite à ce gradient.

L'hypothèse de la conservation de l'humidité relative fait dépendre la quantité d'eau *réellement* contenue de la quantité d'eau *théorique* limite, que pourrait contenir l'atmosphère, à la saturation. C'est évidemment contestable et, de plus, cela n'apporte aucun élément de justification au raisonnement décrit plus haut. Rappelons-le : une augmentation de la température de surface entraînerait une évaporation plus intense, donc une plus grande quantité d'eau dans l'atmosphère et, en conséquence, un effet de serre accru conduisant à une nouvelle augmentation de la température de surface. Mais cette rétroaction positive serait évidemment minorée de la rétroaction négative due aux nuages. Certains pensent même que la rétroaction négative pourrait l'emporter, constituant ainsi une régulation au lieu d'une amplification.

Cette dernière interprétation prend une ampleur particulière lorsque l'on considère la région intertropicale. C'est, en effet, cette région qui reçoit la majeure partie du rayonnement solaire qui est ensuite redistribuée, sous forme de chaleur, sur le reste de la planète. La contribution à l'effet de serre global y est, en conséquence, très importante et l'intense échange énergétique qui s'y produit ne peut être sans écho sur le climat global. Il est au contraire déterminant.

Richard Lindzen (1990) et ses collègues du *Massachusetts Institute of Technology* ont considéré que, dans cette région intertropicale, des surfaces plus chaudes conduisaient à une intensification de la convection et à une intensité croissante des précipitations. Ce raisonnement s'appuie sur l'observation qui témoigne que l'ascendance très forte créée par la température de surface provoque plus facilement la pluie dans les cumulus-tours tropicaux. Ces précipitations ont pour conséquence d'assécher l'atmosphère et d'empêcher les formations nuageuses de s'étendre au-delà de l'aire occupée par les cumulus-tours[10]. Le résultat est que l'aire des formations nuageuses se contracte lorsque la température de surface et l'ascendance augmentent et que cette aire s'accroît lorsque la température de surface diminue. Ce schéma a été ultérieurement complété. Richard Lindzen et ses collègues (2001) ont confirmé, par l'exploitation des relevés du satellite japonais géostationnaire GMS5 que, lorsque la surface des mers tropicales s'échauffe, l'aire des zones nuageuses à forte humidité se réduit. (Une convection plus intense conduit à un développement vertical plus important.) Réciproquement, cette aire augmente

10. Les tours convectives atteignent sous les tropiques des hauteurs considérables, pratiquement jusqu'à la tropopause...

lorsque la température de surface diminue. Dans chaque cas, le changement agit pour s'opposer au changement extérieur, et présente ainsi une rétroaction négative forte au changement de climat.

Cette régulation a été comparée à l'adaptation de l'iris qui se ferme quand l'intensité lumineuse est forte et s'ouvre lorsqu'elle diminue. Cet « effet d'iris » explique que l'ensemble des phénomènes liés à une augmentation de la température de surface des régions tropicales puisse conduire à un bilan radiatif négatif. C'est-à-dire à ce que l'énergie réfléchie ou rayonnée vers l'espace excède l'énergie retournée vers la surface par effet de serre. C'est ce que relèvent de nombreuse publications (Sloan, 2001 ; Karner, 2002 ; Douglass, 2004...). Au passage, Richard Lindzen et ses collègues soulignent que le traitement des rétroactions ne peut être réaliste que si l'on prend en considération des données spatiales et temporelles de dimensions très inférieures à celles qui peuvent être retenues dans les modèles.

Comme vous pouvez vous en doutez, cet effet d'iris n'a pas été accepté par tous. Mais les contestations les plus argumentées (Fu et al. 2002, par exemple) se bornent le plus souvent à minorer l'importance quantitative des rétroactions évoquées, sans en modifier le signe final négatif. D'autres, par exemple V. Ramanathan et W. Collins (1991), sans accepter explicitement l'effet d'iris, constatent que les cirrus tropicaux jouent en quelque sorte le rôle d'un thermostat et ont donc un effet régulateur pouvant limiter la température de surface.

La controverse sur le signe « plus ou moins » qui doit être affecté à la rétroaction de l'eau en conséquence d'une augmentation de température de la surface intertropicale se poursuit. Mais peut-être faut-il accorder plus de confiance aux observations qu'aux résultats des modèles.

Ken Minschwaner et Andrew Dessler ont récemment montré (2004), en exploitant les résultats des mesures effectuées par les satellites, que la relation quantitative entre la quantité de vapeur d'eau des hautes couches de l'atmosphère tropicale et les températures de surfaces océaniques n'était pas évidente et, de toute manière, était considérablement inférieure à ce que retiennent les modèles. Roy Spencer et al. (2007) sur la base de l'exploitation des résultats des mesures des satellites pour la période 2000-2005 concluent à un forçage finalement négatif. David Douglass et ses collègues (2007) montrent, sur la base de l'exploitation de 25 ans de mesures des satellites, que la convection verticale est dominante dans le transfert thermique et, surtout, que les observations, effectuées depuis 1971, établissent qu'aucun facteur d'amplification significatif de la température de surface n'est observé, contredisant ainsi les résultats d'un ensemble de 22 modèles. Il est donc vraisemblable, au moins pour la région intertropicale, dont il faut rappeler qu'elle a une importance majeure pour le climat global, que la rétroaction action due à l'eau soit régulatrice et non amplificatrice.

Comme le montre l'observation spatiale, l'accroissement d'albédo causé par plus de nuages excède leur contribution à l'effet de serre. La rétroaction due à l'eau devient alors négative et conduit, comme le montre la figure 3.4 à une autorégulation du système climatique.

Aux incertitudes très nombreuses que vous avez pu noter dans ce qui précède s'ajoutent celles qui concernent l'évaporation. Personne ne met en doute qu'une augmentation de la température de surface

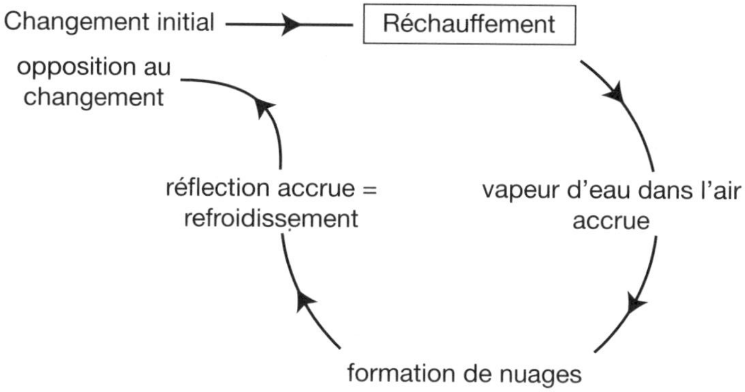

Fig. 3.4. | Rétroaction négative et régulation.

conduise à plus d'évaporation, mais bien d'autres facteurs interviennent : la pression atmosphérique, l'importance du vent, l'humidité initiale de la masse d'air considérée, l'humidité du sol, la présence ou non de végétation, etc.

Un accroissement d'évaporation pourrait bien ne conduire qu'à une accélération du cycle de l'eau (l'eau atmosphérique se renouvelle une quarantaine de fois chaque année) sans augmenter fatalement le stock d'eau moyen contenu dans l'atmosphère pour une période considérée. Autrement dit, un accroissement d'évaporation pourrait bien limiter ses effets à la seule accélération de la dynamique de formation des nuages et des précipitations. Ces incertitudes sont d'ailleurs reconnues par les auteurs des modèles et se traduisent par une divergence de 1 à 3 des résultats affichés. Divergence qui n'a pu être réduite depuis le premier rapport du GIEC en 1990. Un exemple, il est vrai ancien (J. F. Mitchell, 1989), mais toujours pertinent, révèle bien l'ampleur de ces incertitudes : l'introduction, dans un même modèle, d'une paramétrisation différente pour les seuls nuages, a ramené la prévision d'augmentation de température, pour un doublement du CO_2, de 5,2 °C à 1,9 °C.

Alors, peut-on accorder une crédibilité suffisante aux résultats des modèles climatiques cités par le GIEC ?

Les défenseurs de la rétroaction positive font valoir « la relative convergence des modèles » (sic) et ajoutent « *que cette rétroaction positive est nécessaire pour que les modèles simulent correctement les variations climatiques aux échelles de temps interannuelles ou pendant les époques paléoclimatiques* », ce qui ressemble beaucoup à une pétition de principe. Ils n'en concluent pas moins que « *ces éléments confortent donc l'idée d'une contribution importante des rétroactions de vapeur d'eau, même si la quantification précise de son importance paraît désormais moins facile* ». Les mêmes reconnaissent pourtant l'insuffisance des modèles et considèrent que des progrès sont nécessaires pour :

- tenir compte que la variabilité de la concentration en vapeur d'eau et de la formation des nuages se manifeste à des échelles

spatiales et temporelles bien inférieures à celles prises en compte par les modèles ;
- tenir compte plus efficacement de la microphysique des nuages et de la quantité d'eau présente dans les nuages ;
- tenir compte plus efficacement des transports d'humidité verticaux et horizontaux ;
- réduire les écarts entre la répartition de l'humidité simulée par les modèles et la répartition constatée (notamment dans les zones tropicales) ;
- mieux apprécier la capacité des nuages à absorber le rayonnement infrarouge et à réfléchir ou diffuser le rayonnement solaire donc préciser le différentiel de ces deux facteurs qui conduit, suivant le cas à un réchauffement ou un refroidissement.

Ces progrès nécessaires laissent peu de doutes sur l'insuffisance actuelle des modèles climatiques. Comment, dans ces conditions, croire aux conclusions des prévisions des modèles, comme on nous convie à le faire ? Comment ne pas envisager que ces « progrès » pourraient conduire à minimiser considérablement la rétroaction positive attribuée à l'eau et, même, à retenir qu'elle a un signe négatif et qu'elle constitue, de ce fait, un régulateur climatique ?

Ce qui précède incite à des considérations de nature quasi-philosophique. Une rétroaction positive amplifie la perturbation initiale, elle conduit rapidement à un système instable, qui peut devenir explosif dans le cas de certaines réactions chimiques. Comment imaginer que des rétroactions positives puissent affecter le climat de notre planète sans être bridées par des phénomènes inverses ? Depuis des centaines de millions d'années, le climat de la Terre est étonnamment stable. Malgré les alternances de périodes chaudes et de périodes glaciaires, la variation de la température absolue, la seule qui ait un sens physique, reste dans une fourchette de variation de $\pm$ 2 à $\pm$ 3 %. Cette relative constance ne milite pas pour l'existence de rétroactions positives qui conduiraient à des amplifications dramatiques dans un sens ou dans l'autre, mais plutôt à l'existence d'une régulation, comme c'est le cas pour la température du corps humain. Dans le cas de l'eau et du climat, une augmentation de température accélère l'évaporation ce qui peut induire une augmentation très fugace de la quantité d'eau atmosphérique. Mais cette augmentation produira rapidement des nuages, qui engendreront une rétroaction négative et conduiront à des précipitations. Celles-ci retireront l'eau de l'atmosphère.

Parler de la rétroaction positive de la vapeur d'eau ne peut se faire sans prendre en considération la rétroaction négative des nuages. Le signe final du forçage résultant est vraisemblablement négatif, il ne saurait de toute manière se traduire, de façon crédible, par un facteur amplificateur compris entre 2 et 7.

AUTRES RÉTROACTIONS

L'eau n'est pas la seule génitrice des rétroactions induites par une augmentation de la température de la surface terrestre. Plus précisément, l'eau atmosphérique n'est pas seule en cause. Une augmentation de la température de surface peut en effet conduire à une réduction de l'aire ou de la durée de la couverture neigeuse et de la surface englacée, notamment de l'aire des banquises. L'albédo terrestre sera alors diminué et une rétroaction positive peut alors intervenir.

Nous l'avions déjà constaté au chapitre 1, les modifications de l'albédo de notre planète sont importantes en regard du climat et nous en parlerons plus longuement au chapitre suivant.

CE QUE L'ON PEUT RETENIR

- *Il est surprenant que ce soit seulement en termes de rétroaction que l'on parle du rôle prééminent de l'eau dans l'effet de serre dont bénéficie notre planète.*
- *Il n'est contesté par personne qu'une augmentation de la température de surface puisse accélérer l'évaporation et le cycle de l'eau. Ce qui fait*

débat, c'est le signe de la rétroaction due à l'eau en réponse à une augmentation de température de la surface de notre planète. Pour les uns cette rétroaction est positive et est le moteur d'une accélération du réchauffement, comme le prévoit les modèles. Pour les autres, de manière plus crédible, plus d'eau dans l'atmosphère signifie plus de nuages et un effet parasol accru qui introduit une rétroaction négative et constitue un facteur d'autorégulation.

- *La divergence des modèles, particulièrement dans les zones tropicales, met en évidence les incertitudes qu'ils intègrent et fait douter de leur capacité prédictive. Les auteurs de modèles eux-mêmes reconnaissent d'ailleurs ces incertitudes, liées principalement aux propriétés radiatives des nuages.*
- *De toute manière, il semble curieux qu'une éventuelle rétroaction positive de l'eau soit attribuée à une augmentation du CO_2 atmosphérique, plutôt qu'à toute autre cause d'augmentation de la température.*

4

Un peu plus sur l'albédo, les nuages et les aérosols

Comme nous l'avons vu au chapitre 1, l'albédo est la fraction de l'énergie solaire incidente qui est renvoyée directement vers l'espace. C'est l'énergie réfléchie ou diffusée par l'atmosphère et le sol terrestre. C'est donc la fraction de l'énergie solaire qui n'est pas utilisable pour chauffer le sol et l'atmosphère de notre planète.

Plus l'albédo est élevé, plus la lumière[1] est réfléchie vers l'espace et plus la surface nous apparaît claire. Plus l'albédo est faible, plus la surface nous apparaît sombre[2], car l'absorption est forte. C'est ce que voient d'ailleurs les satellites SPOT, Landsat ou Meteosat pour lesquels la surface des océans paraît noire (figure 4.1).

1. Lorsque j'emploie le terme « lumière », c'est au sens large puisque le rayonnement réfléchi par la Terre est composé de 57 % de rayonnement visible et de 43 % de rayonnement infrarouge. Par exemple, l'albédo des feuilles des végétaux est en moyenne de 0,10 dans le **visible**, mais atteint 0,60 dans le proche **infrarouge**.

2. L'albédo du corps **noir** est nul puisqu'il absorbe la totalité du rayonnement incident.

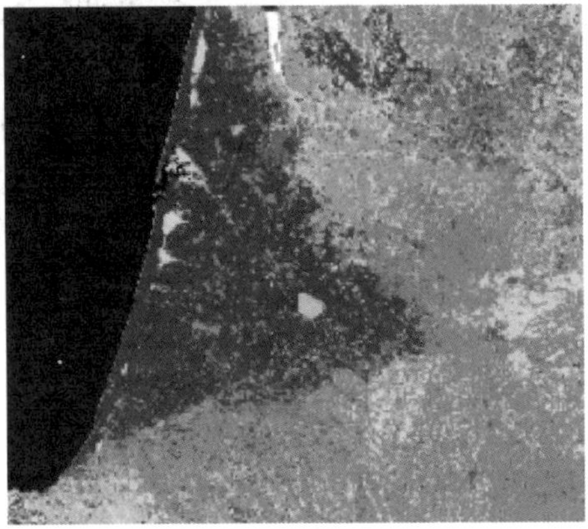

Fig. 4.1. | L'océan, dont l'absorption est forte (albédo de 0,07), apparaît noir. La forêt landaise apparaît en gris foncé (albédo de 0,10) tandis que les zones cultivées et les prairies apparaissent plus claires (albédo de 0,20).

Pour l'ensemble de la Terre, l'albédo est voisin de 0,3. Autrement dit, l'énergie réfléchie, rapportée à l'énergie incidente est voisine de 30 %. Mais cette valeur moyenne masque des caractéristiques très différentes.

Les satellites SPOT relèvent, par exemple, les albédos suivants :

- océans : 0,07 ;
- sable : 0,31 ;
- végétation : 0,16 ;
- neige : 0,76[3]
- nuages (cumulo-nimbus : 0,90 ; cirrus : 0,20 à 0,50).

Lors d'une glaciation comme celle qui existait il y a 20 000 ans, la surface enneigée ou glacée était beaucoup plus importante qu'aujourd'hui et la surface des océans plus réduite. Pour une couverture nuageuse inchangée, la tendance au refroidissement était donc renforcée et la sortie de la glaciation rendue plus difficile.

Mais, la couverture nuageuse (la nébulosité) était-elle inchangée ?

Actuellement, comme l'illustre la figure 4.2, la couverture nuageuse dépasse 50 % de la surface de notre planète, ce qui explique la très

3. La neige fraîche a un albédo voisin de 90 à 95 %, la neige ancienne, « sale », a un albédo de 50 à 60 %.

Fig. 4.2. | Couverture nuageuse.

grande importance de la contribution des nuages à l'énergie totale diffusée ou réfléchie vers l'espace par notre planète.

La variation de la couverture nuageuse peut donc jouer un rôle prépondérant dans la quantification de l'albédo.

Comme chacun a pu le noter à la lecture du chapitre 1, si notre planète était, comme Mars, dépourvue d'océans et de nuages, son albédo serait voisin de celui de la planète rouge et sa température serait, avant tout effet de serre[4], de – 6 °C et non de – 18 °C. La variation de l'albédo terrestre est donc un facteur déterminant du climat et, comme nous l'avons vu au chapitre précédent, la couverture nuageuse peut faire varier l'albédo terrestre.

QU'EST CE QUI PEUT FAIRE VARIER L'ALBÉDO ?

D'abord, à l'échelle annuelle, les saisons ! Les variations saisonnières laissent en hiver les sols cultivés nus et éventuellement recouverts de neige et les arbres à feuilles caduques sans feuilles. Mais ceci

4. Sans eau, l'effet de serre serait d'ailleurs très réduit.

ne constitue pas une variation climatique qui s'apprécie, il faut le rappeler, à l'échelle de plusieurs décennies consécutives.

À cette dernière échelle, plusieurs facteurs peuvent affecter l'albédo :

1. la modification de l'utilisation des sols, notamment le remplacement des forêts par des cultures (cf. figure 4.1) ;
2. le remplacement des sols et de la végétation par des surfaces bétonnées ou asphaltées et, plus généralement, l'urbanisation ;
3. la modification de la surface enneigée ou des banquises et la « salissure » plus ou moins importante de la neige ;
4. la nature et la quantité des aérosols ;
5. la nébulosité et la nature des nuages.

L'incidence anthropique qui concerne les deux premiers facteurs et partiellement le troisième et le quatrième est souvent mise en avant. Mais l'utilisation des sols par l'homme, si elle n'est pas négligeable, est d'une importance très relative au regard des deux derniers et surtout du dernier facteur. La déforestation, par exemple, que l'on peut regretter pour de multiples raisons, n'affecte que modérément l'albédo. La déforestation fait disparaître chaque année 125 000 à 150 000 km^2 selon les différents experts (ONU, CIRAD, etc.). Sur 20 ans, elle peut donc concerner 3 millions de km^2. C'est énorme, mais ne représente cependant que 0,6 pour cent de la surface terrestre pour lesquels l'albédo passera de 0,08 à 0,20 ou 0,3 suivant que la forêt est remplacée par des cultures ou du sol nu.

Un « calcul de coin de table », tenant compte de la couverture nuageuse et de la nuit, fait apparaître un accroissement d'albédo conduisant à une diminution d'insolation inférieure à 0,02 W/m^2 pour vingt ans de déforestation au rythme actuel. Le GIEC retient d'ailleurs, dans son rapport de 2001, une diminution de l'insolation entraînée par la modification de l'utilisation des terres de 0,2 W/m^2, pour l'ensemble du XXe siècle, ce qui est du même ordre de grandeur.

La modification de la couverture nuageuse a une tout autre importance. La couverture nuageuse est responsable des deux tiers de la réflexion et de la diffusion de l'énergie solaire vers l'espace. C'est d'ailleurs la raison essentielle qui fait que notre planète réfléchit 30 % de l'énergie qu'elle reçoit du Soleil, alors que Mars n'en réfléchit que 16 %.

La couverture nuageuse, notion apparemment simple, appelle quelques précisions : les nuages occupent des altitudes différentes, ont des concentrations en eau et des épaisseurs variables et peuvent être constitués de gouttelettes ou de cristaux de glace. Ces différences de nature induisent des albédos variables. Les ordres de grandeur donnés par Météo-France vont de 0,6 pour des nuages bas (stratus) de 200 à 300 m d'épaisseur à 0,9 ou plus pour des nuages à développement vertical comme les cumulus. Les cirrus, nuages qui se forment à une altitude élevée, sont constitués de cristaux dispersés. Cette dispersion les rend plus transparents et réduit leur albédo à l'intervalle 0,2-0,5. Cette complexité de la nature des nuages, ajoutée à la variation de la nébulosité[5], explique pourquoi les modèles ont, comme nous l'avons vu au chapitre précédent, les plus grandes difficultés à prendre en compte ces facteurs déterminants du climat. Les nuages constituent, de l'aveu même des concepteurs de modèles les plus grandes incertitudes de ces derniers.

Mais alors, si la couverture nuageuse a une telle importance, sait-on au moins quels sont les causes de sa variation ?

Pour que les nuages se forment, il faut, comme nous l'avons vu au chapitre précédent, qu'existent dans l'atmosphère des noyaux de condensations. Ces derniers peuvent être constitués par les aérosols ou être créés par les rayons cosmiques traversant l'atmosphère. (La deuxième cause, celle de l'incidence du rayonnement cosmique, est développée au chapitre 10.) On s'attend après lecture du chapitre

5. La nébulosité est un synonyme de couverture nuageuse : c'est la fraction de la surface terrestre recouverte par les nuages.

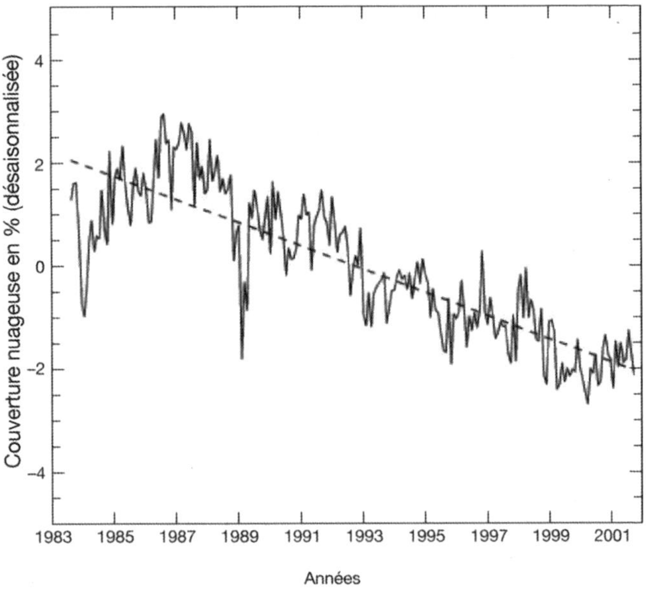

Fig. 4.3. | Série de mesures de la couverture nuageuse moyenne mensuelle par le système satellitaire ISCCP D2.
La variation totale de 1987 à 2001 est d'environ 3 %. La couverture nuageuse moyenne sur la période est de 66 %. (D'après Todd D. Ellis et Graeme L. Stephens, 2005.)

précédent à ce que l'augmentation de la température conduise à un accroissement de la nébulosité, or c'est le contraire qui est constaté (figure 4.3). Ceci accrédite l'idée que la couverture nuageuse est liée à d'autres facteurs que la température. Puisqu'elle est en régression, il faut, évidemment, penser à la diminution des agents facilitant la condensation, comme les aérosols ou les rayons cosmiques.

LES AÉROSOLS

Les aérosols sont des particules solides ou liquides (autres que l'eau) en suspension dans l'atmosphère. Leur dimension est de l'ordre du micron (millième de millimètre) mais elle peut varier du centième de micron à la dizaine de microns. Cette dimension conditionne évidemment leur durée de séjour dans l'atmosphère. La plupart des aérosols, en particulier les aérosols « grossiers », comme les poussières arrachées par le vent aux sols des déserts ou les embruns, sont abattus par les pluies et ont une durée de vie limitée à quelques jours. Mais les aérosols submicroniques qui résultent de la transformation de gaz en solides (par exemple les sulfates formés à partir du dioxyde de soufre volcanique) peuvent être envoyés dans la stratosphère par des éruptions volcaniques violentes et avoir une durée de vie de plusieurs années. Les aérosols ont surtout une origine naturelle (outre les embruns, les poussières désertiques et les sulfates d'origine volcanique déjà cités, il convient d'ajouter les sulfates générés par le sulfure de diméthyl (DMS) ou les autres composés du soufre émis par le phytoplancton, ainsi que les poussières hydrocarbonées qui proviennent du monde vivant (pollens, algues, bactéries, ...). Mais les aérosols sont également produits par les activités humaines et notamment par la combustion de la biomasse (prédominante) et celle des combustibles fossiles qui conduisent à la production de suies et de composés du soufre.

Indépendamment de leur action comme noyaux de condensation, les aérosols submicroniques, peuvent avoir pour effet de créer des gouttelettes plus petites, plus nombreuses, qui augmentent l'albédo des nuages et leur durée de vie. Les aérosols contribuent par ailleurs à l'effet parasol, c'est-à-dire à la réflexion directe du rayonnement solaire.

Tout cela fait bien comprendre l'action climatique des aérosols sur de courtes périodes, mais ne peut justifier un changement climatique. Il faudrait pour cela que leur production varie de manière durable puisqu'ils ne s'accumulent pas dans l'atmosphère.

Les principaux facteurs de production des aérosols sont le vent, associé à la désertification, la « détresse » du phytoplancton[6] et la pratique du brûlis. Sur plusieurs décennies leur tendance est vraisemblablement à l'augmentation, mais la quantification est difficile par

6. Par manque de fer et avec émission de DMS (sulfure de diméthyle).

manque de données. Depuis 1750, les experts estiment que les aérosols induisent un forçage compris entre 0 et – 3 Wm^2, essentiellement en raison de leur effet sur la couverture nuageuse. Mais cette évolution de la nébulosité pourrait avoir d'autres raisons, par exemple le rayonnement cosmique.

On constate des modifications de l'albédo et de la nébulosité conduisant à des variations du forçage radiatif du même ordre de grandeur que celles qui sont liées à l'effet de serre. Ce qui fait dire aux alarmistes que, sans l'incidence des aérosols, l'effet de serre se serait traduit par une augmentation de température plus importante que celle qui a été constatée. Mais les chercheurs de la NASA (Mishchenko et al. 2007), utilisant la base de données des capteurs satellitaires AVVRH entre août 1981 et juin 2005, concluent, au contraire, à une diminution continue des aérosols depuis 1992, année de pointe, due à l'éruption majeure du Pinatubo (figure 4.4).

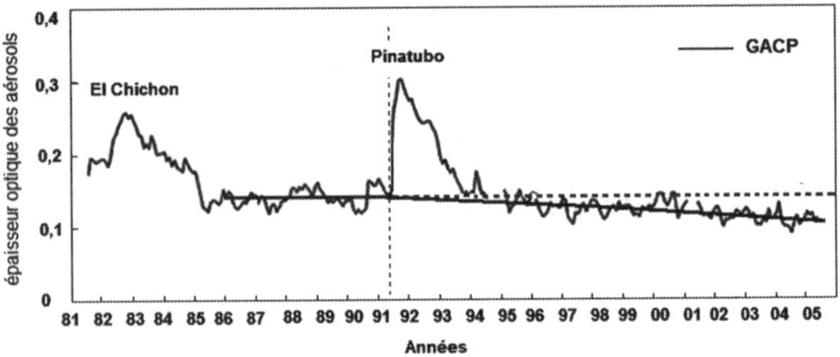

Fig. 4.4. | Évolution de l'épaisseur optique des aérosols. (D'après Mishchenko et al., 2007.)

D'autres chercheurs de la NASA, parmi lesquels Wong et al. (2006) constatent une baisse sensible de l'albédo tropical (20°S-20°N) pour les deux décennies 1980 et 1990, induisant une hausse de l'insolation de 2,1 W/m^2. Ce constat est d'autant plus important que la zone tropicale reçoit le maximum d'énergie solaire, qu'elle redistribue ensuite par les courants océaniques et l'atmosphère. Cette baisse de l'albédo tropical pourrait justifier la phase récente de réchauffement, mais sa cause reste inexpliquée (si l'on ne recourt pas à la variation du rayonnement cosmique).

Alors que conclure ? Les moyens actuels d'observation n'autorisent pas une conclusion quantitative concernant les causes d'une variation de l'albédo terrestre, mais il n'en reste pas moins qu'un albédo diminuant de 30 à 29 % induirait un accroissement de 3,6 W/m^2 de l'énergie solaire parvenant au sol. C'est une valeur du même ordre que celle qui est estimée devoir résulter de l'effet direct d'un doublement du CO_2 atmosphérique.

CE QUE L'ON PEUT RETENIR

- *L'albédo est une composante très importante du bilan radiatif de notre planète (cf. chapitre 1).*
- *Il est fortement dépendant de la couverture nuageuse qui peut, elle-même, être modifiée par les aérosols ou le rayonnement cosmique.*
- *Une variation des aérosols sur la durée du XXe siècle ne paraît pas pouvoir justifier une modification du climat. En revanche, la nébulosité et l'albédo semblent bien avoir diminué au cours des dernières décennies. Ceci serait cohérent avec la diminution constatée du rayonnement cosmique (voir chapitre 10) et pourrait expliquer, au moins partiellement, le réchauffement enregistré depuis le petit âge glaciaire.*

5

Les températures du passé

« *À l'échelle mondiale, très probablement, les années 1990 auront été la décennie la plus chaude, et 1998 l'année la plus chaude jamais mesurée* ». « Jamais mesurée » signifie, ici, depuis 1860 puisque, auparavant, les températures n'étaient pas l'objet de mesures directes sur de vastes étendues de la planète. Malgré sa prudence, cette déclaration inquiète. Pourtant, si comme chacun le pense, nous connaissons un réchauffement climatique depuis la fin du petit âge glaciaire, autrement dit depuis le milieu du XIXe siècle, il ne faut pas s'étonner que les années récentes soient les plus chaudes de cette période. S'il n'en était pas ainsi, dirait M. de la Palisse, c'est que nous ne serions pas en train de vivre une période de réchauffement, elle serait terminée. Plus sérieusement, la question que la déclaration précédente nous invite, très naturellement, à nous poser est de savoir si les températures récentes se situent hors du cadre de la variabilité naturelle ou s'y inscrivent. Pour y répondre il nous faut explorer le passé.

COMMENT CONNAÎTRE LES CLIMATS PASSÉS

Pendant très longtemps, les hommes ont cru que le climat était immuable, sans méconnaître, bien entendu, ses fluctuations saisonnières et ses variations aléatoires d'une année sur l'autre et du jour au lendemain. Le climat, contrairement au temps qu'il fait, comporte une dimension de durée qui ne facilite pas le constat de son évolution. Pour parler de caractéristiques moyennes ou extrêmes du climat, la durée à considérer ne peut être inférieure à trente années.

Un changement climatique « global » n'exige pas seulement la durée, il doit concerner l'ensemble du globe et non pas seulement telle ou telle région. Cette double exigence explique que l'on n'ait découvert qu'au XIXe siècle que notre planète avait connu d'autres climats que le climat présent, c'est-à-dire avait connu des climats entraînant une différence de température pouvant atteindre plusieurs degrés centigrades par rapport à la température moyenne actuelle.

Ce n'est en effet qu'au milieu du XIXe siècle que le Suisse Louis Agassiz prit conscience que les blocs erratiques trouvés dans les plaines de son Jura natal ne pouvaient y avoir été transportés que par des glaciers. Ceci supposait évidemment une avancée des glaciers beaucoup plus importante qu'aujourd'hui et impliquait que la Terre ait connu dans le passé des périodes de froid intense.

Il est difficile d'imaginer les climats du passé, surtout lorsque ce passé dépasse quelques générations, et la question de savoir comment les connaître s'impose naturellement. Bien sûr, les blocs erratiques, les moraines, les profils d'usure et les rayures des roches peuvent témoigner de l'avancée des glaces. La géomorphologie, l'étude de certaines espèces de coraux, la stratigraphie montrant la variation de l'abondance de certaines espèces planctoniques ou benthiques, les sites enfouis tels que la grotte Cosquer[1] témoignent, de leur côté, de la variation du niveau des mers. Pour les périodes plus récentes

1. Dont l'entrée se situe, dans la calanque de Sormiou près de Marseille, à plusieurs dizaines de mètres au dessous du niveau actuel de la Méditerranée.

s'ajoutent à ces moyens l'examen de l'épaisseur des cernes des arbres, les écrits et documents historiques et, pour les 150 dernières années, les mesures thermométriques.

Le déchiffrement des archives naturelles du passé est devenu plus aisé avec l'utilisation des indicateurs isotopiques. La proportion des isotopes[2] stables de l'oxygène et de l'hydrogène, dans l'eau ou la glace, a été utilisée comme indicateur du climat et la proportion des isotopes radioactifs a permis la datation[3] des archives consultées. Dans la nature, la proportion des isotopes stables varie peu, mais cette faible variation (mesurable avec une grande précision au spectrographe de masse) peut néanmoins être mise à profit. C'est ce qui est fait, en particulier pour déchiffrer l'évolution des climats dans les archives naturelles privilégiées que sont les sédiments marins et les carottes de glace.

Les encadrés ci-après : « Le thermomètre isotopique des glaces polaires » et « Les révélations climatiques des foraminifères », donnent quelques indications sur la manière dont on peut utiliser les isotopes pour déterminer les climats passés.

Le thermomètre isotopique des glaces polaires

L'eau naturelle a pour formule H_2O, mais l'hydrogène et l'oxygène qui la composent sont constitués, en proportions variables, d'isotopes stables. L'eau naturelle est donc constituée de molécules telles, par exemple, que $H_2{}^{16}O$ et $H_2{}^{18}O$, où ^{16}O et ^{18}O sont deux isotopes stables de l'oxygène coexistant dans l'eau naturelle, dans la proportion de 1 pour 500.

---

2. Chaque élément chimique est caractérisé par le nombre de ses protons et de ses électrons mais, pour un même élément, le nombre de neutrons constituant le noyau peut varier. De ce fait, chaque élément chimique possède des isotopes ayant bien les mêmes propriétés chimiques, mais dont la masse atomique diffère.

3. Un élément radioactif A se désintègre en un nouvel élément B primitivement absent de l'échantillon considéré. Le rapport des concentrations A/B permet, à un instant donné, de déterminer l'âge de l'échantillon connaissant la « période » de l'élément A. La période est la durée durant laquelle la moitié des noyaux de A se désintègrent.

1. *Lors de l'évaporation, la molécule légère* $H_2{}^{16}O$ *passe plus rapidement dans la phase vapeur que la molécule lourde* $H_2{}^{18}O$*, qui reste dans l'eau liquide. L'atmosphère contient donc de la vapeur appauvrie en* $H_2{}^{18}O$*.*
2. *Au cours de sa migration vers les pôles (et de son refroidissement), la masse d'air subit des condensations successives (figure 5.1). Lors des pluies, les molécules* $H_2{}^{18}O$ *précipitent préférentiellement par rapport aux molécules* $H_2{}^{16}O$*. La vapeur s'appauvrit donc de nouveau en* $H_2{}^{18}O$*.*
3. *Les précipitations ont lieu à partir de vapeur d'eau de plus en plus appauvrie en isotope lourd. Certes, la neige qui tombera au pôle sera plus riche en* ^{18}O *que la vapeur dont elle est issue, mais le phénomène largement dominant restera l'appauvrissement en isotope lourd de la neige tombée au pôle. Celle-ci sera d"autant plus pauvre en* ^{18}O *que la température sera plus basse aux latitudes polaires.*

La composition isotopique de la neige, exprimée par le rapport $^{18}O/^{16}O$*, sera évidemment conservée lorsque celle-ci se transformera en glace. On comparera ensuite le rapport* $^{18}O/^{16}O$ *de la glace à un rapport* $^{18}O/^{16}O$ *de référence, défini comme étant la composition isotopique moyenne des eaux océaniques. Le rapport entre les deux sera exprimé en ‰ et appelé* $\delta^{18}O$ *(déficit en* ^{18}O*). Par exemple, un* $\delta^{18}O$ *de – 35 ‰, trouvé dans un*

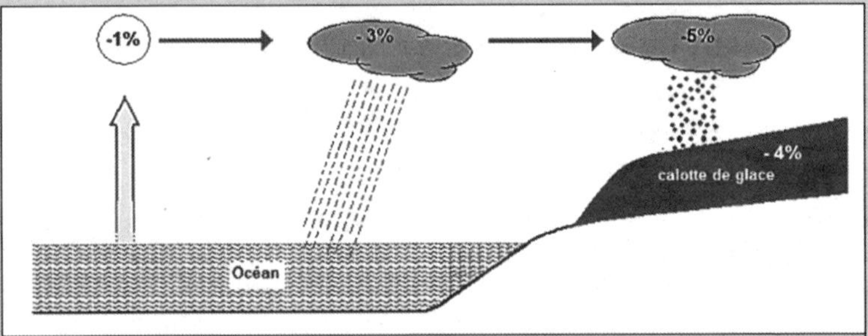

1. Évaporation	*2. Condensation*	*3. Condensation*
La vapeur d'eau est appauvrie en ^{18}O qui, plus lourd, reste dans l'océan liquide.	Les pluies entraînent en priorité ^{18}O, plus lourd. Les nuages continuent de s'appauvrir en ^{18}O.	Les nuages qui arrivent au pôle sont très pauvres en ^{18}O. La neige qui précipite est toutefois un peu plus riches.

Fig. 5.1.

échantillon récent de glace, au Groenland, signifie que cet échantillon a un ratio isotopique inférieur de 3,5 % à celui de la référence moyenne océanique actuellement constatée. En utilisant un abaque ou un graphique de correspondance entre $\delta^{18}O$ et la température, on déterminera la température de formation de l'échantillon de glace concerné (figure 5.2). Pour les glaces formées lors de la dernière grande glaciation, on observe une diminution du $\delta^{18}O$ de – 33 (actuel) vers – 45 %, cette diminution correspond à une baisse de température d'une dizaine de °C. Au lieu des isotopes de l'oxygène il est possible d'utiliser les isotopes de l'hydrogène. La molécule d'eau contenant ^{2}H (deutérium) étant plus lourde que la molécule d'eau ordinaire, les phénomènes d'enrichissement en « eau légère » seront comparables. Les dosages de la composition isotopique des glaces en hydrogène et deutérium permettront donc également de déterminer la température de formation de la glace.

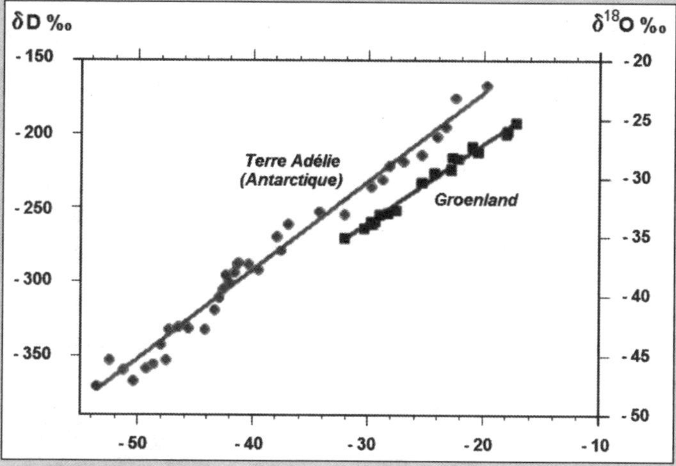

Fig. 5.2. | Le thermomètre isotopique. Ce graphe adapté de Jouzel et al. (1994) a été établi sur la base des $\delta^{18}O$ ou δD relevés et de la température locale constatée. L'excédent en isotopes « lourds » de l'eau qui tombe sous forme de pluie ou de neige suit une fonction linéaire de la température du lieu. Cette loi est applicable aux pôles et permet d'établir une correspondance entre la température et $\delta^{18}O$ pour les glaces du Groenland (en noir), d'une part, et la température et δD (déficit en deutérium ‰) pour les glaces de l'Antarctique (en gris), d'autre part. (D'après Jouzel et al., 1994.)

Les révélations climatiques des foraminifères

De ce qui précède, chacun aura retenu que la glace formée aux pôles à partir des précipitations de neige est moins riche en ^{18}O que l'eau des océans dont elle provient. Réciproquement, cela a pour conséquence d'enrichir l'eau des océans en ^{18}O, ce qui est particulièrement sensible durant les grandes glaciations.

Lors de ces dernières, la glace accumulée aux pôles a atteint un volume considérable dont témoigne l'abaissement du niveau des mers. Niveau qui était, lors de la dernière grande glaciation, il y a 20 000 ans, inférieur de 120 m au niveau actuel. Cette accumulation a pour effet de stocker sous forme de glace les molécules d'eau les plus légères $H_2{}^{16}O$ et, en conséquence, d'enrichir l'eau des océans en molécules $H_2{}^{18}O$. Ce que schématise les figures 5.3 (a et b).

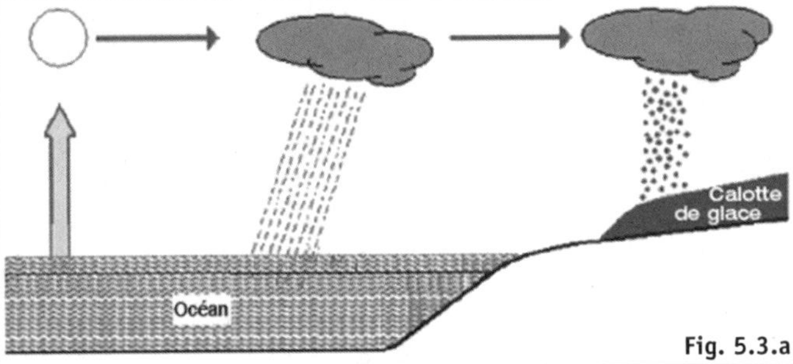

Fig. 5.3.a

Climat plus chaud qu'aujourd'hui

La calotte de glace est réduite. L'océan, alimenté en ^{16}O par la fonte des glaces a un niveau plus élevé qu'aujourd'hui et est légèrement appauvri en ^{18}O.

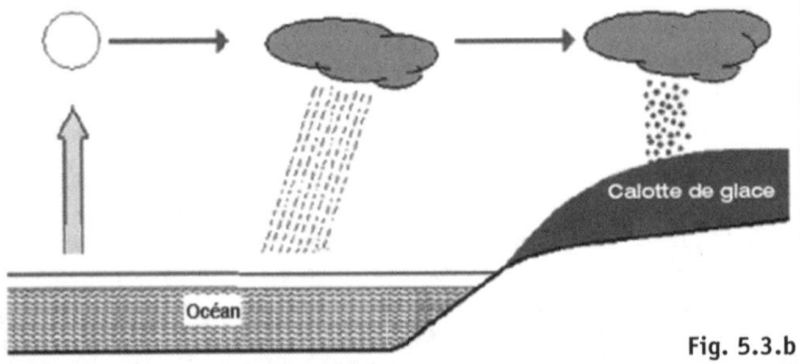

Fig. 5.3.b

Climat glaciaire

La calotte de glace est très importante et stocke une grande quantité de ^{16}O. L'océan a un niveau plus bas qu'aujourd'hui et est plus riche en ^{18}O.

Le dosage isotopique de l'eau résiduelle permettrait, comme pour les glaces, de déterminer un rapport $^{18}O/^{16}O$ qui pourrait être comparé à un rapport de référence. Mais cette fois, on ne dispose pas de l'eau restée liquide durant une grande glaciation, ni d'ailleurs de l'eau océanique qui précédait cette glaciation. Heureusement, Harold Urey a montré qu'il y a un équilibre isotopique de l'oxygène dans l'eau d'une part et dans les carbonates constitutifs des « squelettes » des foraminifères d'autre part (figure 5.4). Or, si l'on ne dispose plus d'échantillons de l'eau océanique contemporaine des grandes glaciations, on peut, en revanche, trouver les « tests » des foraminifères de l'époque dans les sédiments. L'analyse de leurs populations et de leur composition isotopique permet de déterminer la température du milieu où ils se sont formés et d'obtenir ainsi une bonne indication du volume des glaces correspondant.

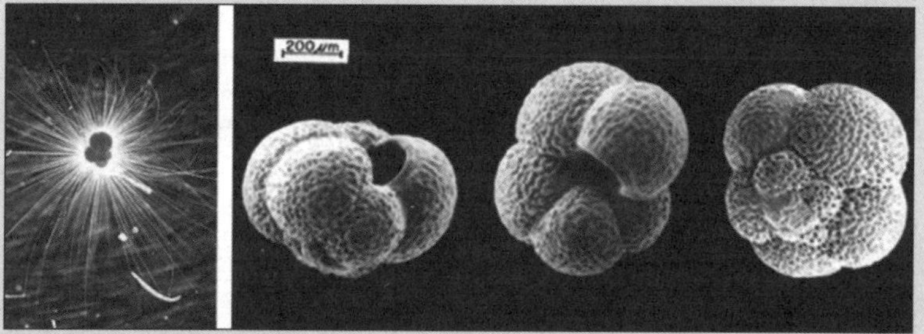

Fig. 5.4. | À gauche, foraminifère planctonique vivant, à droite tests de foraminifères des eaux froides. (Les foraminifères sont des protozoaires de taille inférieure, voire très inférieure, au millimètre qui comportent un « test » (on dit, le plus souvent, mais improprement, coquille) constituant une ou plusieurs chambres. Leur vie courte (moins d'un an) les rend sensibles aux variations de leur environnement. Leur morphologie variable, la densité de leurs populations sont déjà de bons indicateurs de la modification de cet environnement, mais, surtout, la composition isotopique de l'oxygène de leurs squelettes carbonatés permet une détermination précise de la température du milieu océanique de leur formation).

C'est ainsi que Cesare Emiliani a pu repérer en 1955 que durant 2 millions d'années une trentaine de périodes froides se sont succédé de manière cyclique. Ultérieurement, comme le montre la figure 5.5, une concordance entre les variations de composition isotopiques des océans et des glaces a été établie, après les ajustements nécessaires.

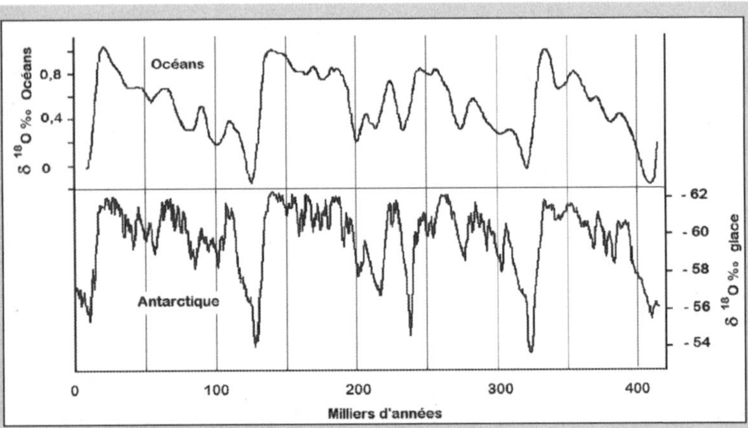

Fig. 5.5. | La courbe supérieure établit la variation en ^{18}O des océans (c'est la courbe normalisée « specmap » dont les « bruits » ont été éliminés mathématiquement). La courbe inférieure résulte de carottages en Antarctique et devrait normalement être en concordance inverse (si ^{18}O diminue dans les glaces, il augmente corrélativement dans les océans). Mais l'échelle de la courbe inférieure a été inversée de manière à faire apparaître de manière plus frappante la concordance (après ajustements).

Remarque

Récemment, Les mesures isotopiques ont été complétées par celles des Alkenones, qui sont des composés synthétisés de manière exclusive par certaines algues (du type coccolithophores).

LE CAROTTAGE DES GLACES ET DES SÉDIMENTS

L'intérêt des carottes prélevées dans les sédiments marins et lacustres ou dans les calottes polaires, comme dans les arbres morts ou vivants ou dans les couches géologiques, est que les archives y sont sagement classées, année après année. Encore que le terme « sagement » soit sans doute excessif. Il faut évidemment qu'aucun animal fouisseur ne soit venu troubler les couches de vase des fonds marins ou lacustres et que l'on puisse distinguer les couches successives avec précision. Cette distinction n'est pas toujours aisée. Les chutes de neige au centre de l'Antarctique, par exemple, ne conduisent qu'à la formation d'une couche de glace qui peut être réduite à quelques millimètres[4] d'épaisseur et ne se distingue pas forcément de la glace de l'année précédente.

L'évaluation de l'âge de la glace n'est pas une mince affaire. Certes, des modèles ont été établis par les glaciologues pour la déterminer en fonction de la profondeur de forage. Mais ils nécessitent de connaître le volume des précipitations, le taux d'accumulation de la glace (quantité de neige restant en surface au bout d'une année), la vitesse d'écoulement de la glace, son fluage et l'amincissement des couches de glace au fur et à mesure de leur enfoncement, toutes choses malaisées. Plus sûrement, Il faudra compléter le résultat de ces modèles par des repérages sous forme de traces laissées par des événements datés, tels que certaines éruptions volcaniques ou effectuer des recoupements avec les terminaisons des époques II, III, IV, VII, VIII, bien identifiées dans les carottes sédimentaires marines, ou, mieux encore, mesurer les concentrations de divers isotopes radioactifs dont les proportions varient avec le temps.

Les choses ne sont jamais simples et pour dater l'air occlus dans la glace, révélateur de la composition atmosphérique, Il faudra encore tenir compte du décalage entre son âge et celui de la glace. Contrairement à ce que peut suggérer l'intuition, les bulles d'air n'ont pas le même âge que la glace qui les entoure. La neige qui tombe année après année emprisonne de l'air. Cette neige est petit à petit comprimée par le poids des précipitations successives et se transforme lentement en glace. Pendant ce processus, qui peut durer des centaines d'années, l'air peut encore se renouveler. Puis les pores de la glace finissent par se fermer. Ce décalage des âges est d'ailleurs un sujet de controverse.

4. Le forage antarctique du Dôme C, effectué sur 3 190 m, représente 740 000 ans d'accumulation de glace, soit une épaisseur moyenne de 4 mm par année.

N'importe toutes ces difficultés, faisons confiance aux spécialistes. Limitons nous à l'examen des connaissances qu'ils nous livrent et essayons d'en tirer les leçons.

Sans vouloir préjuger des conclusions que l'on peut tirer de ces dernières, je ne résiste cependant pas à l'envie d'en énoncer deux tout de suite. La première, il ne faut pas s'en étonner, est que le climat de notre planète a varié considérablement dans le temps, y compris au cours des époques que nos ancêtres « sapiens » ont connu. La seconde est que ces variations climatiques peuvent être très brutales, beaucoup plus que le réchauffement que nous connaissons actuellement et dont les alarmistes considèrent pourtant la vitesse d'évolution sans précédents.

LES VARIATIONS CLIMATIQUES DEPUIS LE DÉBUT DES ÈRES GÉOLOGIQUES

Au cours des ères géologiques, le rayonnement solaire, la composition de l'atmosphère et la répartition des continents sur la surface terrestre et par rapport aux pôles étaient très différents de ce que nous connaissons actuellement.

La Pangée, figure 5.6, qui rassemblait toutes les terres émergées en un super-continent, n'a commencé à se fragmenter que depuis 200 millions d'années.

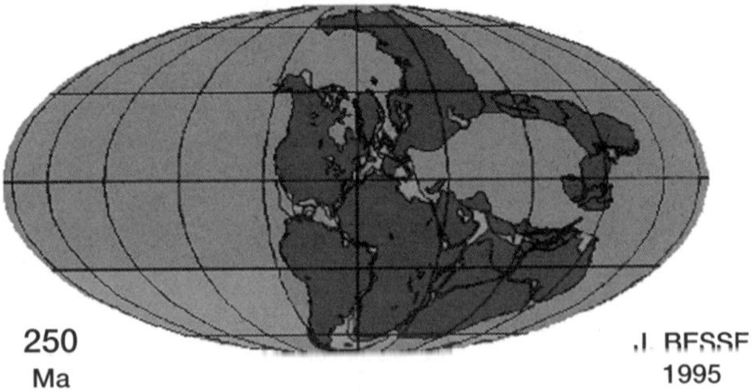

Fig. 5.6. | La Pangée, il y a 250 millions d'années.

Malgré les incertitudes sur ces divers éléments, il apparaît que le climat de notre planète a été, le plus souvent, plus chaud que celui que nous connaissons actuellement (figure 5.7).

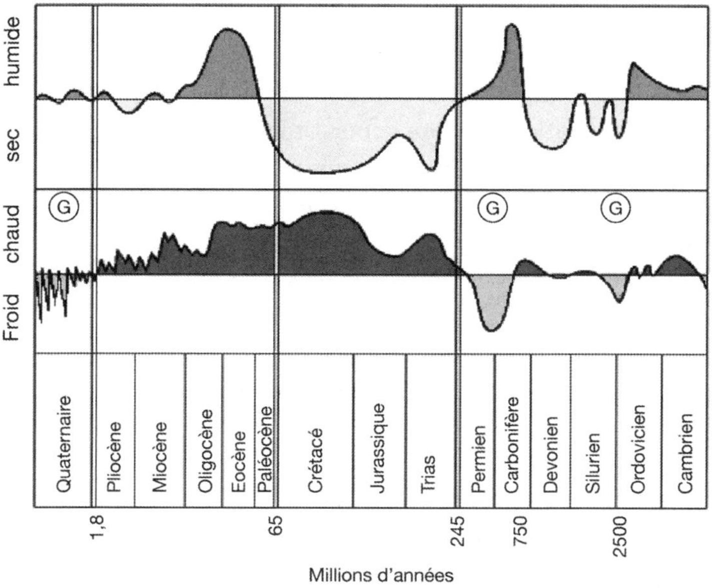

Fig. 5.7. | Évolution du climat au cours des temps géologiques. (D'après Gilles Ramstein (2006).
L'échelle des temps est logarithmique. **G** indique une époque glaciaire. Un graphe très voisin figure dans le livre de Sylvie Jousseaume (1993), *Climats d'hier à demain*.

AU TEMPS DES DINOSAURES

Au temps des Dinosaures, c'est-à-dire durant l'ère secondaire (il est plus correct aujourd'hui de dire Mésozoïque), il fait chaud et même très chaud comme l'indique la figure 5.7. La température du Crétacé moyen est supérieure de 4 à 6 °C à la température actuelle, aucun point de la Terre n'est vraiment très froid. Le niveau des mers est beaucoup plus élevé qu'actuellement, les coraux se développent jusqu'à des latitudes beaucoup plus hautes qu'aujourd'hui et l'arbre à pain, typique des régions équatoriales et tropicales, se retrouve jusque vers 60° de latitude Nord.

Si l'hypothèse d'un épisode froid de courte durée au passage entre le Trias et le Jurassique a été émise, celle d'un épisode froid de plusieurs années après la chute du météorite de Chicxulub semble mieux établie. Ce seraient les aérosols projetés dans l'atmosphère par la chute de ce météorite dans la région mexicaine du Yucatan qui, en privant la végétation de rayonnement solaire et en conséquence les dinosaures de nourriture, auraient mis fin au règne de ces derniers.

AU TEMPS D'HOMO HABILIS

S'il fait encore plus chaud qu'aujourd'hui, notre planète poursuit le refroidissement, amorcé depuis l'oligocène.

Ceci profite à Homo, personnifié par Toumaï puis Lucy, qui est incité à se dresser sur ses jambes, en conséquence du remplacement de la forêt par la savane.

AU TEMPS D'HOMO ERECTUS

Nous entrons depuis 1,8 millions d'années dans une période glaciaire qui caractérise le quaternaire. Les avancées des glaces jusqu'au 40e parallèle sont nombreuses. Il fait souvent très froid. Opportunément, Homo a découvert l'usage du feu. Les avancées

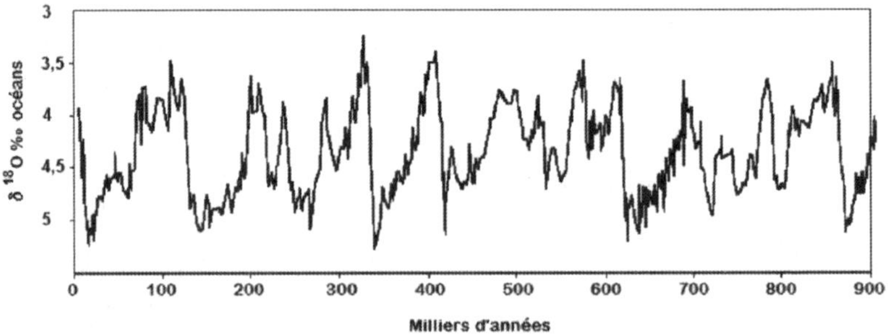

Fig. 5.8. | Évolution du climat au cours des 900 000 dernières années selon les résultats du rapport isotopique de l'oxygène obtenus sur les sédiments marins. (D'après Martinson et al. ,1987.)

glaciaires sont interrompues périodiquement par des situations tempérées (interglaciaires). Au cours des derniers 900 000 ans, le climat change continuellement, avec une amplitude de variation de la température supérieure à 10 °C (figure 5.8).

AU TEMPS D'HOMO SAPIENS

Les paléontologues donnent aujourd'hui à Homo sapiens un âge de 200 000 ans, même s'ils estiment que son apparition en Europe ne date que de 130 000 ans. Notre espèce a connu l'avant-dernier épisode interglaciaire puis un long cycle glaciaire avant de prospérer au cours de l'épisode interglaciaire tempéré que constitue notre époque.

On peut penser que l'apparition en Europe d'Homo sapiens est liée au redoux que connaît l'hémisphère Nord à l'époque de l'avant-dernier interglaciaire, que l'on nomme Éémien. Redoux qui correspond en réalité à un épisode chaud, le plus souvent plus chaud qu'il ne fait aujourd'hui. Homo affrontera plus tard un refroidissement sérieux lors de l'entrée dans un nouvel épisode glaciaire. Il s'en accommodera. Certains vont même jusqu'à considérer qu'il en sera stimulé. En effet, il progressera techniquement en produisant, par exemple, des longueurs de plus en plus grandes de tranchants utiles à partir d'un même poids de silex. Il ne sera pas non plus empêché, au paroxysme du froid, de nous laisser le témoignage de son art, comme en témoignent les grottes de Lascaux, Chauvet, Altamira et plus encore la grotte Cosquer. Cette dernière a son entrée actuelle à une profondeur de – 35 m dans la calanque de Sormiou. Elle témoigne donc à la fois de la qualité de l'art pariétal préhistorique et du fait qu'à l'époque de sa décoration le niveau des mers était bien inférieur au niveau actuel.

Homo sapiens a donc subi à deux reprises des écarts de la température moyenne d'une amplitude supérieure à 10 °C. Certains penseront que ce constat n'est qu'une caricature et qu'Homo sapiens n'a en réalité connu de telles variations de température qu'au long de nombreuses générations successives. Ils auraient tort. L'enregistrement GRIP[5]

5. GRIP : *Greenland Ice Core Project*, forage glaciaire au Groenland.

réalisé au sommet de la calotte groenlandaise confirme ces évolutions très rapides. C'est ainsi que la transition entre le Dryas récent (il y a environ 12 000 ans), période de froid intense s'étendant sur plus de mille ans, et le climat actuel s'est traduite par un réchauffement de 7 °C en 50 ans. La dernière période glaciaire a, d'autre part, été marquée par des événements rapides dits de Dansgaard-Oeschger (21 en 60 000 ans), découverts il y a une dizaine d'années dans le forage de Dye 3 (Groenland Sud). Ils se traduisent par un réchauffement important (de l'ordre de 5 à 10 °C), qui survient en quelques décennies. Réchauffement suivi d'un refroidissement progressif en 1 000 à 2 000 ans. Cette pseudo périodicité de 1 000 à 2 000 ans semble d'ailleurs se poursuivre jusqu'à la période actuelle. L'existence et les caractéristiques de ces événements révélés par le forage Dye 3 sont confirmées par les enregistrements du forage GRIP (Sommet de la calotte groenlandaise), prouvant ainsi qu'ils ne représentent pas des phénomènes locaux mais constituent bien des évènements communs à tout l'inlandsis groenlandais. Une vingtaine d'interstades de ce type, d'une durée comprise entre 500 et 200 ans, ont été répertoriés durant l'épisode froid. La structure de ces interstades se compare à celle d'événements rapides, récemment mis en évidence dans des sédiments marins de l'Atlantique Nord. Ces derniers sont associés à une série de dépôts au fond des mers, au large de la Norvège, dits de Heinrich, dont la présence est attribuée à la décharge massive d'icebergs provenant des grandes calottes de l'hémisphère Nord. Ces événements de Heinrich, dont la périodicité semble être de 5 à 10 000 ans, sont liés à des périodes plus froides de 3 à 6 °C qui auraient duré de 1 500 à 2 000 années.

Au cours du dernier interglaciaire (Éémien), Homo a connu un climat légèrement plus chaud en moyenne que le climat actuel, mais qui présente une variabilité de l'enregistrement isotopique tout à fait inattendue. Durant cette période Homo subit des épisodes chauds (jusqu'à 4 °C de plus que le climat d'aujourd'hui, avec un niveau des mers pouvant être supérieur de 6 mètres à l'actuel), interrompus par des excursions froides vers des conditions intermédiaires entre le climat actuel et une époque glaciaire. Ces transitions sont très rapides (quelques dizaines d'années) et, suivant le cas, les conditions froides (changements de température associés de l'ordre de plusieurs degrés centigrades) persistent entre 70 ans et 5 000 ans.

Ainsi jusqu'au début de l'interglaciaire durant lequel nous vivons actuellement, Homo sapiens a vu se succéder de très nombreux « changements abrupts » du climat, comportant une variation de plusieurs degrés centigrades en quelques dizaines d'années. Lors du précédent interglaciaire, l'Éémien, Homo a également connu une forte variabilité climatique qui apparaît clairement sur la figure 5.9.

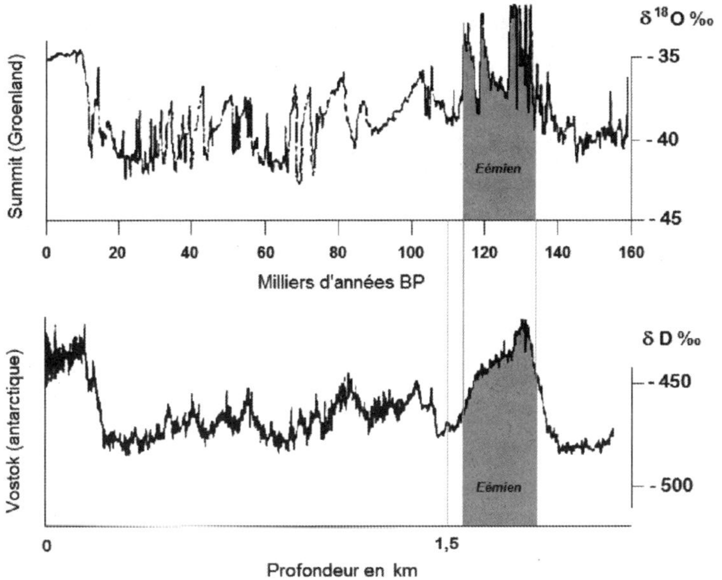

Fig. 5.9. | Variabilité climatique lors de l'Éémien.
Le forage GRIP (courbe supérieure) fait apparaître une forte variabilité du climat durant l'Éémien que la moindre résolution à Vostok ne révélait pas. (D'après Lettre PIGB-PMRC n°1, juin 1994[6].)

6. PIGB : Programme international géosphère biosphère ; PMRC : Programme mondial de recherches sur le climat.

Les premiers forages réalisés à Vostok ne mettaient pas en évidence cette variabilité car la hauteur de neige qui tombe au centre du continent antarctique est dix fois inférieure à celle qui tombe au Groenland, ce qui n'autorise pas une résolution aussi détaillée que celle offerte par les carottes de glace groenlandaises.

AU COURS DU PRÉSENT INTERGLACIAIRE

Comme nous l'avons vu précédemment, Homo a la surprise, après une réapparition des températures tempérées, d'une rechute brutale de température (plus d'un degré centigrade par décennie). Heureusement l'épisode du Dryas récent ne dure pas et Homo connaît depuis un climat relativement stable, comparable à celui que nous connaissons actuellement.

Relativement stable ? cette relativité mérite un examen plus approfondi. En réalité cette prétendue stabilité s'affirme bien comme relative. La seule justification de la terminologie employée est que les variations de température ont été, au cours de l'Holocène (l'interglaciaire actuel), beaucoup moins marquées que lors de l'Éémien (l'interglaciaire précédent).

Si l'on excepte quelques épisodes abrupts, la température fluctue en fait dans un intervalle dont l'amplitude dépasse rarement 2 degrés centigrades, comme chacun peut le constater sur les courbes établies à partir des forages GRIP et GISP2[7] (figure 5.10).

Ces courbes confirment la remontée rapide de température à partir de l'épisode froid du Younger Dryas (YD) ainsi que le brusque épisode froid d'il y a 8 200 ans (cercle noir) qui correspond par ailleurs très exactement à un coup de sec au Sahara.

Nos ancêtres proches voient se succéder depuis ce dernier épisode une succession de périodes « chaudes » ou « froides ». Chaudes et froides devant s'entendre comme plus chaudes de l'ordre du degré

7. Greenland Ice Sheet Project.

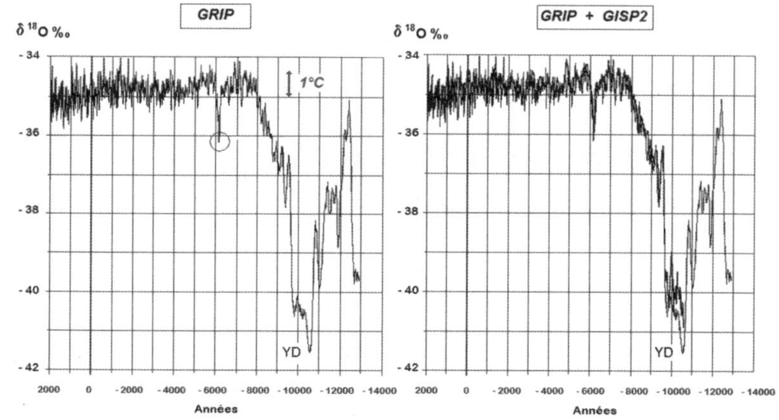

Fig. 5.10. | Courbes établies d'après les tables de données numériques consultables à l'adresse : ftp://ftp.ncdc.noaa.gov/pub/data/paleo/icecore/greenland/
Le graphique de gauche correspond au forage GRIP (sommet de la calotte de l'inlandsis groenlandais). Le graphique de droite superpose les données du forage Grip et celles, en plus clair, du forage GISP2 (Groenland Sud). Les données se confondent, montrant ainsi que les relevés se confirment l'un l'autre et que les résultats sont valables pour l'ensemble de l'inlandsis.

centigrade ou plus froides de l'ordre du degré centigrade par rapport aux températures actuelles.

De 8 000 à 6 000 BP[8], nos ancêtres connaissent la période la plus chaude, qui excède de 1 à 2 °C la température actuelle, voire 1,5 à 3 °C[9] selon certaines études. Cette période a été qualifiée « d'optimum climatique » car la végétation se développe fortement, la période étant également humide. Durant cette période, le niveau des mers continue sa remontée et parvient à un niveau voisin de l'actuel. Puis survient une tendance au refroidissement de 6 000 à 3 000 BP qui est avérée au niveau mondial à l'approche de cette dernière date. À partir de 2 000 BP nos ancêtres Gallo-Romains connaissent une

8. BP : *Before Present*, « avant le présent », le présent étant l'année 1 950.
9. Wilmshurst J. M. et al. (2007).

période chaude, suivie, de 400 à 900 AD[10], d'une période froide (*Les chroniques mérovingiennes* font état du gel des cours d'eau en hiver) puis, de 900 à 1 400, d'une période chaude, « l'optimum médiéval ».

AU COURS DES DERNIERS MILLÉNAIRES

L'optimum médiéval (900 à 1 400 AD) s'est traduit par de bonnes récoltes et a permis la construction des cathédrales. Il a autorisé la culture de la vigne en Grande Bretagne et l'établissement de colonies Vikings sur les côtes verdoyantes du Groenland, qu'Éric le Rouge baptisa « pays vert » (Greenland). La température de l'optimum médiéval a atteint, suivant les auteurs, 0,5 à 2 °C de plus que la température actuelle.

Des positions de principe sont souvent à l'origine de cette fourchette. Le GIEC, par exemple, affirme qu'il est probable que le réchauffement observé au XXe siècle ait été le plus important des 1 000 dernières années. Il ne peut, en conséquence, que difficilement admettre que des températures supérieures à celles d'aujourd'hui aient été constatées il y a 800 ans. Ceux qui défendent l'idée que le CO_2 gouverne le climat se refusent à reconnaître que durant une période pluriséculaire, où la concentration de CO_2 a été sans changement, des variations sensibles de la température moyenne (supérieures à celle attribuée au XXe siècle) aient pu être constatées. Ceux-là et le GIEC (2001) mettent en avant une étude de Thomas Mann (voir encadré) qui prétendait montrer que l'augmentation de température du XXe siècle semblait avoir été, pour l'hémisphère Nord, sans précédent au cours du dernier millénaire. Ce document, connu sous l'appellation de la « crosse de hockey » (voir l'encadré) est l'un des plus contesté que je connaisse et il ne l'est pas seulement parmi les « sceptiques ». Il convient cependant de noter que, dans son rapport de 2007, le GIEC revient, il est vrai du bout des lèvres

10. AD : année Domini, celle de la naissance du Christ. C'est la datation que nous utilisons couramment.

et en se limitant à l'hémisphère Nord, sur les déclarations de 2001 : « *Plusieurs études récentes indiquent une plus grande variabilité dans l'hémisphère Nord que le rapport de 2001 ne le suggérait, concernant en particulier l'existence de périodes froides au cours des* XIIe *au* XIVe, XVIIe, *et* XIXe *siècles. Des périodes plus chaudes antérieures au* XXe *siècle restent incertaines.* »

Pourtant, en 1990, le GIEC publiait dans son rapport[11] le graphique reproduit en figure 5.11.

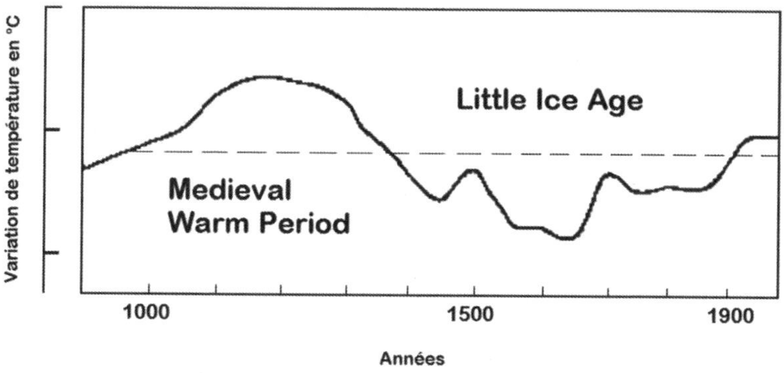

Fig. 5.1. | Graphique du rapport GIEC 1990.

Toutefois, si le caractère local des deux événements, l'optimum climatique médiéval et le petit âge glaciaire, était souligné, leur caractère global était nié. Pourtant, de très nombreuses études attestent du constat de ces événements dans toutes les régions du monde. Il suffit pour s'en convaincre d'examiner les figures 5.12 à 5.15 données à titre d'exemple.

11. GIEC 1990.

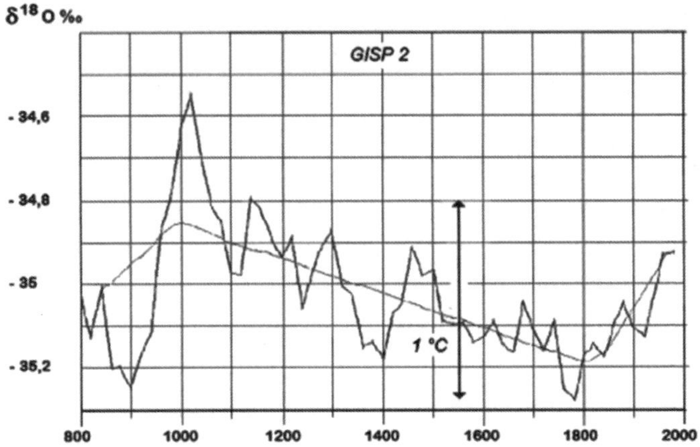

Fig. 5.12. | Évolution du climat selon Gisp2. (D'après B. van Vliet-lanoé.)

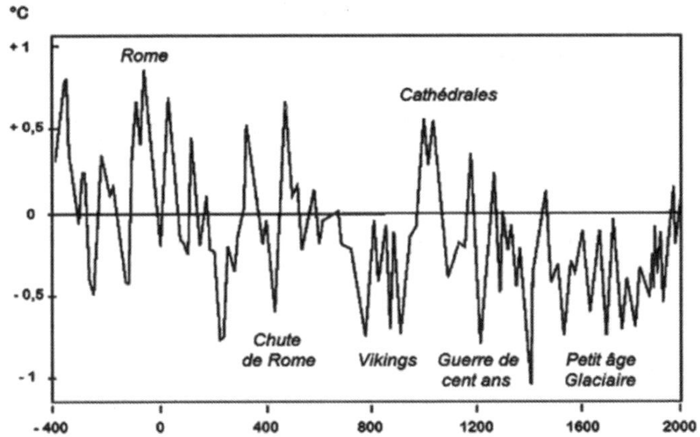

Fig. 5.13. | Évolution du climat selon les annales historiques. (D'après B. van Vliet-lanoé.)

La figure 5.12 est établie à partir des dosages isotopiques effectués sur le carottage GISP2. Elle confirme l'existence de l'optimum climatique médiéval et du petit âge glaciaire. La figure 5.13, publiée par l'Université de Picardie (2002), est construite à partir des annales historiques. Ces annales permettent de reconstituer approximativement les grandes variations climatiques jusqu'aux années 400 av. J.-C. La reconstitution utilise les indications fournies par les chroniques sur la date des moissons, l'extension des glaciers, de la vigne, la durée du gel hivernal... Elle révèle, par exemple, un optimum climatique pendant l'apogée de l'empire romain et confirme l'existence du petit âge glaciaire.

C'est ce que confirme également la figure 5.14 qui résulte de l'exploitation des dosages isotopiques effectués à partir du forage dans le glacier Quelccaya[12], situé dans la cordillère des Andes au sud du Pérou (à une latitude proche de l'équateur). Cette figure est également une confirmation de ce que le petit âge glaciaire était bien « global » et pas seulement limité à l'Europe. La figure 5.15 nous donne les températures de surface dans la mer des Sargasses déterminées par dosages isotopiques des foraminifères dans les sédiments[13] (La ligne horizontale est la température moyenne des 3 000 années

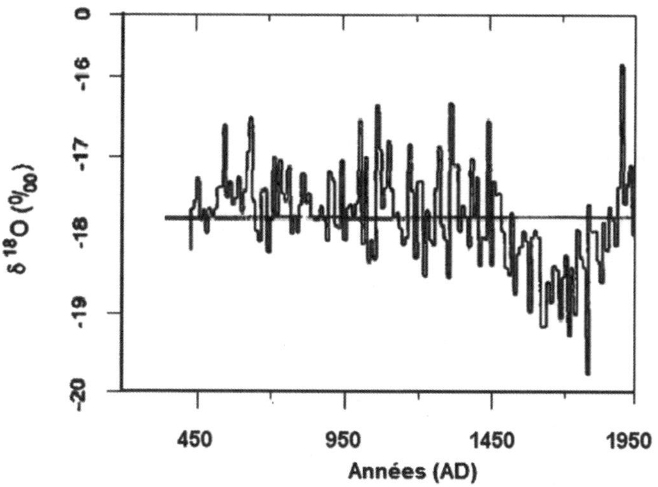

Fig. 5.14. | Évolution du climat d'après les dosages isotopiques d'oxygène sur les carottes prélevées sur un glacier péruvien.

12. Lonnie, G. Thompson, 1995.
13. W. Soon, S. Baliunas et al., 2003.

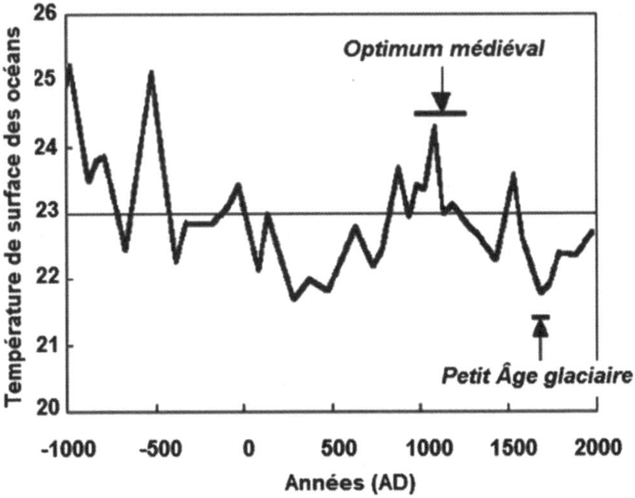

Fig. 5.15. | Évolution du climat d'après les carottes prélevées sur les sédiments en mer des Sargasses.

représentées.) Elle corrobore les trois figures précédentes. D'autres constats comme ceux effectués, en Chine, sur des colonnes stalagmitiques protégées dans des grottes, en apportent également confirmation.

La « crosse de hockey »

Le graphique de la figure 5.16 a été publié pour la première fois en 1998, par Thomas Mann et al., dans la revue Nature. *Il a pour base la reconstruction des températures passées à partir de l'épaisseur des cernes annuels des arbres. Il a été intégré dans le rapport du GIEC de 2001 pour étayer la thèse selon laquelle la température des dernières décennies atteindrait un niveau inconnu depuis plus d'un millénaire. Le petit âge glaciaire et le petit optimum médiéval n'auraient pas existé. Cette thèse ne veut pas tenir compte des études des historiens du climat, ni des estimations de température effectuées à partir des forages du Groenland, ni des études de la variabilité climatique effectuées dans toutes les régions du monde. L'étude de Mann et le graphique publié par le GIEC ont été*

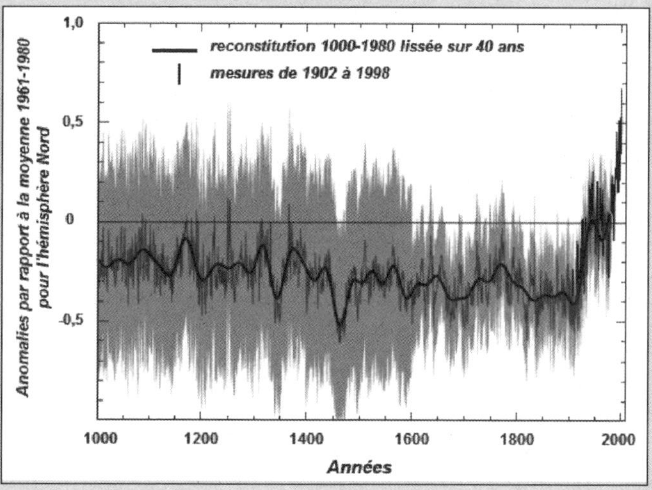

Fig. 5.16. | Évolution du climat du dernier millénaire selon Thomas Mann.

violemment contestés dans d'innombrables articles. Y étaient particulièrement critiquées la méthodologie utilisée et l'utilisation défectueuse, voire biaisée, des statistiques. Certains faisaient remarquer par ailleurs que l'épaisseur des cernes ne dépend pas seulement de la température mais de nombreux autres facteurs, notamment des précipitations et surtout de la période saisonnière durant laquelle ces précipitations interviennent. L'amplitude de la controverse a amené Sherwood Boehlert, président du Comité des sciences à la chambre des représentants, à demander à la National Academy of Sciences *de faire un point sur les études menées pour reconstituer les températures des deux derniers millénaires. Le rapport de l'Académie des sciences américaine a été publié en juin 2006. Il conclut que les dernières décennies du xx*e *siècle sont effectivement plus chaudes que n'importe quelle décennie des 400 dernières années. Ce qui n'étonnera personne puisque celles-ci ont été baptisées « petit âge glaciaire » et ont effectivement connu une avancée généralisée des glaciers continentaux et des hivers rigoureux.*

Le rapport est plus circonspect pour la période antérieure à l'an 900 (l'optimum climatique médiéval), en raison « d'un nombre de données moins important ». Ces conclusions prudentes n'étaient pas de nature à mettre un terme à la controverse. Toutefois, dans son rapport de 2007, le GIEC abandonne toute référence à « la crosse de hockey ». Ce faisant, il cautionne indirectement les critiques, mais peut-être s'est-il souvenu qu'il avait clairement certifié, dans son rapport de 1990, l'existence du petit âge glaciaire et de l'optimum climatique médiéval.

Après l'optimum médiéval, où il faisait bon vivre malgré quelques incursions du froid, la pseudo périodicité de 33 ans observée pour les hivers rigoureux va se réduire à moins de 20 années. Homo trouvera alors qu'il fait froid. De 1 400 à 1 850, les glaciers vont en effet s'avancer bien au delà de leurs limites actuelles, dans les Alpes, en Alaska, aussi bien qu'en Nouvelle-Zélande, d'où le nom de « petit âge glaciaire » attribué à cette période. Ce petit âge glaciaire, illustré dans les tableaux de Brueghel et relaté dans les lettres de Madame de Sévigné, va faire endurer à nos ancêtres de terribles famines (notamment à la fin du le règne de Louis XIV). Le niveau des mers stagne ou est en baisse et Emmanuel Le Roy Ladurie montre par l'étude des dates de vendange que cette époque connaît une température inférieure d'un degré centigrade à celle de la fin du XXe siècle. À la fin du XIXe et durant le XXe siècle, la température va heureusement remonter (chapitre 6).

Quant au futur, il est incertain, tout comme les prévisions météorologiques à 10 ou 15 jours. Pour le déterminer, il faudrait connaître les causes des variations climatiques, celles qui déterminent la durée d'une glaciation ou celle d'une période interglaciaire, comme celles qui déterminent les variations rapides de plusieurs degrés en quelques siècles ou décennies. (voir chapitre 10).

Le plus vraisemblable, compte tenu de la répétition des cycles glaciaires-interglaciaires observée depuis plus d'un million d'années, est que survienne une nouvelle période glaciaire. Et ce, quelle que soit l'activité consciente ou inconsciente de l'humanité pour l'éviter. C'est d'ailleurs ce que nous annonçaient les scientifiques réunis au

Symposium de climatologie de 1972 : « *Depuis 1945, le refroidissement global a renversé la tendance au réchauffement du début du siècle.* » Une majorité prévoyait d'ailleurs à ce Congrès la fin prochaine de la période tempérée interglaciaire en cours[14]. Notre interglaciaire dure déjà depuis plus de 10 000 ans. Les interglaciaires précédents ont eu une durée de 10 000 à 20 000 ans. La prévision concernant le terme de notre épisode interglaciaire n'était donc pas incongrue, bien que certains pensent aujourd'hui qu'il pourrait encore durer plusieurs dizaines de milliers d'années.

CE QUE L'ON PEUT RETENIR

- *Le climat n'a pas cessé de se modifier tout au long des temps géologiques.*
- *Homo sapiens a subi de très fortes fluctuations climatiques, de l'ordre de 10 °C sur plusieurs milliers d'années. Il a également supporté, à de nombreuses reprises, des variations brutales atteignant plusieurs degrés en quelques dizaines d'années.*
- *Depuis 10 000 ans, nos ancêtres ont connu une « stabilité climatique » très relative, se traduisant par des variations de la température* ***moyenne*** *(sur plusieurs décennies) pouvant atteindre ou dépasser ± 1 °C.*
- *Homo ne devrait donc pas être surpris par le réchauffement de 0,7 °C annoncé par le GIEC comme étant celui du XXe siècle.*
- *La remontée de température depuis le petit âge glaciaire n'a rien d'anormal au regard de la variabilité naturelle et reste très modérée en comparaison des variations abruptes qu'Homo sapiens a connues.*

14. Parmi lesquels plusieurs des zélateurs actuels du réchauffement global dont l'homme serait responsable.

6

Les températures actuelles

Depuis le milieu du XIXe siècle, notre planète s'est réchauffée. Le recul des glaciers et la diminution des jours de gel relatés par les écrits, les gravures et la photographie ne permettent pas d'en douter.

Une question vient naturellement à l'esprit : ce réchauffement a-t-il été mesuré ? Une autre question, tout aussi naturelle, s'ensuit : comment déterminer la température moyenne globale de la planète ? Chacun sait, en effet, que la température varie, en un même lieu, en fonction des saisons et même d'un jour à l'autre, et que la température varie fortement d'une région à une autre. Chacun sait aussi qu'à l'échelle séculaire, voire décennale, certaines régions peuvent se refroidir tandis que d'autres se réchauffent. Pour toutes ces raisons, il serait vain d'interroger nos grands-parents sur leurs souvenirs des hivers ou des étés d'antan pour se faire une idée de l'évolution de la température « globale » terrestre.

Quelques instants de réflexion plus tard, chacun conclura que, pour déterminer la température moyenne annuelle du globe, il suffit d'agréger les températures moyennes fournies par les stations météorologiques réparties à la surface de la Terre. Pour savoir si la Terre se réchauffe, il suffit ensuite d'établir la courbe de l'évolution de la température moyenne globale et d'en déterminer la tendance. Le principe de cette démarche est pertinent, mais sa mise en œuvre pose de nombreux problèmes, et les solutions pratiques qui leur sont apportées sont l'objet de très vifs débats.

Ces derniers mettent en cause d'une part la validité des comparaisons entre périodes, l'évolution des températures au cours du XXe siècle en étant un exemple, et d'autre part les mesures de température elles-mêmes.

ÉVOLUTION DES TEMPÉRATURES AU COURS DU XXe SIÈCLE

Au début du siècle dernier, on ne dispose ni des ballons-sondes ni des satellites et l'on doit bien évidemment se satisfaire des mesures thermométriques, effectuées au sol et sur mer.

Le traitement des données thermométriques, tel qu'il est généralement rapporté, se réfère à la collecte et à l'exploitation des mesures réalisées par l'Unité de recherche climatique (CRU) de l'université de East-Anglia, en Grande-Bretagne, et par le *Goddard Institute for Space Studies* (GISS), dépendant de la NASA. Ces résultats sont complétés, dans le rapport du GIEC de 2007, par la publication de ceux du *National Climate Data Center* (États-Unis) et de ceux de Lugina et al. (2005).

La procédure, d'abord proposée par J. Hansen et Lebedeff (1987), a été affinée plus tard par Parker et d'autres (1994). Elle consiste, dans un premier temps, à quadriller la surface de la Terre (actuellement le quadrillage est de 5° de latitude par 5° de longitude). Puis dans un second temps à calculer, pour chacun des éléments du quadrillage, une moyenne pondérée (en fonction des surfaces affectées à chaque station) des enregistrements moyens mensuels des stations. Les données retenues, limitées aux résultats qualifiés et approuvés, permettent de déterminer une moyenne globale.

Cette moyenne est alors soustraite de celle d'une période de référence (actuellement 1961 à 1990), obtenue pour la même grille.

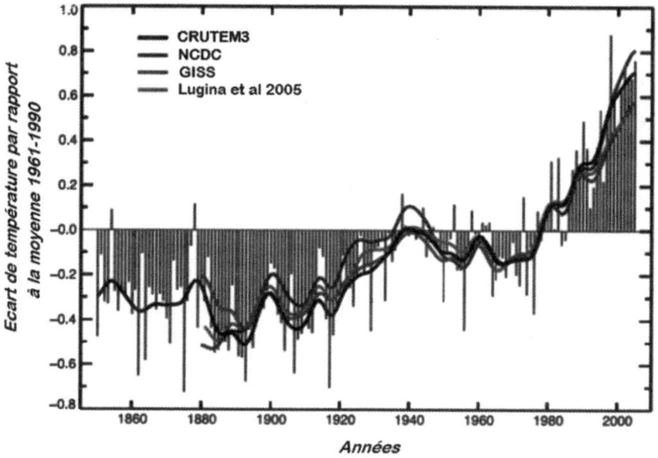

Fig. 6.1. | Anomalies moyennes annuelles pondérées.
Les anomalies annuelles des températures de l'air en surface sont établies par rapport à la moyenne des années 1961 à 1990. Elles résultent de l'exploitation des données des stations par CRU, mises à jour par Brohan et al. (2006). Les courbes continues résultent d'un lissage décennal. La courbe en noir est celle du CRU et est comparée à celle du NCDC (Smith et Reynolds, 2005), celle du GISS (Hansen et al., 2001) et celle de Lugina et al. (2005). (D'après IPCC rapport scientifique 2007.)

La différence est « l'anomalie » de la température pour les mois et années considérés. Les anomalies moyennes annuelles pondérées sont alors portées sur un graphe, comme sur la figure 6.1, publiée dans le rapport du GIEC de 2007.

La validité de cette méthode suppose une continuité des mesures dans l'espace et dans le temps. Or, c'est loin d'être le cas. Si le *National Climate Data Center* revendique l'utilisation des résultats de 7 200 stations, ce nombre a en réalité peu de sens (figure 6.2). Il convient de rappeler que 500 stations seulement étaient en service au début du siècle[1]. Un maximum a été atteint en 1966 avec

1. Au début des mesures, au milieu du XIXe siècle, la surface concernée était de 18 %. elle est passée à 40 % en 1900 et est de l'ordre de 65 % aujourd'hui pour l'ensemble des terres.

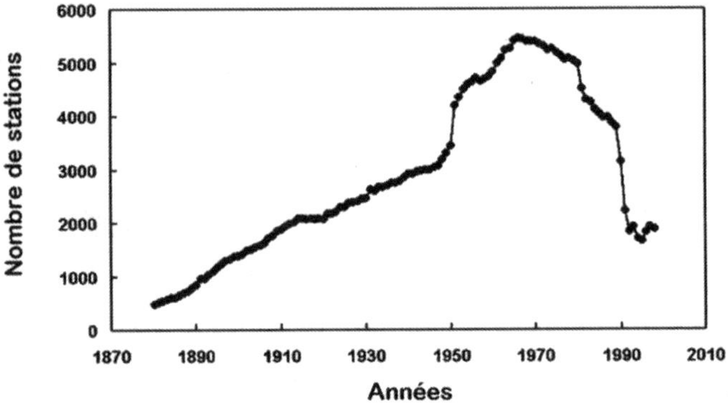

Fig. 6.2. | Nombre annuel des stations retenues par le GHCN.
Évolution du nombre des stations météorologiques au cours du temps. (D'après http://www.data.giss.nasa.gov/gistemp/)

5 464 stations en service, mais le nombre de stations a rapidement décliné pour s'établir aujourd'hui aux environs de 2 000.

Non seulement la couverture spatiale des stations a évolué (les stations sont loin d'être réparties régulièrement à la surface du globe ; par exemple, l'ensemble de l'atlantique Sud a été longtemps représenté par la seule station de Sainte-Hélène), mais la continuité des mesures dans le temps n'a pas été assurée. De nombreuses stations ont fermé, ont interrompu leurs mesures durant les guerres ou ont été remplacées par des stations portant le même nom, mais établies dans le voisinage. Or, chacun sait que les enregistrements de température ne sont pas identiques pour des stations relativement proches l'une de l'autre[2]. Les raisons en sont multiples : exposition aux vents, altitude, proximité d'un relief, voisinage d'une côte ou de végétation, etc. C'est pourquoi l'exploitation des mesures devrait retenir de préférence les stations offrant une continuité suffisante dans le temps, au minimum 30 ans d'enregistrement continu. Mais le nombre des enregistrements

2. Ce qui, au passage, condamne la pratique, pourtant courante, consistant à interpoler les mesures des stations voisines pour remplacer les données manquantes d'une station.

continus atteignant cette durée, sur un même site et sans modification de l'environnement, est extrêmement réduit.

Plus grave encore, un grand nombre de ces stations étaient primitivement situées dans des zones rurales, avec un environnement végétal important, mais ces stations se retrouvent maintenant englouties dans des périmètres urbains ou bien sont installées sur les aéroports. Les aéroports se retrouvent d'ailleurs, eux-mêmes, très souvent englobés dans les agglomérations. Et les surfaces bétonnées ou macadamisées qui entourent les stations augmentent continûment.

Ceci a pour conséquences de modifier l'albédo (le renvoi vers l'espace du rayonnement solaire) local et l'utilisation de la chaleur solaire. Un couvert végétal utilise une partie de l'énergie solaire reçue pour la photosynthèse et consomme une autre partie pour l'évapotranspiration. La chaleur sensible résiduelle, utilisable pour élever la température, est donc plus réduite que pour une aire bétonnée. Surtout, le couvert végétal réfléchit une plus grande quantité d'énergie solaire, alors qu'une aire asphaltée absorbe et stocke plus d'énergie.

Il n'est donc pas étonnant qu'une agglomération accuse une température supérieure à son environnement, notamment de nuit, en raison de la chaleur accumulée. C'est le phénomène des « îlots de chaleur urbains ». Ce phénomène est au centre du débat. Avec un surcroît de température de plusieurs degrés centigrades par rapport à l'environnement naturel (figure 6.3), il peut en effet constituer un biais important dans la mesure du réchauffement global.

L'importance du biais est en relation directe avec le développement urbain ; or ce dernier croît rapidement. Selon l'ONU, les populations urbaines représentaient 29,1 % de la population mondiale en 1950, mais 48,3 % en 2003 (figure 6.4). Le phénomène est plus marqué encore dans les pays développés, où se situe la majeure partie des données sur le réchauffement. L'urbanisation y concerne maintenant 74,5 % de l'occupation humaine (en 2003) contre 52,5 % en 1950[3].

3. Onu, *World Urbanization Prospects*, http://esa.un.org/unup//

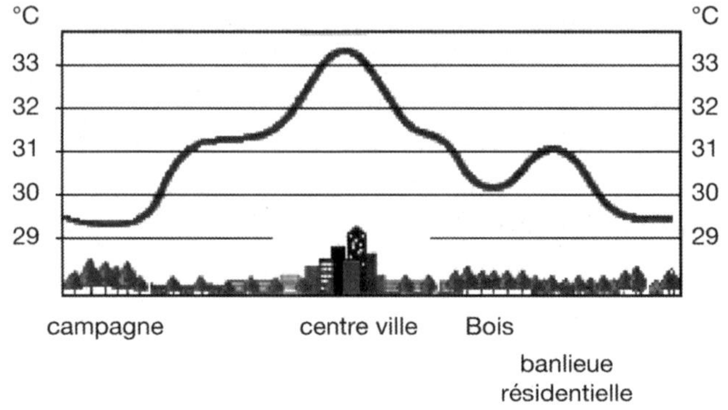

Fig. 6.3. | Îlot de chaleur urbain.
« De nombreuses villes ont une température de l'air pouvant être supérieure de plusieurs degrés centigrades à celle de leur environnement non bâti. Le schéma ci-dessus montre le profil des températures autour d'un îlot de chaleur urbain. La température décroît avec l'éloignement du centre urbain. Ce schéma fait également apparaître que des parcs boisés créent des aires de refroidissement ». (D'après *US Environmental Protection Agency* (EPA)[4].)

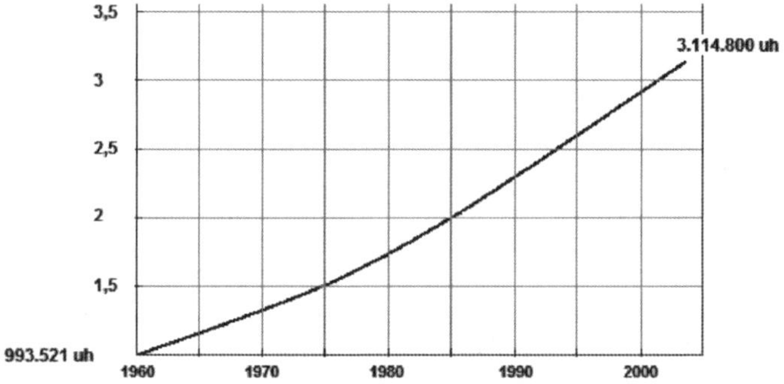

Fig. 6.4. | Évolution de la population urbaine. (D'après *Population Division of the Department of Economic and Social Affairs of the United Nations*[5].)

Le cas d'Atlanta illustre bien cette croissance. Selon J. T. Daly (2000) la croissance du centre urbain a été de 47 % et celles des centres commerciaux et industriels périphériques de 16 % en une

4. http://www.epa.gov/heatisland/research/index.html
5. http://esa.un.org/unpp/p2kdata.asp

décennie. Cette croissance s'est effectuée aux dépens de l'environnement végétal, avec un développement important des îlots de chaleur, ce qui est parfaitement révélé par les photographies aériennes.

Bien sûr, les îlots de chaleur, villes ou aéroports sont des phénomènes trop locaux pour participer significativement au réchauffement climatique global. Mais ce sont des lieux où une part importante des stations météorologiques est implantée[6]. Si ces îlots de chaleur ne concourent pas réellement au réchauffement global, en revanche les relevés de température de leurs stations météos peuvent en créer l'illusion. Ces relevés ne sont en effet ni comparables à ceux de la même station avant urbanisation, ni représentatifs du large environnement de la station auquel ils sont attribués. Ils faussent donc, à la hausse, la température retenue pour cet environnement et son écart avec le passé. Les tenants de la thèse du réchauffement dû à l'augmentation des émissions anthropiques de gaz à effet de serre ne l'ignorent pas, mais nient cependant toute incidence significative des îlots de chaleur sur le résultat global des mesures, ou, au mieux, la minimisent excessivement. Le GIEC (2001) limite à 0,06 °C cette incidence sur l'augmentation séculaire de température. T. Peterson (2003) ou D. Parker (2004) la considèrent comme négligeable et non susceptible d'introduire un biais dans l'estimation globale. J. Hansen (2001) consent à une correction double de l'estimation du GIEC. Mais les publications démontrant le contraire sont infiniment plus nombreuses[7].

La tendance de l'évolution de température est, pour les trois dernières décennies, deux fois plus élevée pour l'hémisphère Nord que pour l'hémisphère Sud (figure 6.5).

6. La croissance des villes finit par transformer en stations périurbaines des stations précédemment considérées comme rurales.

7. Par exemple : E. Calnay, 2003 ; F. Fujibe, 1995 ; K. P. Gallo et al., 1999 ; J. E. Gonzalez et al., 2005 ; M. Jin et al., 2005 ; T. R. Oke, 1982 ; R. A. Pielke, 2002 ; D. Streutker 2003 ; L. Zhou et al., 2004…

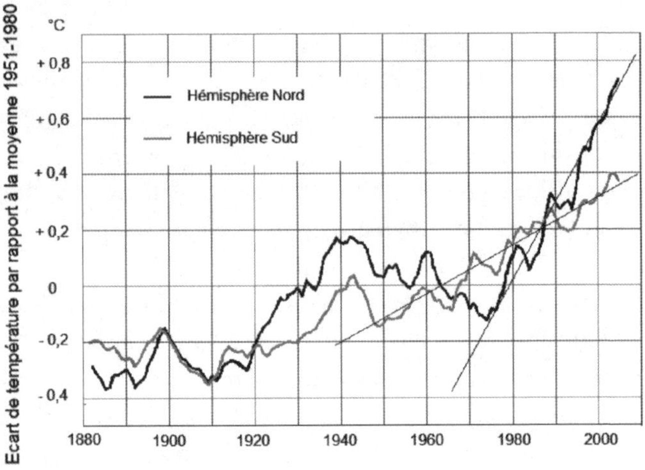

Fig. 6.5. | Évolution des températures pour chacun des deux hémisphères (lissage sur cinq ans). (D'après http://data.giss.nasa.gov/gistemp/)

On peut s'interroger sur cette différence entre les deux hémisphères et différentes réponses peuvent être apportées. Mais on peut aussi remarquer que les températures relevées dans l'hémisphère Nord sont le plus souvent celles de stations situées dans des agglomérations urbaines ou des aéroports. Chacun peut d'ailleurs se forger une opinion sur l'incidence comparée des îlots de chaleur des deux hémisphères en consultant la figure 6.6.

L'effet des îlots de chaleur urbains est plus marqué en hiver qu'en été (plus de chauffage) et la nuit que le jour (restitution dans l'atmosphère de la chaleur diurne absorbée par les bâtiments et les aires asphaltées ou bétonnées). C'est ce que constate, par ailleurs, le GIEC, sans toutefois reconnaître cette raison. Certains se demandent cependant, en conséquence de l'importance du nombre de stations urbaines ou suburbaines, si l'on n'exagère pas le réchauffement réel de la surface de la planète. Plus précisément, ils se demandent si la hausse de température annoncée, notamment pour l'hémisphère Nord, n'est pas redevable, en partie, à un « effet d'asphalte » ou à l'accroissement de la population urbaine et du trafic aérien.

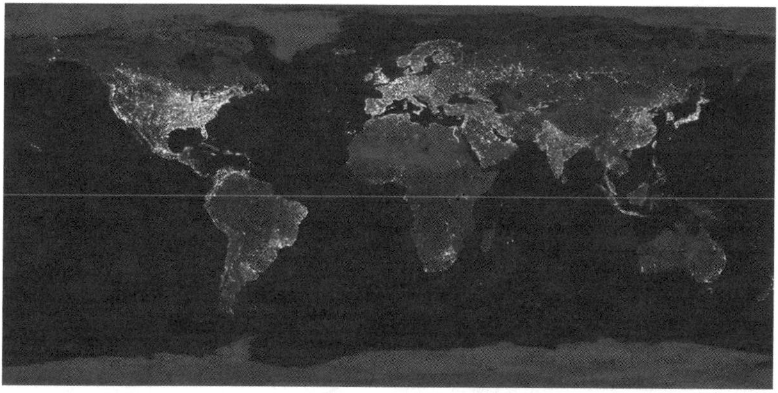

Fig. 6.6. | La Terre vue de nuit par les satellites de la Nasa.
Image composite prise par les satellites DMSP (Défense Meteorological Satellite Program) datée du 22 août 2004 et relevée sur le site du *Goddard Space Flight Center*.

LES MESURES THERMOMÉTRIQUES ELLES-MÊMES

Pour pouvoir faire des comparaisons fiables, il ne suffit pas de placer un thermomètre bien étalonné dans l'air. Le thermomètre devra être à l'abri du rayonnement solaire. Il devra d'autre part être placé dans un endroit où la ventilation naturelle est suffisante. Pour respecter ces impératifs, les stations au sol actuelles utilisent des « abris météorologiques » constitués par des boîtes, placées à 1,5 m du sol et dont les parois sont à claire-voie pour assurer une libre circulation de l'air. Ces abris doivent être peints en blanc de manière à réfléchir le rayonnement solaire et à pouvoir rayonner, la nuit, la chaleur accumulée.

Mais que dire de la fiabilité des mesures anciennes, qui n'utilisaient pas ces boîtes ? Et que dire des mesures actuelles si des obstacles à la circulation de l'air sont créés autour de ces abris, par exemple par développement d'une végétation arbustive ou par l'édification d'un bâtiment au voisinage ? Comment évoluent les mesures si les boîtes sont mal entretenues, si leur peinture blanche disparaît, se recouvre de mousses, si des araignées ou des insectes établissent leur habitat dans les claires-voies ? L'air a une faible capacité thermique, ce qui le rend sensible aux apports de chaleur qu'il peut recevoir de l'environnement des boîtes de mesure. Que devient la continuité des mesures lorsque cet environnement s'urbanise ou si l'on asphalte ou bétonne le sol environnant ? Les témoignages photographiques d'obstacles à la libre circulation de l'air et les anecdotes relatives à l'entretien des boîtes abondent. Certains sites du Web en font même leur quotidien. Mais derrière le côté anecdotique se cache une erreur systématique. Dans tous les cas de défaut d'entretien des boîtes elles-mêmes ou de leur environnement immédiat, on constatera une augmentation des températures au fil du temps.

Quant aux mesures maritimes, Il convient tout d'abord de remarquer que ces mesures sont peu nombreuses au début du XXe siècle. À cette époque, les routes maritimes sont très loin de recouvrir la totalité des océans. Ensuite, comme pour les mesures terrestres, leur fiabilité est mise en cause. Quelle validité accordée aux mesures effectuées dans l'eau prélevée dans un seau, laissé plus ou moins longtemps au Soleil sur le pont, en attendant le bon vouloir de l'officier en second chargé des mesures ? Quelle confiance accorder aux mesures effectuées dans des boîtes adossées aux superstructures du navire ou installées sur le circuit de refroidissement des machines sur des navires de jauge et de type différents ? Ces déficiences des mesures anciennes rendent évidemment incertaine toute comparaison avec les mesures récentes réalisées avec fiabilité par les bouées. Pourtant, les océans couvrent plus de 70 % de la surface du globe !

Mais, penserez-vous, toutes ces imprécisions doivent être levées pour les dernières décennies puisqu'il existe depuis janvier 1979 des mesures satellitaires…

SATELLITES ET BALLONS

Les mesures de température effectuées par les satellites sont celles de la surface du sol et de la surface des nuages lorsqu'elles sont effectuées dans le domaine infrarouge.

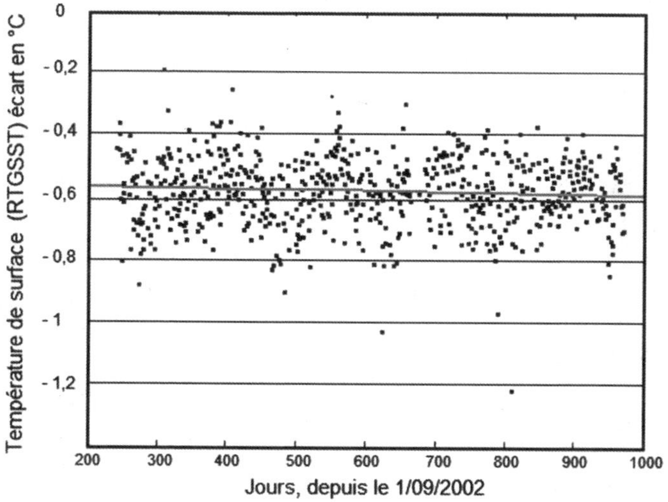

Fig. 6.7. | Température de l'océan tropical, mesures par ciel clair. (D'après H. Aumann, jet propulsion laboratory.)
Enregistrements réalisés dans l'infrarouge, aux environs de 10 µm, par les satellites AIRS de la NASA au-dessus de l'océan Atlantique tropical.

On peut ainsi obtenir, par ciel clair, des mesures de la température de surface, par exemple des océans (figure 6.7).

Mais si l'on veut s'affranchir de la présence des nuages, on réalise les mesures dans le domaine des micro-ondes. Le rayonnement mesuré est alors celui qui est absorbé et émis par les molécules d'oxygène, pour certaines longueurs d'onde. On mesure dans ces conditions la température de l'atmosphère. En choisissant judicieusement les longueurs d'onde on peut centrer la mesure sur un niveau donné de l'atmosphère. De telles mesures sont réalisées par les satellites NOAA[8], qui sont des satellites sur orbites polaires et qui offrent plusieurs avantages. Celui, d'abord, d'assurer un balayage

8. National Oceanic and Atmospheric Administration.

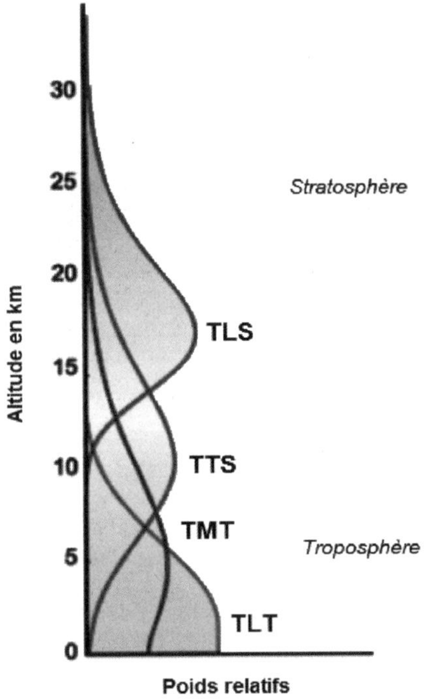

Fig. 6.8. | Poids relatif des différentes couches atmosphériques, pour les quatre longueurs d'onde utilisées, dans la gamme de fréquences de 50 à 60 Ghz. (D'après ftp.ssmi.com/msu/ weighting_functions)
TLS est essentiellement centré sur la stratosphère.
TTS indique une température composite entre la stratosphère et la haute troposphère.
TMT (canal 2 ou MSU2) est principalement centré sur l'atmosphère moyenne (4 à 7 km).
TLT fournit la température des basses couches de l'atmosphère.

pratiquement total de la surface terrestre, notamment des océans. Celui, ensuite, de fournir deux fois par jour des profils de l'atmosphère, pour chaque satellite et pour chaque endroit de la Terre. Les données recueillies par le sondage micro-ondes sont désignées sous le sigle MSU[9]. Les satellites Tiros-N puis NOAA sont en service de manière continue depuis décembre 1978[10]. La figure 6.8 indique, pour les quatre longueurs d'onde utilisées, dans la gamme de fréquences de 50 à 60 Ghz, le poids relatif des différentes couches atmosphériques dans la mesure obtenue.

9. *Microwave Sounding Unit*, sondeur radiométrique micro-ondes.
10. chaque satellite a une durée de vie de quelques années.

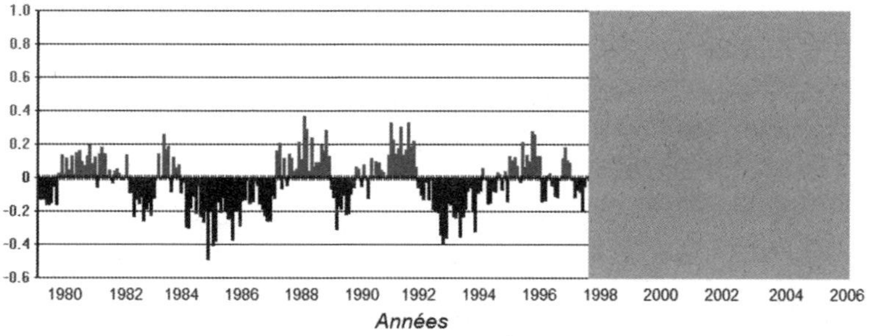

Fig. 6.9. | Température de la basse atmosphère d'après les satellites NOAA. (D'après Remote Sensing Systems.)

Mais alors, penserez-vous, le problème est maintenant résolu pour les récentes décennies, pour lesquelles on doit connaître aujourd'hui l'évolution de la température de l'atmosphère. Hélas, ce n'est pas assuré. La conversion de ces données brutes en température n'est pas une chose facile. Évitons de nous perdre dans les équations, algorithmes, calibrages et références nécessaires ; ne nous posons pas de questions sur les fluctuations orbitales et leurs conséquences ; considérons directement les résultats des analyses établis par les scientifiques compétents. De 1979 à 1997, soit après presque vingt années d'observations, les anomalies de température relevées par les satellites et publiées par la NOAA sont indiquées par la figure 6.9.

L'étude menée par J. Christy et R. Spencer (1998) concluait que durant la période 1979-1997 la tendance de l'évolution de la basse atmosphère avait été un refroidissement de – 0,01 °C par décennie. Ce qui est conforme à la figure 6.9. Cette étude était en contradiction avec les mesures thermométriques au sol qui faisaient apparaître, pour la même période, une tendance au réchauffement de + 0,15 °C par décennie. Elle contredisait également les résultats des modèles qui prévoient un réchauffement de la troposphère plus élevé que celui du sol.

Le GIEC et les alarmistes ne pouvaient que s'en émouvoir et les publications contestant les conclusions de J. Christy et R. Spencer foisonnèrent. La plupart ne faisaient toutefois apparaître qu'une augmentation de température inférieure à celles des thermomètres. C'est le cas, par exemple de l'étude de Wentz et Schabel parue dans la revue *Nature* d'août 1998 et qui conclut à une hausse de température de + 0,08 °C (soit moitié moins que les mesures thermométriques). D'autres auteurs faisaient appel à des modèles pour contredire J. Christy et R. Spencer. Ces derniers s'attirèrent la réplique suivante de la part de J. Christy[11] : « *Lorsque vous constatez que les modèles ne sont pas en accord avec l'observation de la réalité, vous avez intérêt à rechercher ce qui ne va pas dans les modèles.* »

En reconnaissant que les relevés obtenus par les satellites et les ballons-sondes mettaient en évidence un réchauffement moins élevé dans la basse troposphère qu'à la surface, le rapport du GIEC de 2001 annonçait un réchauffement de la « troposphère inférieure » de + 0,05 ± 0,01 °C par décennie et un réchauffement de la surface de + 0,15 ± 0,05 °C. Cette divergence maintenait l'incertitude concernant les mesures thermométriques. L'augmentation de température mesurée était-elle une réelle élévation de la température moyenne ou une simple conséquence du phénomène des îlots de chaleur urbains ? Le débat se poursuivit. En 2004, trois publications analysant les résultats des mesures satellitaires[12] pour la période 1979-2002 firent état de tendances de l'évolution de température de la troposphère par décennie allant de + 0,03 ± 0,05 °C (J. Christy et W. Norris) à + 0,12 ± 0,02 °C (C. A. Mears et al.) et même + 0,17 ± 0,2 °C (Grody et al.). J. Christy arguait que seul son résultat était conforme aux mesures, indépendantes, des ballons-sondes. Ses contradicteurs dévalorisaient ces dernières mesures en déclarant qu'elles étaient réparties inégalement à la surface du globe et qu'elles étaient sujettes à des erreurs régionales et temporelles dues aux différences de pratique dans les

11. Membre du GIEC.
12. De 9 satellites différents.

observations[13]. Le débat continue aujourd'hui et porte maintenant sur la période 1987-2005. La conclusion « officielle » est traduite par la figure 6.10.

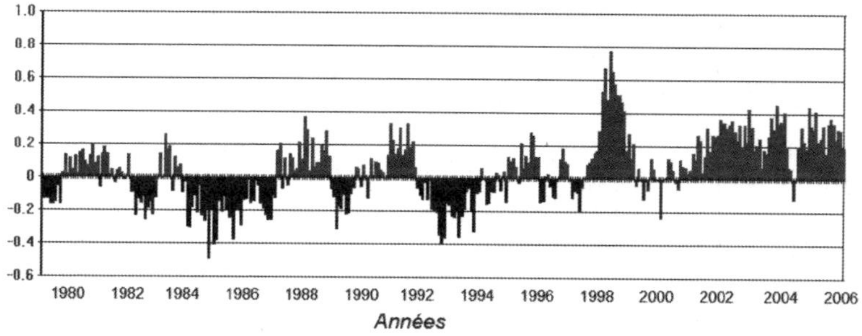

Fig. 6.10. | Température de la basse atmosphère d'après les satellites NOAA. (D'après Remote Sensing Systems, 2007.)

J'y vois, personnellement, l'incidence en 1998 d'un très violent phénomène « El Niño » (voir encadré), une tendance sur 25 ans qui n'excède pas 0,08 °C par décennie et une tendance « molle » pour les années récentes. Quelle que soit la période considérée, l'écart avec la température de référence reste très inférieur à celui qu'indiquent les mesures thermométriques au sol. La tendance « molle », pour les années récentes, estimée d'après les relevés des satellites se trouve confirmée par les relevés thermométriques. Le graphique de la figure 6.11, établi par le GISS, ne fait apparaître aucune tendance depuis 2002.

Concernant les mesures thermométriques, une mise à jour a été effectuée, en décembre 2005, en collaboration entre le Hadley Centre de la météorologie nationale anglaise (qui a fourni les données

13. Critiques qui s'appliquent également aux mesures thermométriques, notamment anciennes.

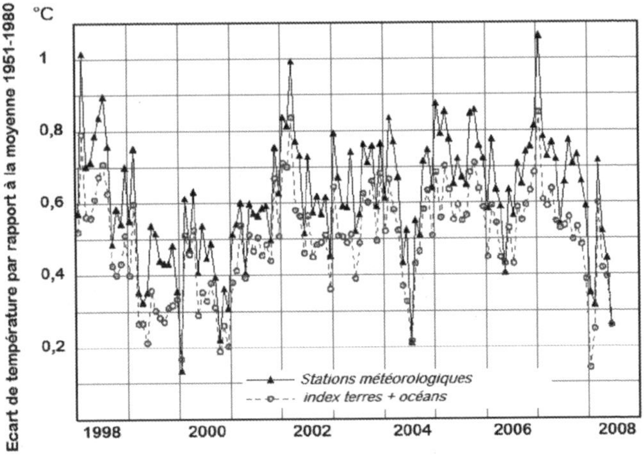

Fig. 6.11. | Température moyenne globale mensuelle de surface.

maritimes) et l'université de East-Anglia (qui a fourni les données terrestres). Cette mise à jour de la température moyenne globale est représentée sur la figure 6.12.

Une tendance à long terme au réchauffement se dégage bien sur la figure 6.12 et témoigne de la sortie du petit âge glaciaire. Mais l'on peut constater que les périodes de réchauffement sont interrompues par des périodes de refroidissement et que le réchauffement récent ne semble pas beaucoup plus vigoureux que les précédents.

On peut alors s'interroger sur l'implication d'une augmentation continue et régulière des gaz à effet de serre liée aux activités humaines. La réponse la plus évidente est que cette incidence n'apparaît pas clairement sur cette figure, si l'on se souvient que la concentration du CO_2 croît, durant la même période, de manière continue et pratiquement linéaire. On peut également s'interroger sur le sens à donner à l'augmentation d'une température globale qui se traduit par un réchauffement de l'hémisphère Nord, alors que l'Antarctique se refroidit.

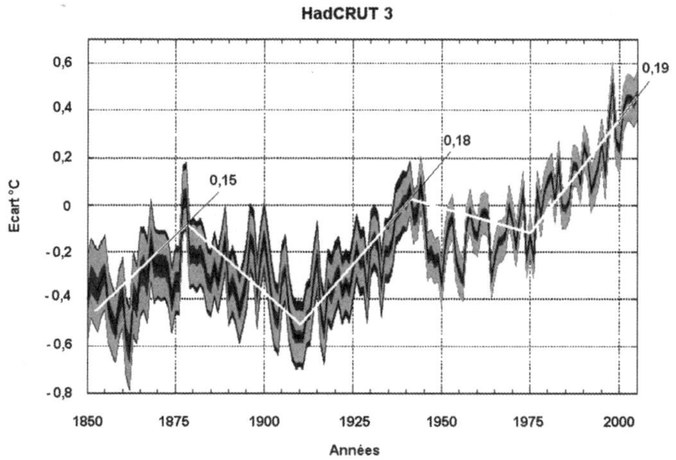

Fig. 6.12. | Évolution de la température depuis 1850. (D'après Brohan et al., 2005.) Les traits blancs épais ont été ajoutés au graphique original pour matérialiser les tendances que l'on peut y relever et qui sont quantifiées en °C / décennie.

Refroidissement antarctique et réchauffement arctique sont illustrés par les figures 6.13 et 6.14, qui donnent les relevés de température dans deux stations typiques, offrant une continuité suffisante des mesures, (plus de trente ans).

Alors que penser de tout ceci ? Sans aucun doute il convient de relativiser toutes ces mesures de température et de se demander si l'importance accordée au réchauffement de l'hémisphère Nord est aussi grande qu'on le dit ou si cette importance n'est pas due, au moins en partie, au leurre constitué par les îlots de chaleur urbains.

Sans doute faut-il aussi se poser la question de savoir si ce réchauffement de l'hémisphère Nord n'est pas la conséquence d'un transfert de chaleur depuis l'hémisphère Sud par la circulation atmosphérique ou les courants océaniques. Beaucoup s'interrogent également quant à l'incidence des phénomènes « El Niño » (voir encadré) sur la température moyenne du globe et se demandent pourquoi l'année 1998 qui a été marquée par un intense phénomène « El Niño » a été aussi chaude. Il n'y a pas de réponses définitives à toutes ces

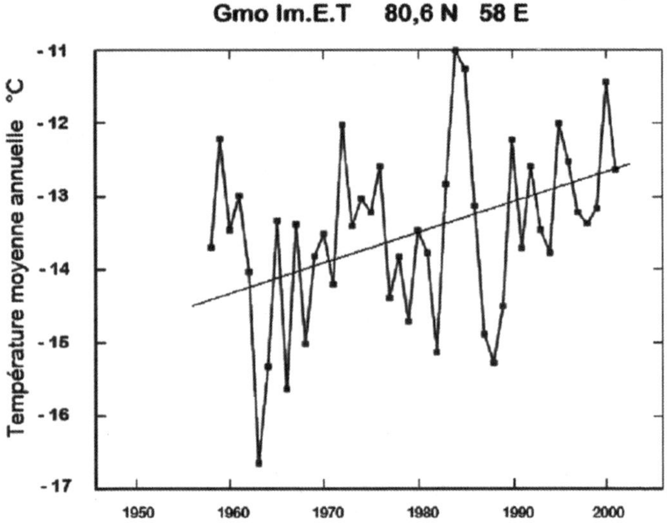

Fig. 6.13. | Relevé de température à la station Gmo, en Arctique.

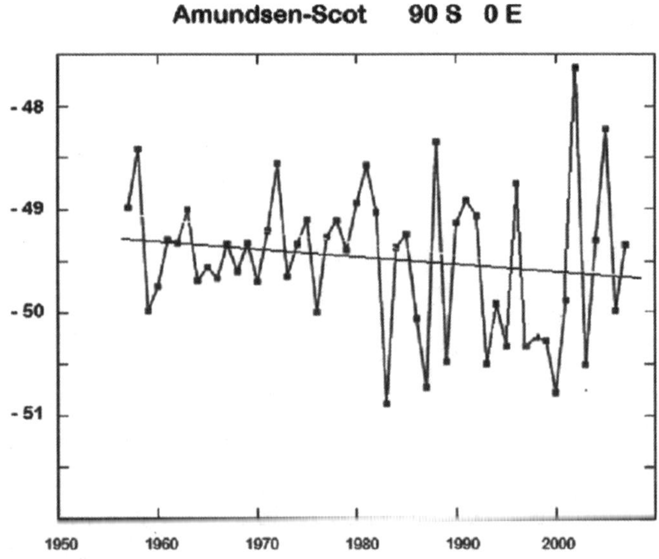

Fig. 6.14. | Relevé de température à la station Amundsen-Scot, en Antarctique.

questions. Nous pouvons néanmoins observer qu'une tendance au réchauffement depuis le petit âge glaciaire existe bien, comme le montre le retrait des glaciers. Mais ce réchauffement est irrégulier dans le temps et dans l'espace et cette irrégularité contredit son attribution à l'accroissement régulier de la concentration du CO_2 atmosphérique. Nous pouvons également retenir, après la lecture du chapitre 5, que la tendance constatée au réchauffement n'est pas, comme l'affirment les alarmistes, « *dramatiquement différente de tout ce qui a pu être observé jusqu'ici* », mais au contraire que l'augmentation de température du XXe siècle s'inscrit dans le cadre de la variabilité naturelle.

Enfin, chacun peut remarquer qu'une variation de température de quelques dixièmes de degrés peut paraître bien faible en regard des différences de plusieurs degrés que nous constatons d'une saison à l'autre, voire d'un jour à l'autre ou, encore plus facilement, entre un décollage hivernal de Paris et l'atterrissage à Nice. Certains s'interrogeront par ailleurs sur la précision étonnante, au dixième de degré, accordée à des mesures dont nous venons de voir le caractère incertain.

Le phénomène ENSO (El Niño Southern Oscillation)

*El Niño, désigne un phénomène océanique local se produisant au large des côtes sud-américaines. Les alizés y entretiennent une remontée d'eaux océaniques froides (*upwelling*) riches en plancton, donc en poissons. Chaque année, un affaiblissement des alizés fait cesser cette remontée vers la fin du mois de décembre et entraîne une migration des poissons. Ce phénomène récurrent qui modifie le courant côtier est connu depuis longtemps des populations locales sous le nom de courant El Niño par référence à l'enfant Jésus dont on célèbre la naissance à Noël. Certaines années, ce phénomène atteint une intensité exceptionnelle et le réchauffement des eaux côtières peut dans ce cas persister au-delà de sa variation saisonnière normale, et s'étendre plus loin vers le Sud (figure 6.15). On parle, par extension, d'années El Niño. Celles-ci se reproduisent à des*

intervalles irréguliers pouvant varier de 2 à 7 ans, le phénomène peut être d'ampleur variable et son déroulement atypique.
*Le phénomène El Niño modifie considérablement l'équilibre océanique et s'accompagne systématiquement de l'effet d'oscillation australe (*Southern Oscillation, *en abrégé ENSO) des variations atmosphériques.*

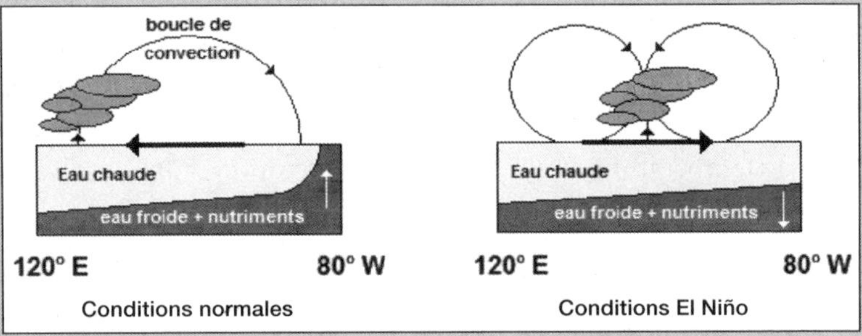

Fig. 6.15. | Le phénomène El Niño.

*En temps normal, il existe une vaste zone de hautes pressions sur le Pacifique sud-ouest tandis que la partie est du Pacifique est recouverte d'une zone de basses pressions. C'est ce gradient de pression qui guide les alizés de l'ouest vers l'est du Pacifique, le long de l'équateur, et entraîne un déplacement des eaux chaudes de l'est vers l'ouest. Une des conséquences est la remontée des eaux froides (*upwelling*) le long des côtes péruviennes. Ces eaux froides sont riches en nutriments et favorisent le développement du plancton et, par voie de conséquence, l'abondance des poissons.*
L'oscillation australe se traduit par le renversement de ce gradient de pressions. L'inversion déplace progressivement une zone de basses pressions centrée habituellement sur l'Australie. Cette zone de basse pression va alors surplomber la partie anormalement chaude de l'océan. Il en résulte de fortes ascendances d'air chaud et humide associées à des pluies qui vont se déplacer vers le centre du Pacifique. Ceci explique la sécheresse en Indonésie et en Australie et les pluies diluviennes qui s'abattent sur les îles du Pacifique central lors d'un événement ENSO.
Les conséquences le long des côtes péruviennes sont évidemment inverses de la normale : il n'y a plus de remontée d'eau froide riche en nutriments... et beaucoup moins de poissons.

Une controverse existe : Le réchauffement climatique global intervient-il dans l'amplitude et la fréquence des événements El Niño, ou El Niño est-il, à l'inverse, une cause du réchauffement climatique ?
Se mêlent au débat scientifique des groupes non spécialistes et la controverse se complique de prises de positions politiques, économiques, écologiques, écologistes...
Les gaz à effet de serre dont l'accroissement dans l'atmosphère est régulier ne peuvent évidemment pas être responsables des phénomènes El Niño, qui sont périodiques et aléatoires.
Le supplément d'énergie qui entraîne des pointes de température moyenne annuelle ne peut avoir comme source que la chaleur latente des océans, ce qui se justifie en prenant en compte la différence des chaleurs spécifiques de l'air et de l'eau et surtout les différences des masses en cause. Il s'agit alors d'un équilibrage interne au système atmosphère-océans qui n'a pas pour cause le « réchauffement climatique ». L'existence des événements ENSO durant des centaines d'années avant le réchauffement climatique semble suffisamment convaincante à cet égard.
Certains attribuent au phénomène El Niño un rôle important sur le climat global. Mais si cette hypothèse s'avérait réaliste, il resterait à expliquer ce qui déclenche un événement El Niño. Or le « pourquoi » des événements El niño reste toujours inexpliqué.

CE QUE L'ON PEUT RETENIR

- *La détermination de la température moyenne globale de notre planète n'est pas une chose aisée.*
- *L'exploitation qui est faite des résultats des mesures thermométriques est l'objet de critiques justifiées.*
- *La tendance au réchauffement depuis le milieu du* XIX*e* *siècle ne semble pas devoir être mise en doute, mais est probablement surévaluée, pour l'hémisphère Nord, en raison du biais des îlots de chaleur urbains.*
- *Les résultats des mesures récentes par satellite sont controversés. Mais ils font de toute manière apparaître des élévations de température inférieures à celles qui sont déduites des mesures thermométriques.*

- *Le réchauffement « global » semble différer selon les hémisphères, alors que le* CO_2 *est uniformément réparti.*
- *La tendance au réchauffement, qui est discontinue, ne semble pas pouvoir être attribuée à la seule augmentation régulière du* CO_2 *atmosphérique.*

7

Les glaces d'aujourd'hui, d'antan et le niveau des mers

Parmi les témoignages du réchauffement en cours, la fonte des glaces et la montée des mers sont le plus souvent citées. La responsabilité des émissions de CO_2 est le plus souvent invoquée. Pourtant, la montée des mers ne date pas de l'industrialisation.

Il est néanmoins légitime de s'interroger pour savoir si nous sommes menacés par une accélération à venir de la fonte des glaces et de la montée des mers. Les alarmistes nous menacent de la submersion de plusieurs régions du monde, dont certaines comptent parmi les plus peuplées. Les chercheurs du laboratoire océanographique britannique Proudman nous font redouter une montée des mers de 1,5 mètres à la fin du siècle. Quant au film « Une vérité qui dérange », il évoque une montée de sept mètres du niveau des mers.

Heureusement, le résumé du GIEC destiné aux décideurs politiques, et approuvé en février 2007 limite sa prévision pour le XXIe siècle à « *une montée du niveau de la mer entre 19 et 58 cm* ». Il ajoute toutefois, pour ne pas se laisser totalement déborder par

Al Gore : « À *très long terme (plusieurs millénaires), on pourrait atteindre des élévations de l'ordre de 7 m à la suite de la fonte du Groenland* ».

LES PRÉVISIONS DU GIEC

La prévision séculaire publiée en février 2007 par le GIEC apparaît, pour la valeur la plus élevée de la montée des mers, soit 58 cm, en retrait sur les prévisions antérieures, qui étaient de 88 cm dans le rapport précédent de 2001 et de 94 cm dans le rapport de 1995. Certains membres du GIEC ont protesté contre cette modération. Mais un plus grand nombre de lecteurs du rapport se sont réjouis de ce progrès des modèles et ont rêvé en espérant que la menace de montée des mers se réduirait dans un prochain rapport aux 10 à 20 cm estimés pour la montée du niveau des mers durant le XXe siècle. Montée qui ne semble avoir gêné personne. D'autres se sont étonnés de cette dissonance avec les précédents rapports.

Le GIEC s'en est expliqué en citant, à l'appui, le rapport scientifique publié en mai 2007[1]. Il relève tout d'abord que les rapports précédents retenait la période 2000-2100, alors que le rapport de 2007 établit une variation entre la période 1980-1999 et la période 2090-2099. Il explique ensuite que l'amplitude plus réduite des prévisions est la conséquence d'un progrès dans l'appréciation des incertitudes. Il attire néanmoins l'attention sur le fait que les modèles utilisés n'ont pas toujours pris en compte l'écoulement plus rapide des glaces, constaté sur les glaciers bordant le Groenland, alors que ces débits d'écoulement pourraient augmenter dans l'avenir. Enfin, il insiste sur le fait que la fusion des glaces et la

1. Le GIEC ne devrait pas s'étonner d'avoir été mal compris puisqu'il a choisi, pour des raisons médiatiques et politiques, de publier le résumé pour décideurs (en février) avant le rapport proprement dit (en mai).

montée des mers se poursuivront bien après 2100, notamment en raison de la fonte possible de l'inlandsis groenlandais et peut-être d'une partie des glaces antarctiques.

Toutes ces remarques étant entendues, il convient de revenir aux données concrètes qui ont été finalement retenues par le GIEC concernant les facteurs responsables de la montée des mers et reportées dans le tableau 7.1.

Tableau 7.1. ***Facteurs responsables de la montée des mers.***

Facteur responsable	Montée du niveau des mers ± mm/an	
	1961-2003	1993-2003
Dilatation	0,42 ± 0,12	1,6 ± 0,5
Fonte des glaces (*glaciers terrestres et glaces périphériques aux calottes*)	0,50 ± 0,18	0,77 ± 0,22
Groenland (*calotte glaciaire*)	0,05 ± 0.12	0,21 ± 0,07
Antarctique (*calotte glaciaire*)	0,14 ± 0,41	0,21 ± 0,35
Total	**1,1 ± 0,5**	**3,1 ± 0,7**

Chacun remarquera la grande indétermination qui concerne certains éléments. En particulier, la fonte des inlandsis arctique et antarctique a une incidence sur la montée des mers dont le signe est indéterminé. En raison de la très grande imprécision de l'estimation, on peut aussi bien conclure que la calotte antarctique contribue à une baisse du niveau des mers qu'à une élévation de ce niveau. On conclura plus rigoureusement que l'incertitude est telle qu'aucune conclusion ne peut être tirée. En complément des données précédentes, le GIEC indique que la montée des mers a été, pour la période 1961-2003, de 1,8 mm/an et pour la décennie 1993-2003 de 3,1 ± 0,7 mm/an. On peut s'interroger sur cette estimation cinquantenaire (1,8 ± 0,5) qui est très supérieure à la somme de ses éléments justificatifs (1,1 ± 0,5), mais surtout on se pose la question de savoir comment on mesure le niveau des mers.

LE NIVEAU DES MERS ET SA MESURE

Dans les cinquantièmes hurlants[2] les récits des navigateurs font état de vagues monstrueuses pouvant dépasser la hauteur d'une maison de cinq étages et dans la baie de Fundy, au Canada, le marnage[3] peut atteindre 18 mètres. Plus généralement, la surface de la mer varie continuellement sous les effets conjugués des vents, des courants, des marées et de la pression atmosphérique.

Jean François Deniau écrivait « la mer est ronde » dans un remarquable ouvrage[4]. Pourtant, la surface de la mer n'est ni plate ni « ronde ». Elle est bosselée ! La différence entre le creux le plus profond et la bosse la plus prononcée dépasse la centaine de mètres[5]. (Les pentes entre creux et bosses peuvent varier de 0,1 m sur une distance de 3 000 km à 1 m sur 100 km.) Bien sûr, ces creux et ces bosses sont faibles en regard du diamètre terrestre. Ils n'empêchent pas notre planète d'apparaître comme une sphère parfaite, vue de loin, depuis l'espace. Mais ils posent problème quant à la définition « du » niveau des mers. Contrairement à ce qu'écrivait Jean François Deniau, la mer n'est pas ronde. Sa surface est celle du géoïde déterminé par la gravité. La pesanteur n'est, en effet, pas invariable en tous points de la surface terrestre[6]. Imaginons qu'on isole une très petite surface des océans dépourvue de marée, de courants, de vagues… et que cette surface, que nous considérerons plane à cette échelle, soit perpendiculaire à la verticale du lieu, telle que la matérialise le fil à plomb. Nous aurons une partie élémentaire du géoïde. Son élévation

2. « Les cinquantièmes hurlants » est le nom attribué aux latitudes situées entre le 50e et 60e parallèle dans la zone de l'océan Austral proche de l'Antarctique et fait référence au climat de cette région : vents violents et mer souvent grosse.

3. Différence entre le niveau de la marée haute et celui de la marée basse.

4. Jean François Deniau, *La mer est ronde*, Le Seuil 1975 et Gallimard 1980.

5. Elle atteint, de fait, 200 m. La surface de l'océan au sud de l'Inde est 200 m plus proche du centre de la Terre que ne l'est la surface de l'océan près de l'Indonésie.

6. La densité de la planète Terre n'est pas constante ; il existe dans le manteau des zones froides denses et des zones chaudes moins denses. Leur répartition commande, avec celle du relief sous-marin, la variation de la gravité.

par rapport au niveau moyen des mers est imposée par la gravité locale. En assemblant, de proche en proche, de très petites surfaces identiques, nous dessinerons le géoïde[7]. La figure 7.1 le représente, en exagérant fortement les creux et les bosses.

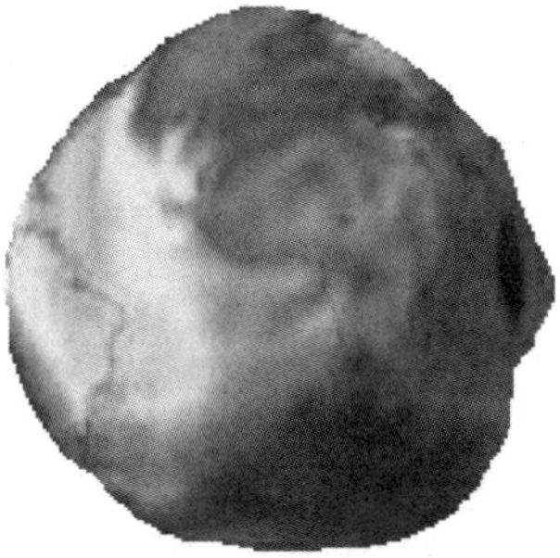

Fig. 7.1. | Le géoïde.

On considère que la surface des mers, sans prendre en compte les variations dynamiques, se confond avec celle du géoïde. Ces creux et bosses sont illustrés par la figure 7.2, établie d'après un relevé de Topex-Poséidon concernant la Méditerranée, qui a été très schématisé.

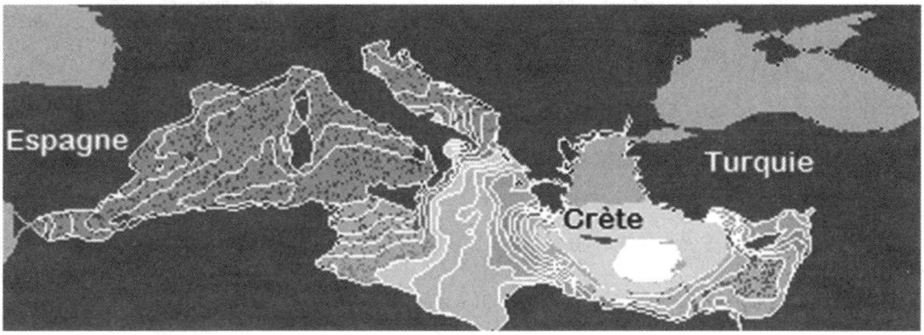

Fig. 7.2. | Relevé schématisé de la surface de la Méditerranée. (D'après Topex-Poséidon.) Celle figure illustre la différence de niveau entre la partie la plus élevée, le long de la côte espagnole (en grisé foncé) et la dépression située au Sud-Est de la Crète (en blanc). La différence de niveau atteint une quarantaine de mètres.

7. Autrement dit, le géoïde est la surface équipotentielle du champ de pesanteur terrestre, ajustée au niveau moyen des mers.

Mais alors, me direz-vous, comment peut-on parler « du » niveau des mers ? Eh bien… en faisant des moyennes et, depuis quelques années, en utilisant les satellites !

En faisant des moyennes sur la durée, on peut espérer effacer les anomalies dues aux vagues, aux variations de la pression atmosphérique et aux marées. En remarquant cependant, concernant ces dernières, qu'il existe une périodicité de 18 ans, redevable à la Lune. En ce qui concerne les courants, les choses se compliquent car leur dessin et leur intensité ont un caractère quasi-chaotique. En revanche, en limitant la durée sur laquelle les moyennes sont déterminées, on peut espérer s'affranchir des modifications tectoniques et de la dérive des continents (modifications qui portent cependant sur quelques centimètres par an pour ce qui concerne la largeur du bassin Atlantique, par exemple). Remarquons au passage qu'il n'est pas possible de parler de niveau moyen des mers sans préciser la durée des relevés.

Heureusement, l'altimétrie spatiale permet théoriquement le relèvement instantané du niveau des mers. Ce dernier est alors déterminé par référence à l'orbite du satellite ; la mesure du temps de parcours d'une onde radar entre l'orbite et l'océan permet de déterminer la distance entre la mer et le satellite. En effectuant la moyenne de très nombreux relevés, on devrait ainsi avoir une bonne approche du niveau moyen des mers.

Tout dépendra de la précision avec laquelle on déterminera l'orbite, et de la qualité des corrections nécessaires. La précision du calcul de l'orbite est de 3 à 4 cm en altitude depuis l'utilisation du programme Topex-Poséïdon, lancé en 1992, la précision des mesures des satellites précédents était considérée comme insuffisante[8]. Les corrections nécessaires sont dues aux facteurs qui peuvent affecter la vitesse de propagation du faisceau radar. Il s'agit notamment :

8. Les précédents étaient Seasat (1978), Geosat (1990), ERS (1991), les suivants sont Jason (2001), Envisat et GRACE.

- de l'ionisation de la haute atmosphère, qui peut entraîner une correction de 1 à 20 cm ;
- de l'humidité atmosphérique, qui peut nécessiter une correction de quelques décimètres ;
- de la pression atmosphérique (une variation d'un hectopascal se traduit par une enfoncement de 1 cm du niveau de l'eau) ;
- de l'amplitude des marées (d'environ 2 m au milieu des océans, elle peut dépasser 10 m près des côtes) ;
- de l'effet de charge lié aux marées, qui peut se traduire par un enfoncement des fonds marins de quelques centimètres.

Ces corrections sont effectuées grâce à l'utilisation d'ondes radars de fréquences différentes, à l'utilisation d'appareils complémentaires embarqués et à l'emploi d'algorithmes déterminés par des modèles[9].

Toutes corrections faites, l'université du Colorado et le CNES publient l'évolution récente du niveau des mers déterminée à partir des relevés altimétriques des satellites Topex-Poséïdon et Jason (figure 7.3) et concluent à une augmentation récente du niveau des mers de 3 mm par an. En précisant, il est vrai, que cette valeur moyenne cache des variations régionales plus complexes. Pour d'importantes régions, la variation se traduit, en effet, par des baisses de niveau.

Certains, en exploitant les mêmes relevés, trouvent des valeurs inférieures ; d'autres se demandent si la fréquence de passage du satellite tous les 10 jours, soit 36 cycles annuels, est suffisante ; d'autres encore contestent la précision des moyennes sur une durée annuelle ; d'autres enfin s'interrogent sur le sens prédictif d'une montée moyenne de 3 mm déterminée sur une durée de 12 années seulement.

9. Voir notamment :
http://olympiades-physique.in2p3.fr/anterieurs/edition-2005/5_Reims_Aral/reims-mer_aral-oceans2005.pdf

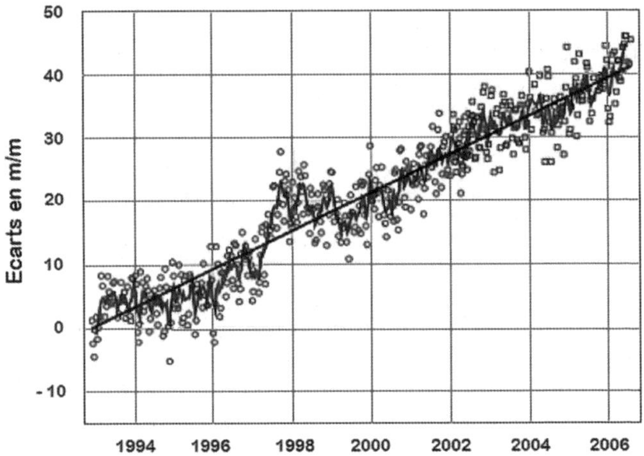

Fig. 7.3. | Élévation du niveau des mers, d'après les relevés des satellites. (D'après Univ. of Colorado 2006_rel2.)

Je pense que vous vous demandez surtout si cette variation se distingue de la variabilité naturelle et, si oui, quelles en seraient les causes ?

Durant la dernière glaciation, le niveau des mers était inférieur de plus de cent mètres au niveau actuel. L'eau était stockée sous forme de glace continentale aux hautes latitudes (chapitre 5). Depuis la fin de la glaciation ou, si l'on préfère, durant l'Holocène, on constate une remontée des mers. Pour les uns, elle a été spasmodique, avec des périodes où le niveau était supérieur à l'actuel (Fairbridge, 1961). Pour les autres (Shepard, 1963) l'augmentation a été continue, avec un ralentissement progressif.

Dans les années soixante, tout le monde admettait que le niveau des différentes mers était identique en tout point du globe, en raison de l'équilibre hydrostatique. Il a été reconnu, plus tard, que la remontée ne s'était pas déroulée uniformément, tant géographiquement que chronologiquement. La chronologie, notamment, porte les traces des réchauffements et des refroidissements tels que l'optimum climatique, les périodes chaudes gallo-romaines et médiévales ou le

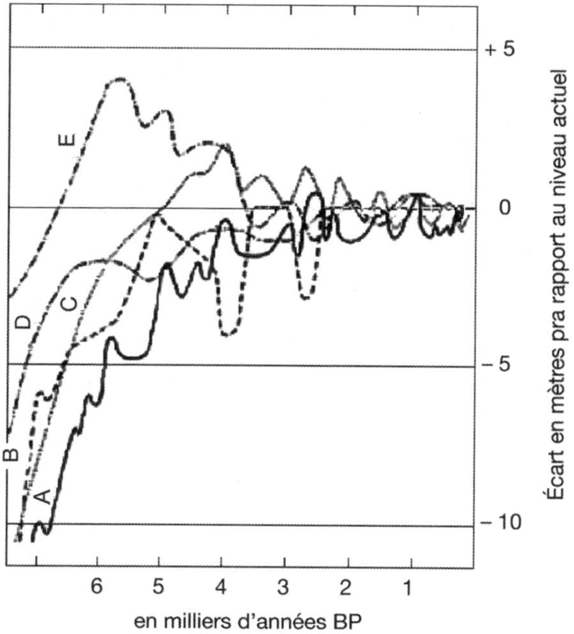

Fig. 7.4. | Courbes de remontée du niveau marin.
Les lettres correspondent à différentes régions du monde, avec A = Nord-Ouest de l'Europe ; B = Brésil ; C = Vietnam ; D = Nord de la Nouvelle Zélande ; E = Japon.
La première partie des courbes peut être interprétée comme le résultat de la fonte des calottes glaciaires, associée à des facteurs régionaux tectoniques et de déformation du géoïde. La seconde partie des courbes témoignerait d'une redistribution inter-régionale des masses d'eau océaniques.

petit âge glaciaire. C'est ce que traduit la figure 7.4, établie d'après une illustration de la thèse de Bérengère Clavé (2007).

Mais le GIEC n'évoque que des variations décennales récentes. Qu'en a-t-il été au XIXe et au XXe siècle ? Les données des satellites ne sont disponibles que depuis un peu plus d'une décennie. Il faut donc nous reporter aux enregistrements des marégraphes.

Comme pour les mesures de température (chapitre 6), les relevés des marégraphes donnent lieu à des conclusions très discutées. D'autant plus que les enregistrements continus depuis le XIXe siècle

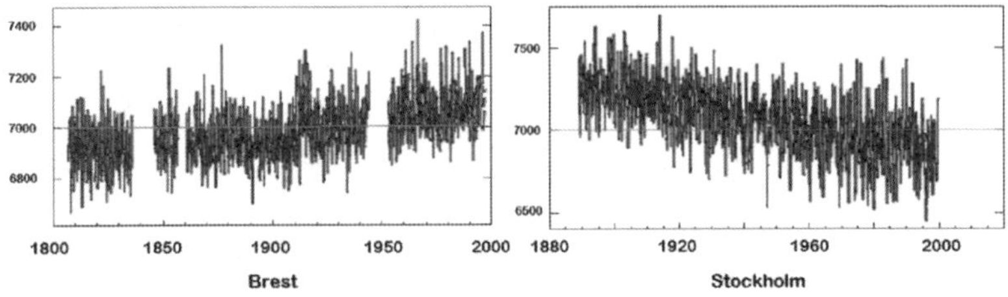

Fig. 7.5. | Enregistrements des marégraphes.

sont rares et qu'ils se situent tous autour de l'Atlantique Nord. Sans entrer dans la controverse, illustrons celle-ci par deux enregistrements (figure 7.5).

Le premier fait apparaître une montée du niveau de la mer, à Brest, d'environ 1 mm par an, le second montre une baisse de 4 mm par an à Stockholm. Ceci peut surprendre, mais est parfaitement compréhensible puisque les marégraphes ont leur référentiel à terre. Si ce référentiel bouge en raison d'un affaissement, par exemple sous le poids de l'édification d'une agglomération à proximité, ou pour des raisons tectoniques (c'est le cas pour Stockholm[10]) le résultat des marégraphes indique les mouvements du sol et pas uniquement ceux du niveau des mers.

Il faut ajouter que la fluctuation du niveau des mers n'est pas uniforme autour du globe. Si l'Atlantique Nord connaît, semble-t-il, une augmentation continue (mais irrégulière) du niveau des mers, dans d'autres régions du monde le niveau baisse ou connaît une élévation très inférieure. C'est notamment le cas pour l'Australie, baignée par trois océans pour lesquels le NTF (*Australian National*

10. L'ensemble de la région était recouvert, il y a 15 000 ans, de plusieurs kilomètres de glace. La glace a fondu rapidement, mais la croûte terrestre ne retrouve sa position initiale (d'avant la glaciation) qu'avec la lenteur propre aux phénomènes tectoniques car le manteau terrestre est très visqueux et transmet lentement à la croûte terrestre les déformations qui l'affectent. Le golfe de Botnie continue de remonter d'1 m par siècle.

Tidal Facility, administration analogue à notre Service hydrographique et océanographique de la Marine, SHOM) ne relève pratiquement pas d'évolution au XXe siècle. L'océan Pacifique Sud ne semble pas avoir été affecté par une montée récente du niveau des mers. Pourtant une polémique, il est vrai peu scientifique mais suffisamment intense[11] pour qu'elle soit mentionnée dans le rapport du GIEC de 2007, s'est développée concernant la montée des eaux autour des atolls de Tuvalu. Le gouvernement de Tuvalu, encouragé et soutenu par Greenpeace, demande réparation de la menace d'inondation qui le concerne aux « *nations responsables du réchauffement climatique* ». Le GIEC prend position en citant Church et al. (2006), qui trouveraient entre 1977 et 2005, après corrections d'affaissement, une montée du niveau de la mer de 2 ± 1,7 mm/an. Cette conclusion, à la précision incertaine, ne se vérifie pas dans les relevés du NTF.

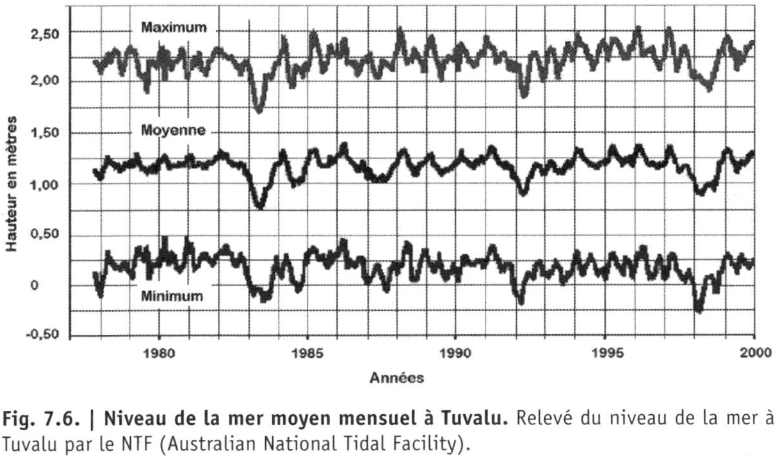

Fig. 7.6. | Niveau de la mer moyen mensuel à Tuvalu. Relevé du niveau de la mer à Tuvalu par le NTF (Australian National Tidal Facility).

En Mars 2002, le NTF concluait : « *Les relevés ne montrent aucune évidence d'une quelconque accélération de la tendance à la hausse du niveau des mers.* »

11. Sans le nommer, le GIEC vise le roman de Michael Crichton « État d'urgence », Robert Lafont, 2006.

RAISONS DES VARIATIONS DU NIVEAU DES MERS

Le rapport du GIEC donne deux explications des variations du niveau des mers : la variation volumique, avec la température, et la fusion des glaces. Il conviendrait d'y ajouter la modification du contenant, c'est-à-dire l'évolution des bassins océaniques. Les fonds marins et les profils côtiers peuvent en effet évoluer en raison du volcanisme, de la sédimentation et de la tectonique des plaques[12]. Cette modification des bassins n'est pas forcément un phénomène de très long terme. Comment expliquer autrement la montée continue des eaux depuis 6 500 ans dans le bassin Atlantique Nord alors que, pour la même période, le niveau des mers baissait dans le Pacifique Sud. Si les atolls du Pacifique culminent à quelques mètres d'altitude, c'est parce que la mer a monté à ce niveau il y a 6 500 ans, puis a baissé pour atteindre son niveau actuel.

Mais limitons-nous à l'examen des deux premières raisons.

Variation volumique avec la température

Connaissant le coefficient de dilatation thermique de l'eau (au dessus de 4 °C), soit $2{,}6 \times 10^{-4}$ °C^{-1}, il est simple de calculer la dilatation d'une colonne d'eau d'une hauteur donnée pour une augmentation de température donnée. Le problème est de savoir quelle hauteur d'eau doit être considérée et, puisque le chauffage se fait par la surface, quel est le gradient de température à prendre en compte. Dans les océans, les eaux profondes sont à une température inférieure à 4 °C. La variation de température entre ces eaux profondes et la surface se fait brutalement dans une zone appelée thermocline. Cette couche de transition rapide se situe à des profondeurs variables en

12. Essentiellement le renouvellement des fonds marins par accrétion liée à l'arrivée de magma et subduction, c'est-à-dire enfoncement des fonds marins sous les plaques continentales.

fonction d'un très grand nombre de facteurs[13], mais on la situe généralement entre 200 et 1 000 mètres.

En retenant cette donnée et en admettant une profondeur moyenne de 600 m pour la thermocline, une augmentation de température de 0,55 °C[14] aurait entraîné une montée des mers de $(600 \times 10^2 \times 2,6 \times 10^{-4} \times 0,55) = 8,58$ cm. Soit un peu moins de 1 mm par an. (Le GIEC retient 0,4 mm/an pour les cinq dernières décennies et 1,6 pour la décennie la plus récente.) Ce calcul de « coin de table » ne peut évidemment donner qu'un ordre de grandeur, en faisant notamment l'hypothèse que l'augmentation de température de surface soit également celle de toute la zone de mélange entre la surface et la thermocline, ce qui est forcément inexact, un gradient devant être pris en compte. J'ajouterais seulement que, pour la majorité des scientifiques, la dilatation de l'eau conséquente du réchauffement est la cause principale de la montée des mers au XXe siècle.

Variation due à la fonte des glaces

La quantité d'eau existant sur Terre peut être considérée comme constante[15]. Cette quantité peut être répartie entre quatre réservoirs : les océans, les glaces, les terres (lacs, fleuves, sols, nappes phréatiques) et l'atmosphère[16].

Les deux premiers sont les plus importants, et leurs échanges peuvent affecter fortement le niveau des mers. Il y a 18 000 ans, lors de la dernière glaciation, le niveau des mers était inférieur de 120 m

13. Lors du phénomène El Niño, la thermocline s'élève dans la partie Est, alors que dans la partie Ouest du Pacifique elle s'abaisse, ce qui se traduit par des eaux plus chaudes en surface.

14. Valeur déterminée entre la décennie 1890-1900 et la décennie 1990-2000, sur la base des relevés publiés par le Goddard Institute de la NASA.

15. La très faible perte par dissociation dans la très haute atmosphère étant compensée par l'apport « d'eau juvénile » depuis le manteau terrestre.

16. Certains y ajoutent quelquefois les organismes vivants car ils interviennent notamment par l'évapotranspiration. Mais du point de vue du niveau des mers, les fluctuations de ce ciinquième réservoir sont négligeables.

au niveau actuel. L'accumulation de glaces continentales aux hautes latitudes en était évidemment responsable, bien que la basse température moyenne des mers ait également apporté sa contribution à la baisse de niveau.

Selon le GIEC, la perte de masse globale (glaciers + inlandsis) est responsable entre 1961 et 2004 d'une montée du niveau des mers de 0,69 mm/an et de 1,19 mm/an entre 1991 et 2004.

Examinons cette estimation plus avant.

La banquise

Rappelons tout d'abord que, contrairement à ce que serinent sottement certains médias, la fonte de la banquise, glace flottante, ne peut évidemment pas influer sur le niveau des mers[17]. Là n'est pas le risque. On pourrait, en revanche, s'alarmer de ce que la fonte de la banquise puisse conduire à une forte modification d'albédo. La surface de la glace réfléchit la plus grande part du rayonnement solaire, alors que la surface de l'eau libre l'absorbe. Plus l'eau libre se substitue à la banquise, plus l'absorption est grande. On a donc là une rétroaction positive qui est appelée « amplification polaire ». Tout ceci n'étant évidemment valable que durant la période où le Soleil brille à l'intérieur du cercle polaire.

Mais revenons à l'évolution des banquises. Il convient d'abord de relever que si, à la fin de l'été (mais pas significativement en hiver), la superficie de la banquise arctique a diminué au cours des deux dernières décennies, il n'en va pas de même pour la banquise antarctique.

Depuis 1978, les radiomètres embarqués à bord de satellites, comme Nimbus 7 et ses successeurs, enregistrent la brillance des

17. Pour ceux qui ne souviendraient pas du principe d'Archimède, rappelons que « tout corps plongé dans un liquide reçoit une poussée de bas en haut égale au poids du liquide déplacé ». Si la glace flotte, c'est qu'elle est moins dense que l'eau ; en fondant elle occupera exactement le volume du liquide déplacé. Aucune modification de niveau de l'eau ne pourra donc être constatée.

zones polaires et peuvent ainsi distinguer la glace de l'eau libre. L'exploitation de ces relevés a permis de déterminer l'extension des banquises. Les figures 7.7 et 7.8, établies à partir de données du *National Snow and Ice Center*[18] montrent l'évolution saisonnière de cette extension. Elles ne doivent pas faire oublier la variation interannuelle qui indique, pour l'arctique, une réduction de l'extension des années récentes par rapport à la moyenne des vingt années précédentes. Alors que, pour l'antarctique, l'extension des années récentes est en très légère progression sur cette moyenne.

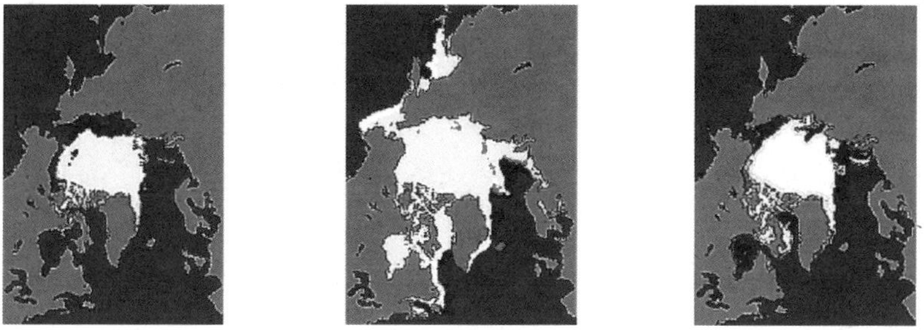

septembre 2006 *mars 2007* *juillet 2007*

Fig. 7.7. | L'Arctique : été, hiver.

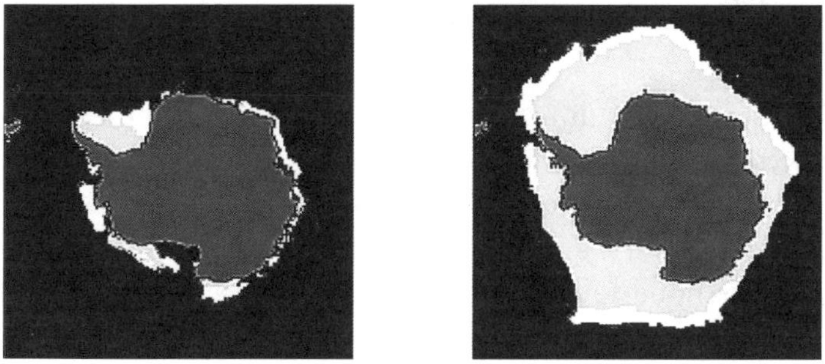

février 2007 *septembre 2007*

Fig. 7.8. | L'Antarctique : été, hiver.

18. Un organisme du NOAA, patronné par la NASA, dont les données sont accessibles sur http://nsidc.org/seaice_index/

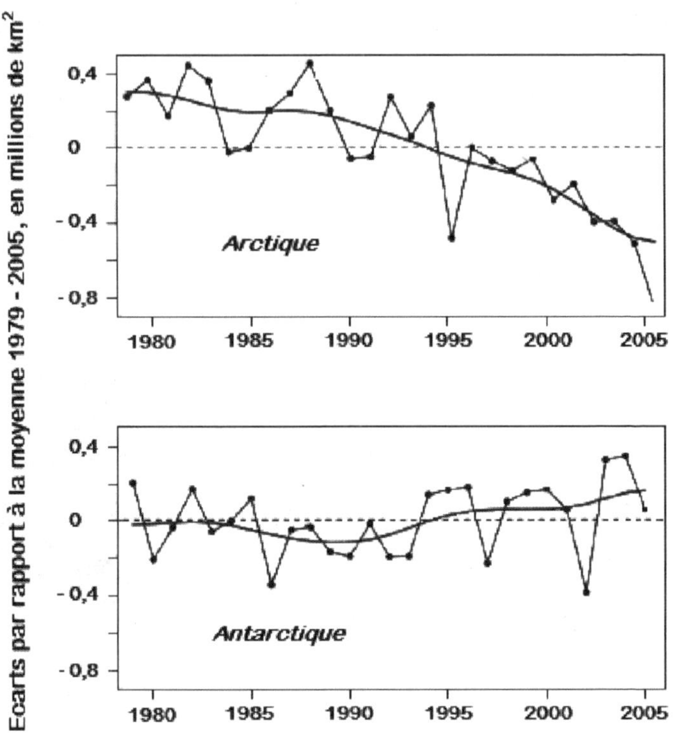

Fig. 7.9. | Évolution de l'extension des banquises. (D'après IPCC 2007 WG1 – AR4.)

Ces tendances différentes pour l'Arctique d'une part et l'Antarctique d'autre part sont confirmées par les deux graphiques de la figure 7.9, repris du rapport scientifique du GIEC de mai 2007.

Le premier graphique de la figure 7.9 représente l'évolution de la banquise arctique, le second celle de la banquise antarctique (mise à jour de Cosimo, 2002). Le GIEC y voit une tendance nette à la décroissance en Arctique et une tendance positive légère, sans signification statistique, pour l'Antarctique (droites en pointillés). J'y vois la confirmation d'une régression continue de la banquise arctique en fin d'été, alors que cette régression n'existe pas en Antarctique. Contrairement à la banquise arctique, la banquise antarctique a connu, selon plusieurs auteurs, une expansion depuis les années 1980 (Parkinson, 2000 ; Parkinson, 2004 ; Yuan et Martison, 2000 ; Zwally et al., 2000, 2005 ; Vinnikov et al., 2006).

L'étendue des banquises a une grande variabilité, évidemment saisonnière mais également inter-annuelle. Il convient donc de considérer avec la plus grande méfiance des images comparant, sans plus de précisions, notamment de dates, deux années souvent choisies intentionnellement.

Faut-il s'inquiéter de la fonte récente de la banquise arctique ?

Il convient de se souvenir que la fonte partielle de la banquise arctique n'est pas chose nouvelle. Si le Suédois Nordenskjöld a découvert en 1879 le passage du Nord-Est et si le Norvégien Amundsen a découvert en 1906 le passage du Nord-Ouest, c'est qu'il existait de l'eau libre de glace. Leurs bateaux, de dimensions très modestes, étaient loin d'être des brise-glaces. Oui, disent les alarmistes, mais la réduction d'extension s'accompagne d'une réduction d'épaisseur de la banquise et « l'amplification polaire » entraînera bientôt sa disparition. Une réduction d'épaisseur de 50 % de la banquise arctique qui serait passée de trois mètres durant la période 1958-1976 à deux mètres pour la période 1993-1997, a en effet fait le tour du monde, tellement elle a été médiatisée. Ce constat, dû à Rothrock (1999) avait pour base l'enregistrements sonar de six sous-marins américains et s'entendait évidemment pour l'Arctique occidental. Toutefois, en utilisant les mêmes données et en y ajoutant trois années d'enregistrements supplémentaires, Winsor (2001) ne retrouva pas une telle diminution et conclut que l'épaisseur de glace était restée sensiblement constante. Holloway et Sue (2002) confirmèrent cette conclusion ; en précisant que l'épaisseur moyenne s'était accrue jusqu'aux années soixante, puis s'était stabilisée et avait décru vers le milieu des années quatre-vingt, sans que l'on puisse dégager une tendance s'étendant sur le demi-siècle. Ils relevaient d'autre part une erreur d'échantillonnage dans l'étude de Rothrock qui, selon eux, limitait, dans cette étude, la réduction de l'épaisseur de glace a une valeur comprise entre 12 et 16 %. De leur côté, Polyakov et son équipe (2003), après avoir étudié l'évolution de l'épaisseur et l'extension de la banquise au nord de la Sibérie, pour l'ensemble du XXe siècle, concluaient : « *Les tendances à long terme sont faibles et généralement insignifiantes d'un point de vue statistique, et les tendances à court terme ne sont pas représentatives.* »

Un événement, également largement diffusé par les médias, a été le détachement, en février 2002, le long de la péninsule antarctique, d'une surface de glace dépassant 3 000 km^2 appartenant à la plate-forme glaciaire flottante Larsen B. Aussi spectaculaire qu'il soit, cet événement n'est pas indicatif d'un réchauffement global de l'Antarctique. Tout au plus pourrait-il être associé à un réchauffement de la péninsule qui, située face au cap Horn, ne représente que 2 % de la surface du continent blanc. Si l'évolution des températures peut commander la fonte des banquises ou leur expansion, les relevés de température confirment un réchauffement récent de l'Arctique et un refroidissement de l'Antarctique. Les graphiques de la figure 7.10, choisis parce que leurs enregistrements remontent au-delà des années soixante, complètent ceux déjà donnés au chapitre 6.

C'est ce que confirment les études couvrant le XXe siècle : les températures les plus chaudes en Arctique ont été observées au cours des années vingt et trente (Dahl-Jensen et al., 1998 ; Przybylak, 2000 ; Polyakov, 2003). C'est ce que confirme aussi un travail reconnu par tous comme très fiable (Vinther et al., 2006). Cette dernière étude permet aux auteurs d'affirmer que les « *deux dernières décennies ne sont pas les plus chaudes en arctique depuis les années trente* »[19].

19. C'est également ce que confirment Hanna et al. (2006) qui précisent que le réchauffement depuis les années soixante-dix reste moins important que celui constaté au cours des années trente et quarante. Le réchauffement brutal des années trente est également confirmé par l'étude de l'évolution des écosystèmes sous-marins (Drinkwater et al., 2006).

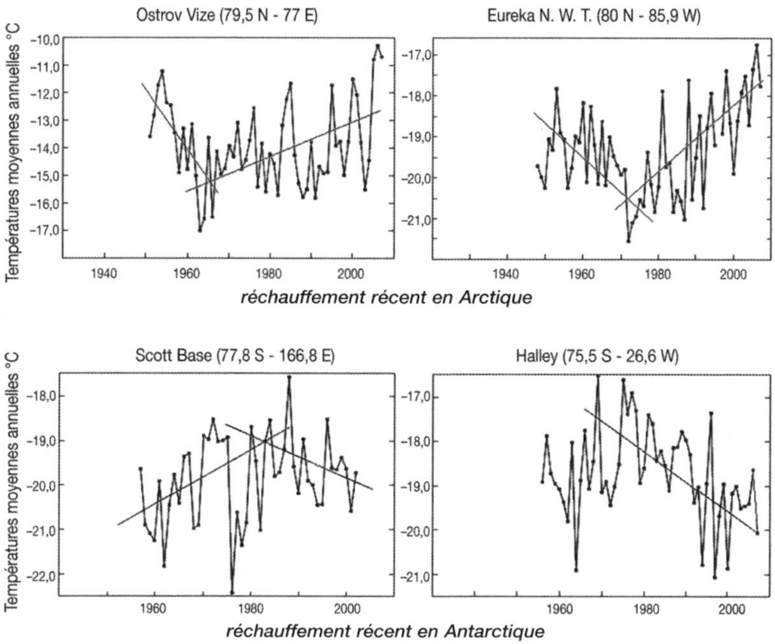

Fig. 7.10. | Évolution des températures en Arctique et Antarctique.
(source : http://data.giss.nasa.gov/gistemp/ ; les droites simulant les tendances ont été ajoutées).

Le refroidissement de l'Antarctique se trouve confirmé par plusieurs études (Comiso, 2000 ; Thompson, 2002 ; Turner, 2005), ainsi que par les relevés de la température atmosphérique par les satellites (figure 7.11).

La fonte de la banquise arctique est souvent présentée comme un recul permanent, voire définitif. Les données du *National Snow and Ice Center* permettent de constater qu'il ne s'agit que d'un recul estival de son extension, la banquise se reconstituant en hiver. De toute manière, la fonte de la banquise ne peut conduire à l'élévation du niveau des mers, tout comme celle des plateformes antarctiques, collées au continent mais flottantes.

Il en irait tout autrement si les inlandsis se mettaient à fondre.

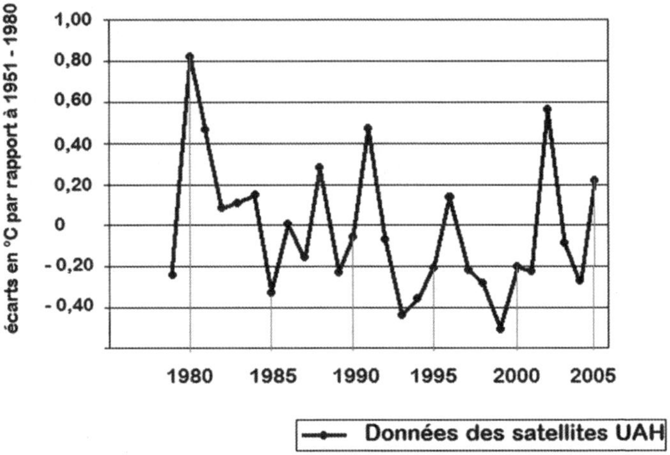

Fig. 7.11. | Température de l'atmosphère au pôle Sud (1979-2005).

Les inlandsis[20]

Le film d'Al Gore se complait à évoquer la fonte de l'inlandsis groenlandais. Cette dernière, si elle était totale, pourrait avoir comme conséquence une montée des mers de 7 mètres. D'autres ajoutent qu'une partie de l'inlandsis occidental antarctique pourrait bien fondre également, ajoutant 6 m au niveau des océans. Le GIEC ne veut pas être en reste, mais il précise toutefois, en utilisant prudemment le conditionnel, que cela prendrait, dans l'hypothèse du maintien du réchauffement actuel, plusieurs millénaires. D'ici là, il se pourrait bien que nous ayons la chance d'entrer dans une nouvelle période glaciaire et d'éviter la fournaise. Mais cette chance, si c'en est une, ce qui n'est pas sûr, peut ne se produire que dans plusieurs milliers d'années. Alors, que faut-il penser de la fonte des inlandsis ?

20. Les inlandsis sont les calottes glaciaires recouvrant les terres polaires. En Arctique, la région polaire est une mer et l'inlandsis considéré est celui recouvrant le sol du Groenland.

J'aurais envie de répondre : elle est possible pour ce qui concerne le Groenland et peu vraisemblable pour ce qui concerne l'Antarctique. En ajoutant que, même pour le Groenland, cette possibilité est le plus souvent déniée. Elle est possible, car lors du dernier interglaciaire le volume de glace groenlandais semble avoir été plus réduit qu'aujourd'hui ; mais il convient de se souvenir que le précédent interglaciaire a été plus chaud que l'actuel (chapitre 5). Elle est possible, mais elle est contestée, car la fonte des glaces, dont il est fait état à grand renfort médiatique, repose essentiellement sur des observations portant sur la dernière décennie[21].

Même si d'autres régions de l'arctique s'échauffent (le Spitzberg par exemple), l'arctique Sibérien serait actuellement en refroidissement (Przybylak, 2002 ; Chylek, 2004). Il est vrai que l'Arctique est une vaste région dont la définition ne fait pas l'objet d'un accord parfait (figure 7.12).

Pour les uns, la limite est fixée par le cercle arctique, parallèle situé à 66°32' de latitude Nord. C'est la limite astronomique. Au Nord de ce cercle, le Soleil ne se couche jamais entre l'équinoxe de printemps et celui d'automne, en raison de l'inclinaison de l'axe de la Terre par rapport au plan de son orbite autour du Soleil. Pour les autres, il convient de retenir la limite climatique. La plus souvent choisie est celle de l'isotherme 10 °C au mois le plus chaud (juillet). La zone ainsi définie est alors plus irrégulière, frôlant les latitudes les plus septentrionales en Europe mais descendant par exemple jusqu'à la latitude 60°N, au-delà du détroit de Béring ou au sud du Groenland. Au centre de l'Arctique se trouve un océan, recouvert d'une banquise quasi-permanente peu épaisse (2 à 3 mètres).

Les variations de température que nous venons d'évoquer ne suffisent pas pour déterminer si la masse d'un glacier diminue ou

21. L'exploitation du système de satellites GRACE ne couvre, elle, que trente-quatre mois.

Fig. 7.12. | Cercle arctique (en noir) et limite climatique (en pointillé).

non. Le bilan de masse des glaciers résulte de la différence entre l'accumulation, liée aux précipitations, et la fonte, liée aux températures.

Rignot and Karagatnam (2006) se sont fondés sur les calculs d'Hanna et al. (2005), effectués d'après des modèles, pour annoncer une diminution de masse du Groenland, en accélération au cours des années récentes. Ils insistent sur l'accroissement de la vitesse d'écoulement des glaciers et l'augmentation de la décharge qui en résulte. Johannessen et ses collègues (2005) en exploitant les relevés altimétriques des satellites ERS, ont conclu avec plus de précision à une augmentation d'épaisseur dans les zones d'altitude supérieures à 1 500 m, accompagnée d'une diminution d'épaisseur pour les zones situées au dessous de 1 500 m, le bilan restant globalement positif. Zwally et al. (2005), en utilisant également les relevés des satellites, constatent également un amincissement aux marges et un développement au centre avec un bilan global très légèrement positif. Avec toutefois des réserves quant à la densité (l'augmentation d'épaisseur est-elle due à de la neige ou de la glace ?). Sur la base des premiers relevés du système de satellites GRACE[22] mis en orbite courant 2002, des publications font état d'une fonte rapide que ne suffit pas à expliquer la décharge élevée constatée pour les glaciers localisés sur la côte centre-est (Velicogna et Wahr, 2006). Une nouvelle exploitation des données de GRACE a heureusement réduit considérablement les premières évaluations et posé la question de savoir si les écarts constatés n'étaient pas à rechercher dans le calibrage incertain du système (Luthcke et al., 2006 ; Howat et al., 2007).

Le GIEC retient, en conclusion, une incidence de l'inlandsis groenlandais sur le niveau des mers de – 0,07 à + 0,17 mm/an pour la période 1961-2003, tout en soulignant le manque de cohérence entre les diverses techniques utilisées, le petit nombre d'estimations et la variabilité inter-annuelle élevée, spécialement en été. Il insiste néanmoins sur ce qui serait une modification récente de la dynamique d'écoulement des glaces, mais en reconnaît la forte variabilité interannuelle.

Le fait que le GIEC mentionne la possibilité d'une incidence négative sur le niveau des mers rejoint d'une certaine manière l'opinion la plus généralement exprimée : l'amincissement marginal du Groenland est compensé par l'accumulation en son centre. Cette opinion est cohérente avec le jugement du bon sens. Au cours d'une période de réchauffement, l'accroissement des températures doit logiquement conduire à une accélération du cycle de l'eau. Et, comme les glaciers ne montent pas jusqu'au ciel, il est normal qu'une

22. Le système GRACE est constitué de deux satellites associés sur une orbite polaire dont l'altitude relative varie avec la gravité de la région survolée. Considérant les masses rocheuses comme constantes, ce système de mesure de la gravité permet théoriquement de déterminer les fluctuations des stocks d'eau, aussi bien dans les glaces que dans les sols.

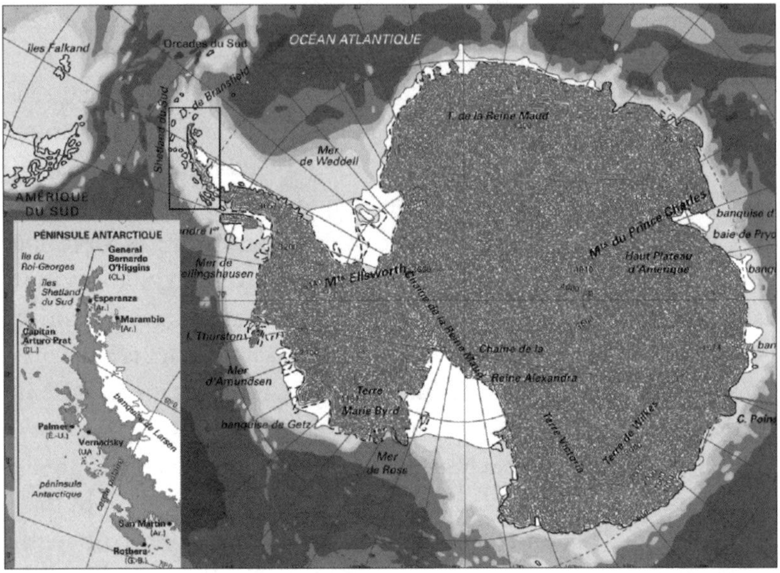

Fig. 7.13. | L'Antarctique et la péninsule.
La péninsule est agrandie dans le rectangle de gauche. Les plateformes de glace flottante sont représentées en blanc.

accumulation sommitale en croissance conduise à l'accroissement de la décharge glaciaire au niveau de la mer.

Tout cela nous rassure, en particulier si nous avons retenu que l'Arctique a déjà, au cours des années trente, connu un réchauffement comparable, voire supérieur à l'actuel. Nous voudrions évidemment obtenir d'aussi bonnes nouvelles pour l'Antarctique.

L'Antarctique (figure 7.13) est un vaste continent (sa surface dépasse 25 fois celle de la France) recouvert de glace, dont la hauteur peut dépasser 4 000 m. L'inlandsis se prolonge en mer par de vastes plateformes de glace flottante dont l'épaisseur peut atteindre 200 m. La plateforme de Larsen, dont une partie s'est détachée en 2002, se situe le long de la péninsule. La banquise est plus ou moins étendue suivant la saison. Sa représentation sur la figure 7.13 correspond à l'extension de la banquise en été. La température moyenne est voisine de – 50 °C au centre du continent, de – 10 °C en bordure des côtes et de – 5 °C dans la péninsule.

Tous les observateurs sont d'accord pour considérer qu'il y a lieu de différencier l'Antarctique Est de l'Antarctique Ouest (intégrant la péninsule), les deux parties étant séparées par la chaîne de la reine Maud. S'agissant des bilans de masse, la plupart des auteurs exploitent, pour les décennies récentes, les relevés altimétriques des satellites. Ils concluent généralement à une augmentation de masse pour la partie Est (la plus importante en volume de glace) et à une fonte partielle dans la partie Ouest (affectant surtout la péninsule).

Les différences des estimations globales portent notamment sur les corrections à apporter pour tenir compte du rebond post glaciaire. (Ce dernier désigne, comme pour la Scandinavie, la lente élévation du continent consécutive à la décharge des glaces depuis la dernière déglaciation.) Pour Davis et al. (2005), le bilan global de la dernière décennie est positif et se traduirait par une baisse du niveau des mers de 1,2 mm/an. Ce que confirment Wingham et al et Van de Berg et al. (2006) avec une estimation toutefois inférieure. Remy et Frezzoti (2006) notent que chaque année 2 200 gigatonnes de neige tombent sur l'antarctique, ce qui correspond à – 6,5 mm du niveau des mers, cette accumulation étant équilibrée par la fonte et la décharge glaciaire. Ils font la remarque qu'un léger déséquilibre peut avoir un impact significatif. Luthcke (2006) trouve une très légère perte globale pouvant entraîner une montée des mers de 0,08 mm/an (quasiment négligeable), ce que confirment Ramilien et al. (2006), tout en faisant remarquer que le rebond post glaciaire intervient pour un ordre de grandeur supérieur à celui de la variation.

Le GIEC préfère retenir les estimations de Rignot et Thomas (2002) et Rignot et al. (2005) qui indiquent une perte nette de glace. Mais le GIEC conclut cependant que la combinaison de ces résultats avec ceux de Davis suggère une évolution des glaces antarctiques très proche de l'équilibre. Le GIEC poursuit en citant les estimations de perte de Velicogna et Wahr (2006) obtenus par exploitation des résultats de GRACE. Ramilien et al. (2006) en exploitant les mêmes résultats parviennent à des estimations moitié moindres. Mais, comme pour le Groenland, ces estimations ne portent que sur une faible durée (27 mois pour l'un, 21 mois pour l'autre) et l'étalonnage du système sur cette très courte période reste discuté. De toute manière, la très forte variabilité annuelle empêche de tirer des conclusions de relevés effectués sur de si courtes périodes.

Tout ceci n'empêche pas le GIEC de prendre en considération, pour les quatre dernières décennies, une responsabilité de la calotte polaire antarctique dans la montée des mers de l'ordre de – 0,27 à + 0,55 mm par an, avec une incertitude trois fois supérieure à la valeur moyenne retenue de + 0,14 mm/an. Le GIEC tente de justifier cette prise en compte, comme celle retenue pour le Groenland, par l'augmentation de la vélocité d'écoulement des glaciers dans les zones périphériques des la calottes glaciaires. Il donne comme exemple le glacier de la baie de l'île du Pin. Pourtant Davis et Ferguson (2004) ont montré que cet accroissement de vitesse se trouvait compensé (et expliqué) par une augmentation de l'accumulation en amont du glacier, et que la balance était voisine de zéro.

Il ressort de tout ce qui précède que les inlandsis peuvent difficilement être accusés d'avoir concouru, au XXe siècle, à une élévation significative du niveau des mers et que si l'Arctique marque une tendance récente au réchauffement, il n'en va pas de même pour l'Antarctique, même si une exception doit être considérée pour la péninsule.

Comme Anny Cazenave (2006) le résume dans un article paru dans la revue *Science* : « *Les résultats des mesures récentes suggèrent que la fusion des glaces polaires n'apporte qu'une faible contribution à l'élévation de niveau de la mer.* »

La réalité semble bien être que depuis dix mille ans le volume des inlandsis arctiques et antarctiques a peut-être subi des variations, mais que celles-ci n'ont eu qu'une amplitude limitée. Ceci signifie évidemment que les précipitations reçues ont été compensées par la décharge des glaciers et par la formation permanente d'icebergs. Pour que la masse reste sensiblement inchangée, il faut évidemment que la décharge corresponde à l'accumulation. Cette décharge se produit par à coups nommés « vêlages » (par analogie avec la parturition de la vache), au cours desquels des blocs de glace de dimensions importantes se détachent brusquement du glacier, éventuellement sous la forme d'une avalanche spectaculaire.

Ce caractère spectaculaire a amené l'UNESCO à inscrire le glacier d'Ilulissat dans le répertoire du patrimoine mondial. Le vêlage de ce glacier atteint plus de 20 millions de mètres cubes chaque année, avec une avancée d'une vingtaine de mètres par jour. C'est sur ce site, qui offre « *un accès facile pour une observation de près du front glaciaire vêlant tandis qu'il tombe en cascade de la nappe de glace dans un fjord encombré de glaces* », que l'on amène les responsables politiques, ce qui a été le cas en 2007 de M. Borloo et de la chancelière allemande Angela Merkel.

M. Borloo s'est émerveillé, poétiquement, des reflets bleutés de la glace vive et a déclaré qu'on ne peut plus nier l'accélération du réchauffement de la planète. C'est oublier que ce site fait l'objet d'une surveillance scientifique depuis 250 ans et que le phénomène de vêlage a toujours existé, même s'il était ignoré des responsables politiques. C'est oublier également que le processus de vêlage, accéléré au cours des années 2004-2005, s'était ralenti au cours des années 2005-2006 comme le montre un article publié par I. R. Howat et al dans la revue *Science* de février 2007. C'est oublier surtout que le glacier d'Ilulissat[23] est le plus véloce au monde avec une décharge journalière spectaculaire de 60 000 tonnes de glace.

On pourrait s'étonner de constater un réchauffement de l'Arctique alors que l'Antarctique refroidit plutôt. Ce phénomène ne semble pourtant pas nouveau. Le rapprochement des carottages glaciaires

23. Ilulissat est une petite agglomération sur la côte ouest du Groenland, proche du glacier dont le nom réel est « Jakobshavn glacier ».

effectués en Antarctique et au Groenland a permis de mettre en évidence de nombreux épisodes durant lesquels le refroidissement de l'un se trouvait associé au réchauffement de l'autre (*EPICA community membres*, 2006). L'hypothèse admise pour expliquer cette « balance des pôles » est que ces épisodes, quelle que soit leur durée et leur amplitude, sont redevables à une modification des courants océaniques entre l'océan circumantarctique et l'Atlantique Nord. Cette « balance des pôles » ou « bascule polaire » est rassurante puisque la fonte de l'Arctique se trouverait ainsi compensée par une accumulation en Antarctique, ce qui n'affecterait bien évidemment pas le niveau des mers.

Il est d'autre part loisible de s'interroger quant à la responsabilité du réchauffement global induit par le CO_2 sur la fonte des glaces en Arctique durant les années récentes. Certes, le *National Snow and Ice Center* fait état de records de fonte de la banquise arctique en 2007 et 2008 (figure 7.14). Les médias et les alarmistes, à l'unisson, en concluent qu'il s'agit là d'un nouveau témoignage du réchauffement global impliquant le CO_2, donc de la responsabilité humaine. Comme nous venons de le voir, le réchauffement « global », qui ne semble pas affecter l'Antarctique en dehors de la péninsule, ne mérite peut-être pas, autant qu'on l'affirme, le qualificatif de « global ». Mais, surtout, si la concentration atmosphérique en CO_2 continue de s'élever, il n'en va pas de même pour la température moyenne globale. Le graphique de la figure 7.15, établi à partir des données numériques disponibles sur le site du *Goddard Institute for Space Studies*[24], montre que, pour les années récentes, la température moyenne mensuelle, lissée sur 24 mois pour effacer les variations saisonnières, a peu varié, sans tendance affirmée pour les cinq dernières années. Les records de fonte de la banquise arctique ne semblent donc pas imputables à l'évolution de la température moyenne globale.

24. http://data.giss.nasa.gov/gistemp/tabledata/GLB.Ts+dSST.txt

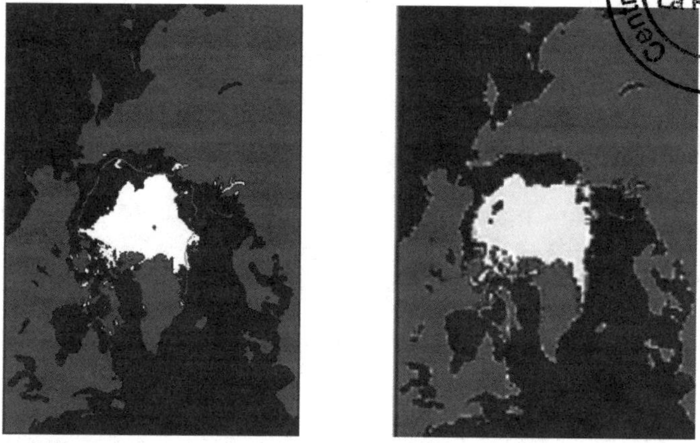

12 septembre 2008 *septembre 2006*

Fig. 7.14. | La banquise arctique en septembre.
À gauche, état de la banquise le 12 septembre 2008, constituant un record de fonte depuis le début des observations satellitaires, en 1979.
À droite, rappel de l'état de la banquise en septembre 2006, intégré dans la figure 7.8.

Alors le réchauffement récent de l'Arctique aurait-il d'autres causes ? Peut-être les mêmes que celles du réchauffement précédent de l'Arctique durant les décennies 1920-1940 (chapitre 6).

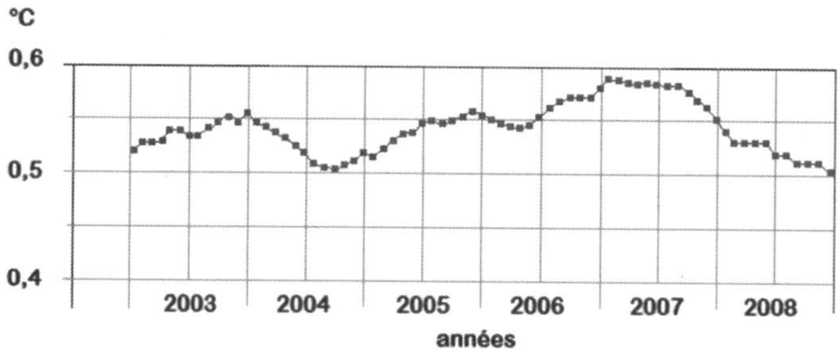

Fig. 7.15. | Anomalie globale de la température moyenne, terres + océans.
Évolution récente de la température moyenne globale (terres et océans). « L'anomalie » est l'écart avec la température moyenne de la période 1951-1980, chaque point est la moyenne de 24 mois.

Les glaciers terrestres

Les glaciers terrestres évoluent, comme les inlandsis, en raison de l'écart entre la fonte, d'une part, et l'accumulation résultant des précipitations, d'autre part. Si ces dernières viennent à manquer en raison d'une modification du régime des pluies, la fonte l'emporte évidemment, sans pour autant qu'une modification de température soit nécessairement intervenue. Il semble que ce soit le cas pour certains glaciers africains et notamment le Ruwenzori et le Kilimandjaro.

Les « photographies chocs » sur le recul de la langue des glaciers alpins, alors que ce qui constitue l'essentiel de la masse du glacier n'est pas visible, auraient pu être prises avant le petit âge glaciaire si l'on avait disposé alors de la photographie. Heureusement, les écrits confirment ces reculs passés, comme le relatent Emmanuel Leroy Ladurie (1983) ou Joseph Vallot (1983).

En fait les glaciers vivent. Du début du XXe siècle à 1941, les glaciers alpins ont peu perdu de leur masse ; de 1941 à 1953 ils ont connu un déficit très important ; entre 1953 et 1981 les bilans de masse sont redevenus positifs en provoquant une ré-avancée des glaciers très notable ; enfin, depuis 1982, les bilans sont redevenus fortement négatifs (Reynaud et Vincent, 2002).

Ceci dit, même si certains glaciers sont en progression, il n'est pas douteux qu'au cours des dernières décennies, les petits glaciers et la partie des grands glaciers située à faible altitude et exposée au Sud aient régressé dans plusieurs régions du monde.

Les petits glaciers (c'est par exemple le cas souvent cité du glacier de Sarennes dans le massif des Grandes Rousses) sont probablement appelés à disparaître, sauf nouveau refroidissement. Mais il faut relativiser et savoir, comme nous le rappelle le glaciologue Robert Vivian (2003), « *que dans l'ensemble des Alpes occidentales, les glaciers dont la surface est inférieure à 10 hectares, comme le glacier de Sarennes, ne représentent que 2,5 % de la surface* [et epsilon en terme de volume !] *du millier de glaciers qui y ont été répertoriés* ».

Alors que faut-il penser lorsque le GIEC considère que la contribution des glaciers terrestres à la montée des mers pour les quatre dernières décennies a été de 0,5 ± 0,17 mm/an ?

On peut penser que cette évaluation est une estimation qui ne permet en rien de préjuger de l'avenir. En 2007, on parle de la « fin des glaciers », mais en 1982, après dix années de crues glaciaires, la question était : allons-nous vers une nouvelle glaciation ?

Ne serait-il pas normal d'attribuer le recul des glaciers à la sortie du petit âge glaciaire, puisque ce qui caractérise le petit âge glaciaire est justement l'avancée des glaciers, plutôt que de l'attribuer à l'augmentation du CO_2 atmosphérique ? La figure 7.16 vous aidera sans doute à vous faire une opinion.

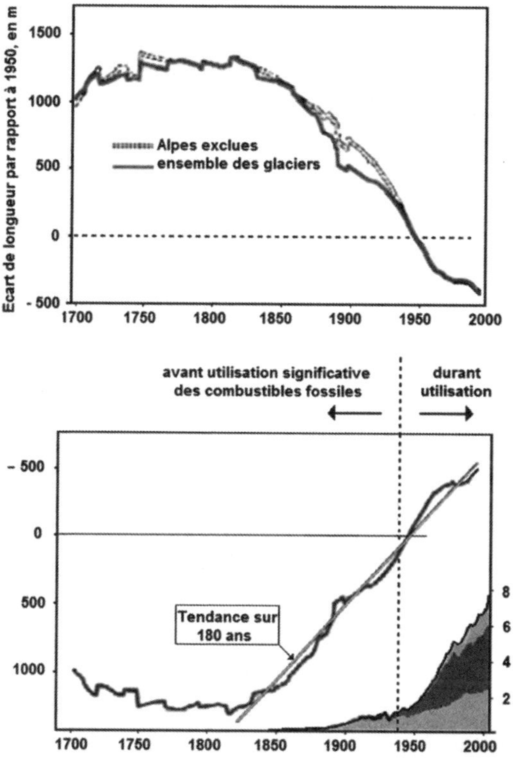

Fig. 7.16. | Tendance de l'évolution des glaciers terrestres (courbe du haut) et consommation de combustibles fossiles (en bas, à droite, en Gt de carbone).

L'évolution des glaciers terrestres illustrée sur la figure 7.16 est due à J. H. Oerlemans (2005). Elle est établie à partir des relevés effectués sur 169 glaciers dans le monde. Elle montre clairement que le recul des glaciers a commencé au milieu du XIXe siècle.

Arthur Robinson et al. (2007) ont repris la courbe établie par J. H. Oerlemans et l'ont comparée avec les émissions de CO_2 conséquentes de l'utilisation des combustibles fossiles. (La courbe du retrait des glaciers a été inversée sur la figure 7.16 pour faciliter la comparaison.) Ces émissions deviennent importantes à partir du milieu du XXe siècle, après la fin de la seconde guerre mondiale. La tendance du retrait des glaciers, déjà établie depuis le milieu du XIXe siècle ne fait que se poursuivre, sans accélération. On ne peut que s'interroger, après examen de la figure 5.16, sur l'attribution du retrait des glaciers à l'augmentation du CO_2.

CE QUE L'ON PEUT RETENIR

- *La mesure « du » niveau des mers n'est pas chose aisée. Les mesures des marégraphes sont contestables, les mesures altimétriques par satellites ne couvrent que la période récente et l'interprétation de leurs résultats n'est pas toujours cohérente.*
- *Le réchauffement induit une montée du niveau moyen des mers. C'est la conséquence de la dilatation des couches superficielles des océans dont l'ordre de grandeur est le millimètre par an.*
- *La contribution de la fonte des glaces à la montée du niveau des mers fait l'objet de nombreux débats, dominés par l'extrême variabilité du climat arctique. La fonte précoce de la banquise Nord et l'importance de cette fonte en fin d'été, aussi spectaculaires qu'elles soient, ne peuvent contribuer à la montée des mers, comme nous l'a si bien expliqué Archimède. Le recul des glaciers terrestres, phénomène récurrent, est avéré mais ne peut avoir qu'une incidence limitée.*
- *La fonte de la banquise arctique ne semble pas être un indicateur ou une conséquence du réchauffement global et n'apparaît pas plus être*

sans précédents. Elle peut encore moins être reliée à l'accroissement du CO_2 atmosphérique.

- *Reste la fonte des inlandsis, pour lesquels les estimations se contredisent. Pour le Groenland, le caractère spectaculaire du vêlage naturel permanent ne constitue évidemment pas une preuve, et l'opinion dominante est celle d'une tendance à l'accroissement de la fonte périphérique, compensée, en grande partie, par un enneigement accru de la partie centrale. Pour l'Antarctique, la tendance la plus généralement admise est le statu quo, avec cependant un refroidissement de la calotte proprement dite.*
- *Le GIEC lui-même admet, sans l'exprimer explicitement, que durant les trente dernières années la contribution de la fonte des inlandsis à la montée des mers est incertaine et pourrait être négative.*
- *Il apparaît que nous sommes fort éloignés de la fonte totale de l'inlandsis groenlandais qui entraînerait, selon le film « Une vérité qui dérange », une montée du niveau des mers de 7 mètres à la fin du prochain siècle. Cette fonte totale ne s'est pas produite au cours du précédent interglaciaire, pourtant souvent plus chaud que l'actuel. D'ailleurs, le GIEC nous rassure, ce qui est inhabituel et mérite d'être noté, en soulignant qu'une fonte totale demanderait des millénaires. Il n'est pas invraisemblable qu'auparavant nous soyons entrés, à regret, dans une nouvelle période d'accumulation des glaces.*

8

Les gaz à effet de serre, le cycle du carbone et Gaïa

Les gaz à effet de serre sont accusés d'être responsables du réchauffement climatique, en cours depuis le milieu du XIXe siècle. Le CO_2, rejeté dans l'atmosphère par la consommation des combustibles fossiles, est le principal accusé. Parmi les contributeurs à l'effet de serre, l'eau, qui n'existe pas seulement sous forme gazeuse dans l'atmosphère, mais sous forme condensée dans les nuages, est souvent oubliée. Il est vrai que son statut est particulier en raison de sa présence atmosphérique sous les trois états, gazeux, liquide et solide. Ce polymorphisme peut faire oublier qu'à l'état vapeur, elle est aussi un gaz à effet de serre. Pourtant, les molécules d'eau ne sont pas moins capables d'absorber le rayonnement infrarouge émis par la surface terrestre que les molécules d'autres composants minoritaires de l'atmosphère, et comme elles sont les plus nombreuses, leur absorption est prépondérante. Tout en omettant l'eau, le protocole de Kyoto recense les différents contributeurs à l'effet de serre. Faisons donc plus ample connaissance avec ces composants, ceux dont on parle beaucoup et ceux dont on parle moins… sans omettre l'eau.

L'EAU

C'est, sous la forme vapeur, le plus important des gaz à effet de serre ! Tant par sa contribution majeure que par sa présence quantitative. La concentration moyenne de l'eau dans l'atmosphère est de 2 500 ppm. Singularité encore, la concentration de l'eau dans l'atmosphère s'exprime en ppm et non en ppmv. Il s'agit bien de parties par million et non de parties par million en volume, puisque l'eau n'existe pas dans l'atmosphère sous la seule forme de vapeur, bien qu'elle soit dominante, mais également sous forme liquide et solide. On préfère généralement parler d'eau précipitable, mesurée en millimètres de hauteur de liquide au niveau du sol. Comme un bar est sensiblement égal à une hauteur de 10 m d'eau, une hauteur précipitable de 25 mm est bien équivalente à 2 500 ppm. La quantification en ppm est souvent préférée à la « hauteur précipitable » car elle permet un rapprochement plus commode avec les concentrations des gaz à effet de serre.

La concentration atmosphérique de l'eau est extrêmement variable. Elle varie d'abord avec l'altitude. L'eau est surtout présente dans les basses couches de l'atmosphère (90 % de l'eau est contenue dans une couche inférieure à 5 000 m et la moitié dans la couche inférieure à 1 500 m). Sa concentration varie fortement suivant le lieu géographique et, en un lieu déterminé, suivant les saisons. Elle peut atteindre 5 000 à 6 000 ppm dans les zones maritimes tropicales et se réduire à 100 ou 200 ppm au centre de l'Antarctique. Si l'on oublie le plus souvent la contribution directe de l'eau à l'effet de serre, curieusement on la fait intervenir dans une boucle de rétroaction positive qui viendrait renforcer l'effet de serre, redevable au seul CO_2. Les médias n'évoquent donc que le CO_2 et sont plus discrets sur les autres gaz à effet de serre, moins connus et moins emblématiques d'une civilisation technologique coupable.

LE MÉTHANE (CH_4)

La concentration atmosphérique du méthane est aujourd'hui inférieure à 2 ppmv. Cette concentration a connu au cours du XXe siècle une forte augmentation. Elle est actuellement 2,5 fois plus importante qu'elle ne l'était il y a 200 ans. Mais elle est stationnaire depuis deux décennies.

L'une des sources permanentes d'émission de méthane dans l'atmosphère est la fermentation microbienne de matière organique en l'absence d'oxygène. C'est ce qui se produit dans les marais et les marécages, mais aussi les rizières et les décharges. Cette fermentation a lieu également dans le système digestif des ruminants et des termites ; les vaches pètent du méthane…

Du méthane se trouve également émis dans l'atmosphère par l'exploitation minière du charbon (grisou) et du pétrole, ainsi que par les fuites dans l'exploitation ou la distribution de gaz naturel[1]. La combustion de la biomasse est aussi une source de méthane, notamment lors du brûlis destiné à l'extension des terres agricoles, en région tropicale. L'estimation de la contribution des activités humaines aux émissions de méthane dans l'atmosphère est proche de la moitié des émissions totales (notamment en raison de l'élevage et du traitement des déchets organiques) dont les émissions industrielles représentent environ 10 %.

Bien que la présence quantitative du méthane dans l'atmosphère soit faible, elle ne peut être ignorée, car le méthane est un gaz à effet de serre beaucoup plus efficace que le CO_2 (environ vingt fois).

On peut en déduire qu'il y a tout intérêt à le transformer en CO_2. Bien que les torchères situées à proximité des puits de pétrole soient un non-sens pour une humanité à la recherche de sources d'énergie, elles sont un moindre mal. Cette conversion en CO_2 se produit aussi, naturellement, dans l'atmosphère, par réaction avec les radicaux libres oxhydriles OH^- ; 70 % du CH_4 injecté dans l'atmosphère serait ainsi rapidement converti en CO_2. Cette réaction a d'ailleurs été invoquée pour expliquer la stagnation depuis vingt ans de la

1. Le gaz que nous utilisons quotidiennement à domicile est du gaz naturel, autrement dit du méthane.

concentration atmosphérique de méthane, mais cette hypothèse ne semble pas avoir convaincu totalement. Cette stagnation et la relative modestie de sa concentration expliquent pourquoi l'on évoque moins souvent, aujourd'hui, la contribution du CH_4 au réchauffement climatique.

Pourtant, périodiquement les alarmistes nous menacent d'une accélération brutale du réchauffement climatique si les clathrates venaient à libérer le méthane qu'ils fixent. Le terme « clathrates » est un terme général pour désigner l'inclusion d'une molécule donnée dans un réseau cristallin. S'agissant des clathrates de méthane, la molécule séquestrée est CH_4 et le réseau cristallin est celui de la glace (eau solide). Pour que des clathrates de méthane puissent se former, il faut donc de basses températures ; il faut également de très fortes pressions.

Ces conditions se rencontrent au fond des mers, sous le permafrost (terre gelée) et dans les calottes glaciaires, à des profondeurs suffisantes dépassant plusieurs centaines de mètres. La décomposition des hydrates de méthane a quelquefois été invoquée pour expliquer, au moins partiellement, la succession des périodes glaciaires et interglaciaires. Mais cette hypothèse n'a finalement pas été retenue. Aujourd'hui, les clathrates de méthane sont considérés comme une source potentielle de gaz naturel – il est vrai difficilement exploitable – et personne ne croit sérieusement à leur décomposition spontanée prochaine.

L'OZONE (O_3)

L'ozone se rencontre à la fois dans la stratosphère et dans la basse atmosphère. L'ozone stratosphérique nous protège du rayonnement solaire ultraviolet, alors que l'ozone troposphérique est un indicateur de pollution. Sa concentration varie fortement avec l'altitude et est maximale entre 25 et 45 km d'altitude[2] où sa formation est due à

2. Improprement appelée « couche d'ozone ».

l'action du rayonnement ultraviolet solaire sur les molécules d'oxygène. À la suite d'un processus catalytique complexe, initié par le rayonnement ultraviolet, l'oxygène diatomique O_2 est transformé en oxygène triatomique O_3 ou ozone. Pour une colonne atmosphérique, la concentration en O_3 est de l'ordre de 3 ppmv.

Dans la basse atmosphère, la concentration moyenne en ozone ne dépasse pas quelques dizaines de parties par milliard (ppbv). L'ozone troposphérique peut être due à des décharges électriques et notamment à la foudre, mais est, pour l'essentiel, redevable indirectement à la pollution des véhicules automobiles. La réaction entre les oxydes d'azote, formés dans les moteurs à explosion, et les composés organiques imbrûlés dans les moteurs conduit finalement à une production d'ozone.

L'absorption du rayonnement infrarouge par l'ozone se produit notamment dans la fenêtre de transparence de l'atmosphère à ce rayonnement (chapitre 1) ; l'ozone pourrait donc avoir une incidence significative sur l'effet de serre, si sa présence quantitative se trouvait augmentée.

Mais l'ozone stratosphérique serait, d'après certains, plutôt en diminution (le trou d'ozone) tandis que la mise en place de pots catalytiques sur les échappements des véhicules limite, parmi d'autres actions, la formation d'ozone troposphérique.

LES OXYDES D'AZOTE

La concentration des oxydes d'azote est de l'ordre de 300 ppbv (parties par milliard en volume). La plus importante contribution est celle du protoxyde d'azote, N_2O, qui provient, pour la plus grande part, de la dégradation de la matière organique azotée dans les sols ou les océans. Il résulte notamment de la transformation des engrais minéraux ainsi que des fumiers, lisiers, etc. La présence d'oxydes d'azote dans l'atmosphère procède également des combustions à température élevée, notamment dans les moteurs à explosion des véhicules automobiles.

La faible concentration atmosphérique des oxydes d'azote ne doit pas conduire à les négliger, car une molécule de protoxyde d'azote est 300 fois plus efficace, quant à l'effet de serre, qu'une molécule de CO_2. Les oxydes d'azote contribuent, par ailleurs, à la formation des pluies acides et c'est une raison suffisante pour chercher à limiter leurs émissions.

LES CHLOROFLUOROCARBURES ET LES FLUOROCARBURES

Les chlorofluorocarbures, plus connus sous l'appellation de CFCs ou fréons, sont des produits de synthèse d'une très grande inertie chimique, ce qui les rend ininflammables, non toxiques et non corrosifs. Ceci assure à leur emploi une grande sécurité qui les a rendus largement utilisés dans la réfrigération, la climatisation, les bombes aérosols, la production des mousses synthétiques employées dans l'isolation thermique, etc.

Mais, ils ont été accusés de détruire l'ozone stratosphérique et, en conséquence, leur fabrication et leur emploi ont été interdits, en 1987, par le protocole de Montréal. Signé initialement par 24 pays, ce protocole l'est aujourd'hui par la quasi-unanimité des nations. Pour cette raison, les CFCs ne figurent pas dans la liste des composés visés par le protocole de Kyoto, bien que la Chine et l'Inde continueront, durant quelques années encore, à en produire.

Ils ont été remplacés par les HFC (hydrofluorocarbures) qui, ne contenant pas de chlore, ne sont pas accusés de détruire l'ozone. Mais ils ont, ainsi que les PFC (perfluorocarbures), une très grande efficacité en terme d'effet de serre. Ils sont de ce point de vue 5 000 à 10 000 fois plus efficaces que le CO_2. Heureusement, leur concentration dans l'atmosphère est inférieure à 1 ppbv (partie par milliard en volume).

L'HEXAFLUORURE DE SOUFRE (SF_6)

Le protocole de Kyoto vise la réduction des émissions de CO_2, de CH_4, de N_2O, de HFC, de PFC et de SF_6.

Cette dernière molécule est utilisée, en faibles quantités, dans la fabrication d'appareillage électrique haute tension ainsi que dans l'industrie des semi-conducteurs et la production du magnésium. Son emploi, quantitativement très réduit, fait que sa concentration dans l'atmosphère est négligeable. Mais son efficacité en terme d'effet de serre est redoutable (20 000 fois[3] celle du CO_2) et sa durée de vie est très longue. C'est pourquoi il figure dans le protocole de Kyoto.

LE GAZ CARBONIQUE (CO_2)

C'est le principal accusé et le seul dont les médias nous répètent les méfaits, le plus souvent futurs, à longueur de journée. Je vais donc en parler plus longuement.

Évolution du CO_2 atmosphérique

Le GIEC nous dit que la concentration du CO_2 dans l'atmosphère croît rapidement, qu'elle n'a jamais été aussi élevée depuis 800 000 ans et qu'elle va continuer de croître avec l'augmentation prévisible des émissions d'origine humaine, si rien n'est fait pour les limiter.

L'évolution, pour les cinquante dernières années, prête peu à discussion, mais il n'en va pas de même pour les quelques centaines de milliers d'années qui nous précèdent. Prudemment, parlons d'abord d'un passé encore plus lointain, se comptant en millions d'années. Le graphique de la figure 8.1, retrace l'évolution du CO_2 atmosphérique au cours des 500 derniers millions d'années. Il est dû à Mikhaill Budyko (1962) qui a relié, au terme de calculs complexes, la masse des roches volcaniques expulsée durant les différents âges

3. Le trifluorure d'azote (NF_3) utilisé dans la fabrication des cristaux liquides approche cette efficacité ($CO_2 \times 17\,000$), mais sa concentration dans l'atmosphère est négligeable (0,45 ppt – parties par trillions), même si des performances analytiques remarquables permettent d'attester que cette concentration a doublé depuis une décennie. Le NF_3 remplace d'ailleurs l'emploi des perfluorocarbones qui étaient déjà de redoutables gaz à effet de serre ($CO_2 \times 10\,000$).

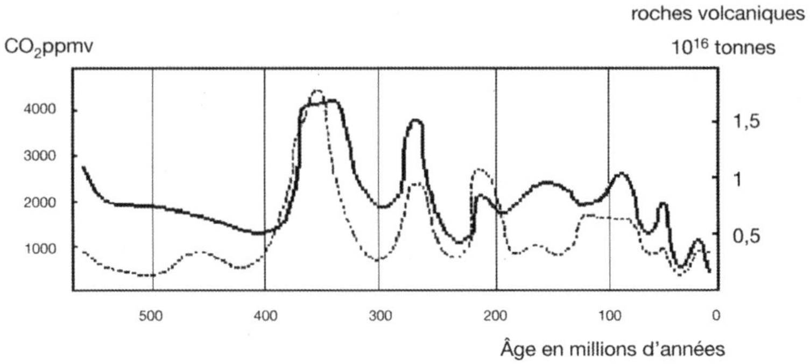

Fig. 8.1. | Évolution du CO2 atmosphérique.
La courbe en trait plein donne la concentration en CO_2, la courbe en trait discontinu donne la masse de roches éruptives produite par l'activité volcanique.

géologiques, la masse de CO_2 correspondante et la teneur en CO_2 de l'atmosphère liée à l'activité volcanique.

L'époque actuelle connaît une activité volcanique extrêmement réduite par rapport au passé et l'on peut constater que la valeur de la concentration en gaz carbonique de l'atmosphère n'a jamais été aussi faible qu'à notre époque. Il y a plus de 65 millions d'années, les dinosaures se déplaçaient au sein d'une végétation luxuriante, le CO_2 atmosphérique était alors trois fois plus abondant qu'aujourd'hui et la température sensiblement plus élevée.

Qu'en est-il pour des périodes plus récentes ?

Le GIEC considère que nous sommes passés d'une période préindustrielle où le CO_2 était stable à une période où les émissions dues à l'activité humaine, notamment celles résultant de l'utilisation des combustibles fossiles, amènent la concentration atmosphérique à une valeur jamais atteinte depuis 800 000 ans. Le GIEC fonde cette affirmation sur les analyses effectuées sur les carottes glaciaires arctiques et antarctiques. La glace accumulée au Groenland et sur le continent antarctique a, en se formant, emprisonné de l'air et doit donc pouvoir révéler tout à la fois la température qui régnait à l'époque et la composition de l'atmosphère. Le chapitre 6 décrit comment les archives glaciaires ont été utilisées pour retrouver les climats passés, en exploitant les variations de composition isotopique de l'hydrogène et de l'oxygène. L'idée d'utiliser ces mêmes archives pour connaître simultanément les variations passées de la température et la composition de l'atmosphère est extrêmement séduisante. Elle a enthousiasmé les glaciologues, puis les climatologues.

Les isotopes, s'ils ont les mêmes propriétés chimiques, n'ont pas les mêmes propriétés physiques, mais il est cependant difficile de séparer ces frères jumeaux. Il est donc admissible de considérer que leur proportion reste quasi-invariable, quoi qu'il leur arrive, dans la glace, et que cette proportion puisse donc valablement témoigner des températures passées. Mais en va-t-il de même pour la proportion du CO_2 ou d'autres gaz minoritaires dans l'air ?

Certains expriment des doutes à ce sujet. Azote, oxygène, eau, poussières et CO_2 ne sont pas des jumeaux. Or l'histoire d'une bulle d'air emprisonnée dans la glace est beaucoup plus complexe qu'il n'y paraît. Des réactions chimiques, même très lentes, ne sont pas impossibles au long de dizaines de milliers d'années.

D'abord, l'air se trouve mélangé à la neige qui va se tasser peu à peu, se densifier et n'atteindra la densité de la glace que sous une pression suffisante. À ce moment seulement, les derniers canaux ouverts vont se fermer emprisonnant définitivement l'air présent. Ceci ne se produira qu'à plusieurs dizaines de mètres de profondeur et, traduit en durée, dépendra des caractéristiques du site et, notamment, de l'accumulation annuelle de neige. La fermeture totale des pores pourra ainsi demander des dizaines ou des centaines d'années. Durant tout ce temps, sous l'influence turbulente des vents, des échanges vont avoir lieu dans les couches supérieures encore très poreuses. Dans le même temps, en raison de la gravité et du gradient de température entre la surface et la zone de transition névé-glace, un fractionnement des composants par diffusion au travers de la porosité tortueuse du névé va également se produire. Puis l'air, une fois occlus, va séjourner dans sa prison de glace durant des dizaines de milliers d'années. Des réactions vont se produire, et notamment des clathrates[4] vont se former et vont emprisonner solidement les molécules de CO_2 au sein d'une cage de cristaux de glace. L'aventure se poursuivra lors du carottage de la glace. Il s'agit là d'une manœuvre qui provoque une décompression brutale et une fissuration visible de la glace. Qu'adviendra-t-il alors des clathrates ? Peuvent-ils se décomposer, en conséquence de cette brutale décompression, et certains composants ne peuvent-ils pas s'échapper de manière différentielle dans le liquide de forage ?

L'aventure ne se termine pas là ; il faut encore procéder à l'extraction sous vide des gaz contenus dans la glace finement broyée après avoir recueilli les gaz échappés durant le broyage, tout ceci étant réalisé à basse température pour s'assurer que la glace ne passe jamais à l'état liquide. Il faudra ensuite procéder aux analyses par absorption infrarouge ou d'autres méthodes. Il faudra enfin exploiter les résultats bruts des analyses précédentes en apportant des corrections diverses et variées, pour tenir compte des phénomènes survenus tout au long de la vie des bulles et de leur extraction.

Est-on sûr que l'intégralité des clathrates est détruite sans perte de CO_2 ? Les spécialistes du laboratoire de glaciologie et de géophysique de l'environnement à Grenoble (CNRS) nous l'assurent. Zbigniew Jaworowski (1992) (2007) en doute au contraire et pense que la composition originelle de l'atmosphère n'est pas préservée dans les gaz extraits des carottes. Il faut convenir qu'un certain nombre de faits sont troublants et que l'apparente simplicité de la consultation des archives glaciaires disparaît dès lors que l'on examine les choses plus en détail.

D'abord, l'âge des gaz extraits n'est pas celui de la glace. En raison du temps nécessaire à la fermeture de la porosité du névé et de la diffusion, l'âge des gaz occlus diffère de celui de la glace. Le bon sens

4. La quasi-totalité des gaz peut être transformée en clathrates, les bulles disparaissent et la glace devient translucide.

conduit à supposer que les gaz occlus sont en réalité un mélange des airs renouvelés avant l'occlusion définitive et qu'en fait ils n'ont pas d'âge mais un âge moyen. Âge moyen qui pourrait résulter d'une pondération des années écoulées entre le dépôt de la neige et la fermeture complète de la porosité. C'est-à-dire un âge compris entre 0 et quelques centaines d'années. Il y aurait donc un lissage des âges de l'air et par voie de conséquence un lissage des concentrations de CO_2. Ce lissage expliquerait, en partie, la relative monotonie de la concentration en CO_2 durant de très longues périodes de temps et, au passage, nous interpelle quant à l'attribution, par prélèvement dans le névé, d'une concentration précise en CO_2 pour les années écoulées depuis le milieu du XXe siècle.

Le bon sens ne suit plus lorsque l'on parle de décalage des âges s'exprimant en milliers d'années. La compréhension devient difficile lorsque, pour le forage Siple en Antarctique, après avoir appris de Neftel (1994) que l'âge de l'air occlus à 180 m de profondeur est de 200 ans, on apprend de Blunier et al. (2000, 2001) que le décalage, à cette même profondeur est en réalité de 2 000 ans. Ou lorsque Jean Marc Barnola (1991) nous confirme que les bulles d'air sont plus jeunes que la glace qui les entoure et que la différence d'âge peut varier de 100 à 6 000 ans selon les caractéristiques du site. L'importance des décalages dont il est question laisse songeur.

De mauvais esprits prétendent que ces décalages ont surtout comme justification d'autoriser le raccordement entre les données des différentes sources, sédimentaires ou glaciaires, et notamment de ces dernières avec la série des analyses récentes. D'autres mauvais esprits s'étonnent que durant les 800 000 ans que couvrent les archives glaciaires, aucune valeur publiée ne dépasse 290 ppmv, la sacro-sainte valeur de référence des alarmistes depuis Callendar (1938). La concentration en CO_2 s'avère non seulement lissée comme nous venons de le voir mais d'une monotonie surprenante (entre 180 et 290 ppmv) durant des centaines de milliers d'années. Durant ces centaines de milliers d'années, des périodes glaciaires et interglaciaires se sont succédé, chacune comportant des épisodes chauds ou froids alternant avec une grande rapidité. Par exemple, des épisodes chauds ont constitué des faits marquants de l'Éémien, il y a environ 120 000 ans, alors que les enregistrements de CO_2 publiés demeurent imperturbables. Cette monotonie troublante est d'ailleurs contredite par les études effectuées par les paléo-écologues, telles que l'étude de Friederike Wagner (2002, 2004) sur les stomates des feuilles de bouleaux au Danemark, pour la période voisine de l'optimum climatique. Les stomates sont les cellules spécialisées réparties à la surface des feuilles qui, par leur nombre, permettent une diffusion rapide du CO_2 entre le milieu extérieur et le milieu intérieur. Lorsque la teneur en CO_2 est élevée, le nombre des stomates nécessaires diminue et réciproquement (figure 8.2).

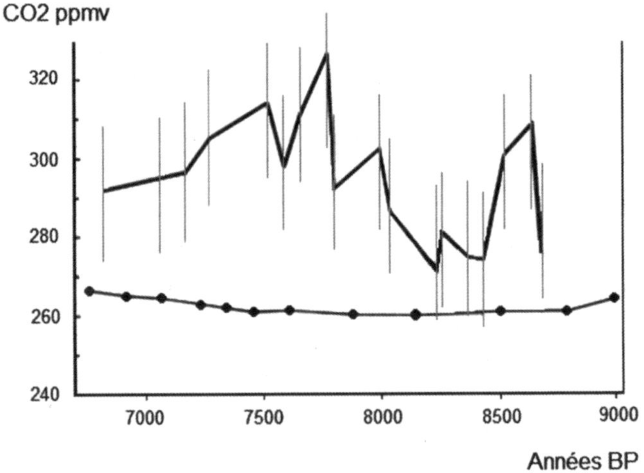

Fig. 8.2. | Évolution CO_2 ex stomates et ex carottes glaciaires.
F. Wagner, B. Aaby et H. Visscher ont étalonné l'évolution du nombre des stomates en fonction de la concentration atmosphérique de CO_2 sur la base de données récentes. Ils ont ensuite déduit, par la relation inverse, les concentrations de CO_2 du comptage des stomates sur les feuilles fossiles de bouleaux, par ailleurs bien datées au ^{14}C. La courbe obtenue, en trait noir épais, tranche sur la monotonie de la courbe inférieure ponctuée, établie d'après les carottes de glace du Taylor Dôme.

Le trouble s'accroît lorsque l'on constate que des valeurs supérieures à celles qui sont publiées à partir des mesures sur carottes glaciaires ont été éliminées. Ces valeurs ont été considérées comme des artefacts. Les mesures réalisées au Groenland ne sont pas retenues car elles auraient été faussées par la formation in situ de CO_2 non atmosphérique, à partir des carbonates entraînés dans la glace. D'autres le seraient en raison de la formation de CO_2 non atmosphérique par oxydation de composés organiques. Les variations constatées dans les différents carottages du Groenland faisaient apparaître des fluctuations du CO_2 de 50 à plus de 100 ppmv, et il est regrettable que les mesures groenlandaises aient été rejetées parce qu'elles ne se trouvaient pas confirmées en Antarctique, alors que la précision est beaucoup plus importante au Groenland qu'à Vostok (en raison d'une accumulation annuelle de neige beaucoup plus importante au Groenland). Bref, les valeurs élevées de CO_2 dans les glaces ne seraient que des artefacts et ne sont pas publiées. Pourtant des valeurs supérieures aux concentrations actuelles ont été mesurées. Par exemple, des valeurs supérieures à 450 ppm sont listées, aux environs de 140 000 ans BP, dans une pré-publication de mesures effectuées en Antarctique. Il est vrai que les auteurs précisent que les mesures postérieures à 97 000 ans n'ont pas été « traitées » et que, de toute manière, ils interdisent la publication de ces résultats sans leur autorisation. Dans l'article final, les auteurs se limitent aux 40 000 premières années et ces valeurs n'apparaissent évidemment pas. Comme les mesures obtenues du forage GISP2 ne sont pas soumises à imprimatur, en voici des exemples. Bien que ces valeurs soient moins surprenantes que les précédentes, elles sont néanmoins supérieures aux valeurs officielles publiées à partir des carottages glaciaires (tableau page suivante).

Si les alarmistes ne se réfèrent qu'aux résultats d'analyses obtenus à partir des carottages glaciaires, épurés de leurs « artefacts », serait-ce pour prouver que des concentrations, supérieures à l'actuelle, n'ont jamais existé ?

Profondeur en mètres	CO_2 ppmv	Profondeur en mètres	CO_2 ppmv
1 631,130	306,8	1 650,020	301,3
1 634,020	**320,9**	1 652,020	267,9
1 637,030	**324,8**	1 658,030	270,1
1 640,030	**322,4**	1 660,020	288,9
1 646,050	302,0	1 662,020	**315,7**
1 649,020	283,9	1 664,020	**327,1**

Il existe pourtant de très nombreuses mesures directes antérieures à celles de Mauna Loa. Très récemment, Ernst Beck (2007), au terme d'un effort de compilation considérable, a recensé plus de 90 000 mesures de CO_2 dans l'air, effectuées depuis 1862 par de très nombreux scientifiques de renom. Ces mesures, selon Beck, font apparaître trois pics aux environs de 1825, 1857 et 1942 qu'il oppose à la courbe très progressive largement diffusée par le GIEC. L'interprétation de Beck est très critiquée et je ne retiendrai que le fait que sa publication réunit de manière quasi-exhaustive les mesures effectuées dans le passé et que beaucoup de ces mesures dépassent le niveau actuel.

Comme chaque fois que le dogme en vigueur est mis en cause, le déchaînement des critiques atteint une rare violence. Non seulement Beck a été taxé d'incompétence, mais les mesures publiées ont été jugées non crédibles. Elles ont été ridiculisées en indiquant, par exemple, que si des prélèvements étaient effectués place de la Concorde on trouverait sans doute également des valeurs très élevées.

Parodiant ces critiques, on pourrait faire remarquer que le choix du site de Mauna Loa (Hawaï) pour la mesure continue de la concentration du CO_2 atmosphérique peut étonner. Ce site, choisi pour son éloignement de toute pollution, n'en comporte pas moins le voisinage de trois volcans en activité. Il est vrai que cette réalité est prise en compte par les responsables des mesures, qui éliminent soigneusement de l'enregistrement continu les variations subites, attribuées aux émissions des volcans voisins. Par ailleurs, les mesures de Mauna Loa sont confirmées par celles effectuées dans d'autres régions du monde et personne ne met en doute ces mesures. Elles montrent d'ailleurs clairement la succession des saisons, prouvant ainsi leur sensibilité, et conduisent au graphique de la figure 8.3 sur lequel la tendance, quasi-linéaire depuis les années quatre-vingt, de l'accroissement récent du CO_2 atmosphérique ne laisse pas de doutes.

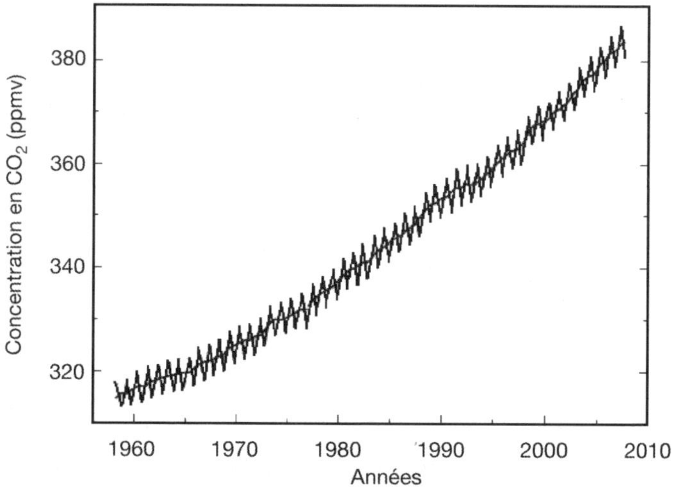

Fig. 8.3. | Concentration atmosphérique en CO2 à Mauna Loa.
Évolution de la concentration en CO_2 (pour la période 1958-1974 : Scripp Inst. of Oceanography ; pour la période 1974-2007 : NOAA-ESRL).

En revanche, il n'est pas inutile de rappeler que des valeurs de même niveau que celles relevées par Beck l'ont également été par Callendar. Callendar, météorologue amateur, n'était pas plus que Beck un spécialiste patenté. Mais, à la différence de Beck, il était un précurseur clairvoyant de la théorie de la responsabilité de l'homme sur le réchauffement climatique. La sélection « très orientée » de mesures qu'il présenta en 1938 devant la *Royal Meteorological Society* fut très critiquée, car elle privilégiait certains résultats aux dépens d'autres.

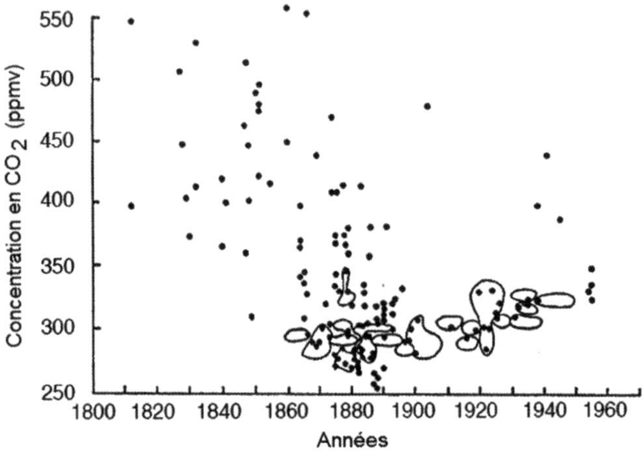

Fig. 8.4. | Les valeurs de la concentration en CO_2 retenues par Callendar ont été cerclées par Fonselius et al.

Cette sélection biaisée a été mise en évidence par Fonselius et al. (1956) (figure 8.4).

Les autres valeurs ont été rejetées par Callendar sans justification, vraisemblablement parce qu'elles ne concourraient pas à la thèse qu'il défendait : que l'augmentation du CO_2 de 274 ppmv en 1880 à 325 ppmv en 1935, due aux activités humaines, avait entraîné une élévation de température de 0,33 °C.

Ceci dit, tout le monde s'accorde pour considérer que le CO_2 augmente dans l'atmosphère, au moins depuis les mesures effectuées depuis 1958 à Mauna Loa. Bien que l'on ne retrouve dans l'atmosphère qu'un peu moins de la moitié des quantités émises à partir des combustibles fossiles, personne ne doute que l'augmentation du CO_2 atmosphérique ne soit la conséquence des activités humaines.

L'affirmation que le niveau actuel n'a jamais été atteint au cours des 800 000 années précédentes laisse toutefois plus perplexe.

Quant à l'évolution à venir, la figure 8 5, établie à partir des valeurs publiées par le NOAA, maintenant responsable des mesures effectuées à Mauna Loa, fait apparaître une croissance moyenne annuelle de 1,7 ppmv pour les deux dernières décennies et de 2 ppmv depuis le début du siècle en cours. À ce dernier rythme, le doublement de la valeur « préindustrielle » de 280 ppmv, soit 560 ppmv, serait atteint à la fin du siècle en cours.

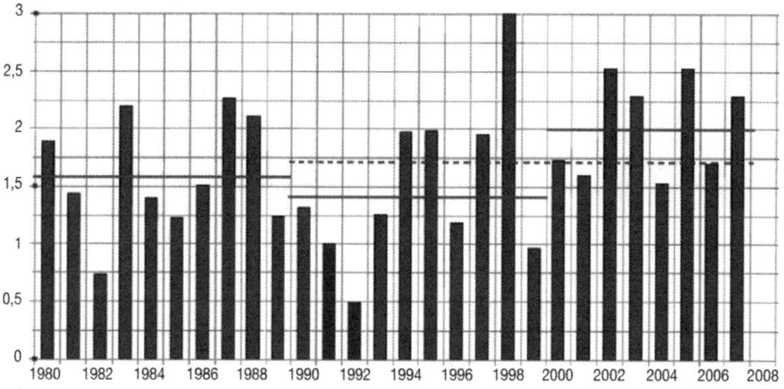

Fig. 8.5. | Accroissement annuel du CO_2 atmosphérique à Mauna Loa.
L'incrément annuel, en ppmv, de la concentration atmosphérique en CO_2 figure en ordonnées. Les valeurs numériques sont celles éditées par NOAA[5].

LE CYCLE DU CARBONE

La concentration atmosphérique en CO_2 résulte d'un équilibre entre les émissions de diverses sources et les absorptions par différents processus. La figure 8.6 schématise l'ensemble des échanges annuels estimés entre les différents réservoirs de carbone que sont l'atmosphère, la biosphère, les océans et la lithosphère. Le contenu des réservoirs et certains échanges ne peuvent s'exprimer sous forme de CO_2 ; c'est par exemple le cas du calcaire sédimentaire et des combustibles fossiles. Pour cette raison, les échanges sont traduits en

5. http://www.esrl.noaa.gov/gmd/ccgg/trends/

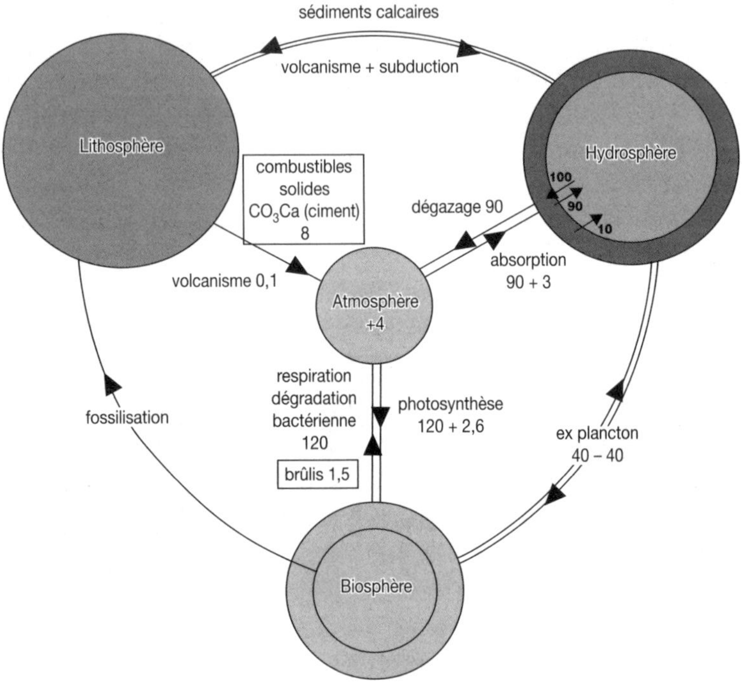

Fig. 8.6. | Les échanges entre sphères.
Les cercles représentent les différents protagonistes des échanges entre « sphères ». Les flèches indiquent le sens des échanges, les flèches extérieures peuvent caractériser des échanges lents (sédimentation, fossilisation). Les valeurs en noir indiquent les échanges annuels, en gigatonnes de carbone, supposés équilibrés. Les nombres encadrés représentent les contributions anthropiques (et volcanique) aux échanges.

gigatonnes de carbone (10^9 tonnes), la gigatonne ou milliard de tonnes de carbone servant d'unité commune.

L'atmosphère

Sur la base d'une concentration de 380 ppmv de CO_2 en 2005, l'atmosphère contient environ 770 gigatonnes de carbone.

Une augmentation annuelle moyenne de la concentration de CO_2 de 2 ppm, telle qu'elle a été récemment constatée, entraîne une augmentation du contenu de l'atmosphère d'environ 4 gigatonnes de carbone. C'est cette valeur que les échanges doivent justifier.

Intervention de la biosphère

La biosphère est représentée par deux cercles concentriques pour rappeler qu'elle participe aux échanges par le canal des êtres vivants, mais aussi par celui des organismes en voie de décomposition et par la transformation en humus. Les émissions de la biosphère résultent de la respiration des êtres vivants et de la dégradation bactérienne des organismes morts, dans les sols. Elles résultent également de la combustion des végétaux, que celle-ci soit naturelle (incendies de forêts provoqués par la foudre, par exemple) ou due à l'intervention de l'homme, comme la pratique du brûlis. La biosphère puise, par ailleurs, du CO_2 dans l'atmosphère pour la photosynthèse.

Quantitativement le « puits »[6] que constitue la photosynthèse équilibre, en première approximation, le flux annuel des émissions de CO_2 dues à la respiration, à la décomposition et à la combustion des végétaux et dont l'ordre de grandeur est de 120 ± 30 Gt de carbone. Mais, comme nous le verrons plus loin, des ajustements de cette première approximation sont nécessaires. En particulier, la culture sur brûlis est une variable indépendante des équilibres naturels. Elle est estimée en moyenne annuelle à 1,5 Gt (ce qui ne semble pas intégrer les incendies de forêts accidentels, pourtant fortement émetteurs de CO_2).

Intervention de l'hydrosphère

L'hydrosphère est également représentée par deux cercles concentriques. Le cercle central correspond à l'océan profond et la couronne extérieure à l'océan superficiel, pour lequel les échanges avec l'atmosphère sont rapides.

L'océan superficiel (jusqu'aux environs de 300 m de profondeur) constitue un réservoir trois à quatre fois plus important que

6. L'usage est d'appeler « sources » les émetteurs de CO2 et « puits » les capteurs.

l'atmosphère. L'océan profond constitue, lui, un réservoir considérablement plus important, estimé à 40 000 Gt de carbone. Le puits que représente l'océan superficiel est équilibré, en première approximation, par le dégazage de l'océan en CO_2 dont le flux annuel est estimé à 90 ± 20 Gt de carbone.

Intervention de la lithosphère

La lithosphère intervient, pour l'essentiel des échanges la concernant, sur une très longue échelle de temps. L'altération des silicates, par exemple, consomme du CO_2 et a réduit, dans le passé lointain, sa concentration dans l'air. Mais ceci nécessite des durées géologiques. En revanche, les prélèvements effectués par l'homme dans la lithosphère sont, eux, significatifs à l'échelle annuelle, qu'il s'agisse de l'extraction des combustibles fossiles (Charbon, pétrole, gaz naturel) ou du calcaire nécessaire à la fabrication du ciment. À ces extractions correspondent des émissions dont le rythme annuel est, en 2005, de 8 Gt[7].

Bilan des échanges

Les sources et les puits ont été considérés, en première approximation, comme équilibrés, avant de prendre en compte les sources qui ne participaient pas à l'équilibre préexistant, c'est-à-dire, pour l'essentiel, les émissions engendrées par les activités humaines.

En ce qui concerne ces dernières, la conclusion est qu'une grande part du CO_2 émis par ces activités est absorbée par les puits disponibles, et plus précisément par la photosynthèse d'une part et par les couches supérieures des océans d'autre part. Pour des émissions, essentiellement anthropiques, de 8 Gt d'origine fossile auxquelles s'ajoutent 1,5 Gt venant du brûlis et 0,1 Gt d'émissions volcaniques, soit au total 9,6 Gt de carbone[8], plus de la moitié a été heureusement absorbée par

7. http://cdiac.ornl.gov/trends/emis/tre_glob.htm
8. Sans tenir compte de la respiration de l'humanité qui rejette plus de 0,6 Gt de carbone.

les puits. Le CO_2 atmosphérique n'ayant augmenté que de 4 Gt, c'est qu'effectivement 9,6 – 4 = 5,6 Gt ont disparu dans les puits.

Le flux de CO_2 rejoignant naturellement l'atmosphère chaque année, soit 215 ± 50 Gt de carbone, est considéré comme naturellement équilibré avec le flux la quittant. Les émissions d'origine anthropique contribuent donc pour 4,4 % au flux annuel entrant et augmentent le stock atmosphérique de 0,5 % par an. Ces valeurs sont loin d'être négligeables.

Les déséquilibres et les facteurs qui les gouvernent sont mal connus et l'attribution qui est faite, sur le schéma ci-dessus, d'une absorption supplémentaire de 3 Gt de CO_2 aux océans et d'une absorption supplémentaire de 2,6 Gt à la photosynthèse est, par conséquent, arbitraire. En revanche, l'absorption supplémentaire totale des puits, soit 5,6 Gt, est bien nécessaire pour assurer le bilan.

Retour sur la biosphère

La biosphère dans son ensemble (vivant + humus) constitue un réservoir de carbone équivalent à trois fois celui de l'atmosphère. Le stock de carbone représenté par la partie vivante proprement dite est du même ordre de grandeur que celui de l'atmosphère.

Le monde végétal utilise le CO_2, l'eau et l'énergie solaire pour élaborer, par photosynthèse, des précurseurs organiques, bases des molécules constitutives de la matière vivante. La photosynthèse relâche simultanément de l'oxygène. Les végétaux chlorophylliens assurent ainsi la production primaire de matière organique et transforment le CO_2 atmosphérique au profit de tout le monde vivant. Les herbivores se nourrissent en consommant les végétaux chlorophylliens, les carnivores se nourrissent en consommant les herbivores, le phytoplancton nourrit le zooplancton qui nourrit des petits poissons, qui nourrissent des poissons moyens, mangés à leur tour par de gros poissons…

Le CO_2 apparaît donc indispensable à la vie, les organismes vivants ne faisant que transformer la matière organique produite par la photosynthèse.

Plus de CO_2 dans l'air signifie-t-il plus de végétation et plus de vie ? C'est ce que pensait Arrhénius, c'est aussi le constat qui est fait. Les cultures expérimentales sous serre l'établissent sans équivoque et les cultures à l'air libre enrichi en CO_2 le confirment (FACE[9] project). Le programme FACE teste l'incidence d'une augmentation de la concentration en CO_2 sur la croissance végétale. Des vaporiseurs à CO_2 maintiennent une concentration en CO_2 donnée sur des parcelles expérimentales situées dans, ou au voisinage, de parcelles témoins. Le maintien d'une concentration en CO_2 donnée est automatique et tient compte du vent. La concentration la plus fréquemment expérimentée est de 550 ppm (soit sensiblement le double de la concentration dite préindustrielle). Les résultats attestent d'une croissance augmentée de 10 à 25 % par rapport aux parcelles témoins, l'augmentation étant encore plus élevée pour la première année. Rien qu'aux États-Unis, une douzaine d'expériences FACE sont en cours depuis plusieurs années. Cette stimulation de la croissance végétale est d'ailleurs bien connue des aquariophiles, qui équipent leurs aquariums de diffuseurs à CO_2 pour mieux développer leurs plantes aquatiques.

L'Office national français des forêts (ONF) l'atteste également pour la forêt en croissance. Pour la forêt mature, le bilan n'est que faiblement positif car la fixation de CO_2 par la photosynthèse se trouve pratiquement compensée par la décomposition de la matière végétale tombée au sol. Ce bilan peut d'ailleurs devenir négatif si la forêt n'est pas intégralement saine ou est victime d'incendies. Ce sont d'ailleurs ces dernières considérations qui ont conduit le Canada à s'interroger sur l'opportunité de faire entrer la forêt dans le bilan émission-absorption au sens du protocole de Kyoto. Il n'a pas paru évident que les efforts forestiers puissent compenser, de manière certaine, les effets des incendies et/ou du ravage des insectes. La forêt mature

9. *Free Air CO2 Enrichment.*

inexploitée n'est peut-être pas le puits[10] sur lequel beaucoup comptaient. Mais l'augmentation du CO_2 dans l'air stimule néanmoins sa croissance, comme en témoigne l'accroissement d'épaisseur des cernes annuels des arbres.

L'absorption du CO_2 par la végétation se traduit d'ailleurs dans l'enregistrement continu de sa concentration dans l'air. Chaque printemps, lorsque la nature s'éveille après le repos de l'hiver, la concentration mesurée à Mauna Loa diminue. Elle croît de nouveau à l'automne lorsque la végétation dépérit et que les feuilles tombent, introduisant ainsi un cycle saisonnier qui se superpose à l'évolution interannuelle. L'importance annuelle de la fluctuation saisonnière est d'ailleurs utilisée pour évaluer la fluctuation globale de la masse végétale, estimée comme positive pour les dernières décennies (Idso, 1999). L'exploitation d'images prises par les satellites dans les longueurs d'onde autorisant une estimation quantitative de la chlorophylle a également permis de montrer que, pour les années 1990, la mane de la forêt amazonienne est en croissance par rapport aux années 1980 (W. F. Laurance, 2005) ; que la taïga sibérienne a eu une croissance végétale de 0,4 % par an durant les 30 dernières années (E. Lopatin, 2007) ; que la production végétale primaire nette (NPP[11]) globale pour l'ensemble de la planète a été supérieure à 6 %, pour la période allant de 1982 à 1999 (Nemani et al., 2003).

S'il existe des déforestations, il existe aussi des extensions des bois et forêts[12] et de toute manière, le monde végétal ne se limite pas à la forêt primitive. Il y existe heureusement de nombreux autres puits végétaux parmi lesquels les prairies et le phytoplancton. L'INRA a prouvé, dans le cadre du projet européen « Greengrass » que la prairie joue un rôle important, et la moitié de la croissance végétale mondiale de 6 % durant la période 1982-1999 lui est attribuée.

10. Mais c'est tout de même une source précieuse d'oxygène.
11. *Net Primary Productivity.*
12. C'est le cas en France.

Mais si la végétation peut ainsi tirer bénéfice d'un peu plus de CO_2, et par là même en limiter la croissance atmosphérique, le rôle du phytoplancton est aussi important. Contrairement à ce qui se passe dans la forêt mature, le CO_2 fixé sur le phytoplancton tombe, lors de sa mort, au fond des mers où une partie est convertie en sédiments et rejoint la lithosphère, éliminant ainsi définitivement le CO_2 absorbé. C'est ce que confirme l'institut national des sciences de l'univers (CNRS) : « *La quantité de CO_2 fixée par la photosynthèse réalisée par les algues microscopiques excède la quantité de CO_2 produite par la respiration de l'ensemble de la communauté planctonique (algues + animaux) et constitue un puits efficace vis-à-vis du CO_2, dans la mesure où cette pompe biologique élimine le CO_2 vers le bas, dans les sédiments.* » Il convient d'ailleurs d'ajouter, à l'élimination du CO_2 par le phytoplancton, l'élimination par la formation des coquilles calcaires de la chaîne vivante d'invertébrés entretenue par le phytoplancton : du zooplancton (foraminifères, etc.) aux mollusques (bivalves, etc.)... C'est d'ailleurs ainsi que se sont constituées les épaisses couches de calcaire des terrains sédimentaires au cours des âges géologiques. C'est également ainsi que se constituent les récifs coralliens. Les coraux ne vivent qu'en symbiose avec des algues microscopiques, les zooxanthelles[13] qui fixent le CO_2 et le transfèrent aux coraux pour leur permettrent d'élaborer leur exosquelette de calcaire et de construire les récifs.

La réponse à la question posée plus haut est donc bien qu'un peu plus de CO_2 crée plus de vie, ce qui, dans le même temps, contribue à limiter sa concentration dans l'air.

Cependant, les alarmistes prédisent la mort des coraux et d'autres catastrophes écologiques, en conséquence de l'augmentation du CO_2 atmosphérique et de la température. Ils motivent leur prédiction par le constat d'une mortalité croissante, en raison de l'augmentation de

13. Dont la masse végétale peut dépasser celle des coraux proprement dits.

température et de l'acidification des océans, dont témoignerait le « blanchiment » des coraux.

On voit mal comment l'augmentation de quelques petits dixièmes de degrés au long du XXe siècle aurait pu perturber des espèces dont l'adaptabilité biologique est très grande. Néanmoins, le « blanchiment » des coraux, dans certaines zones ou pour certaines parties des colonies[14], peut préoccuper. Il convient cependant d'avoir à l'esprit que sa multiplication n'est peut-être que celle de la multiplication des observations. Et de retenir, sans absoudre l'homme, que les causes les plus probables de cette mortalité sont les attaques des virus, bactéries ou champignons dont la cible est le plus souvent les xanthelles. Les causes exactes du blanchiment du corail restent pour beaucoup de biologistes « insaisissables ». Quant à la responsabilité humaine, elle existe, mais ne procède pas d'une illusoire action sur le climat. Elle résulte, hélas, de la pollution, de la pêche par poison ou par dynamitage et de la surexploitation pour la production de granulats utilisés dans la construction.

Retour sur l'hydrosphère

L'hydrosphère agit comme un puits en utilisant trois sortes de processus considérés comme autant de « pompes » à CO_2.

- La « pompe biologique » est constituée par les organismes marins possédant la fonction chlorophyllienne et pompant du CO_2 pour la photosynthèse, comme nous venons de le voir.
- La « pompe physique » ou « pompe de solubilité » intervient en raison de la grande solubilité du CO_2 dans l'eau à basse température. Ainsi, la plongée des eaux froides arctiques entraîne avec elle celle du CO_2 dissous, qui quitte ainsi la couche superficielle océanique pour être stocké dans les eaux profondes pendant des durées pouvant dépasser le millénaire.

14. S'il n'est pas trop sévère les coraux peuvent récupérer leurs xanthelles et, partant, leurs couleurs.

- La « pompe chimique » consomme le CO_2 atmosphérique pour la formation du carbonate de calcium qui constitue les coquilles, tests et squelettes de toutes sortes d'animaux marins (des foraminifères aux mollusques en passant par les coraux...).

Concernant la pompe physique, la dissolution du CO_2 dans l'eau des mers est évidemment facilitée par l'existence de vagues qui peuvent envoyer des bulles d'air à plusieurs mètres de profondeur. Mais cette dissolution dépend pour l'essentiel de la pression partielle du CO_2 atmosphérique[15] et de la température de l'eau. Si l'on augmente le CO_2 atmosphérique, c'est-à-dire sa pression partielle, la quantité dissoute va également augmenter (loi de Henry) et la dissolution sera d'autant plus importante que l'eau sera plus froide. Cette mise en solution du CO_2 sera donc grande dans les eaux froides qui plongent, dans les mers du Labrador et de Norvège, pour nourrir le grand tapis roulant assurant la circulation océanique générale des eaux profondes. Le CO_2 ira se stocker dans le réservoir considérable des eaux profondes (30 000 à 40 000 Gt de carbone) avec un débit de l'ordre de 100 Gt de carbone d'après Siegenthaler et Sarmiento (1993). Bien sûr, la plongée des eaux froides est compensée par la remontée d'eau profonde en diverses régions océaniques. Mais ces eaux qui se sont formées il y a plusieurs siècles contiennent, en principe, moins de CO_2 dissous que les eaux profondes qui se forment actuellement et le stock de CO_2 des eaux profondes augmenterait donc bien.

La figure 8.7 schématise les flux de CO_2 absorbés dans les eaux froides des hautes latitudes et dégazés dans les eaux chaudes de la zone intertropicale.

En n'oubliant pas que, vers 10 mètres de profondeur, la pression est le double de la pression atmosphérique en surface et que, dès cette

15. Qui est actuellement de 380 millionièmes de bar ou encore de 380 millionièmes d'atmosphère.

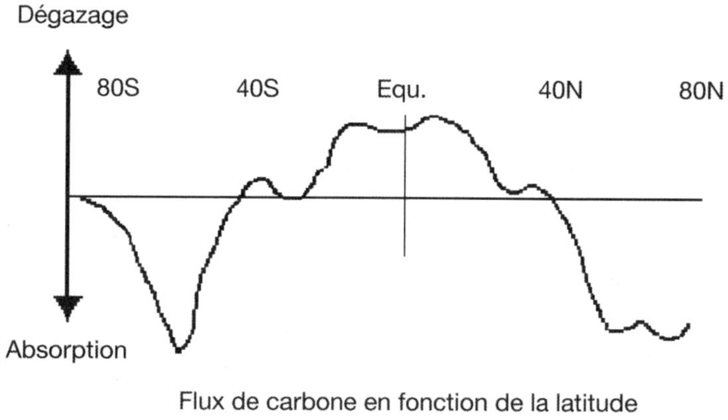

Fig. 8.7. | Absorption du CO_2 par les océans et dégazage, selon la latitude.

profondeur (loi de Henry), l'eau de mer peut dissoudre deux fois plus de CO_2. En n'omettant pas, non plus, que la pompe physique est rapidement couplée à la pompe chimique. Revelle avait raison, la capacité d'absorption du CO_2 par les océans n'est pas un problème simple. Ne serait-ce que, comme le montre la figure 8.7, parce que le phénomène d'absorption n'est pas un phénomène global mais régional.

Concernant la pompe chimique, les alarmistes ne se sont pas fait prier pour considérer qu'elle pouvait fonctionner « à l'envers » et pour annoncer sans plus attendre que l'acidification liée à l'augmentation du CO_2 atmosphérique conduirait à une catastrophe écologique marine. Ils s'appuient notamment sur les résultats de calculs publiés par Kleypass (1999) et Orr et al. (2005). Ces auteurs considèrent que si les émissions anthropiques de CO_2 se poursuivent : « *Des organismes marins essentiels tels que les coraux et certaines espèces de plancton auraient des difficultés à maintenir leur exosquelette de carbonate de calcium.* » Ces calculs, et les études auxquelles ils se réfèrent, reposent sur des lois physico-chimiques dont les principes sont décrits dans l'encadré « La pompe chimique ».

La « pompe chimique »

Le carbone est présent dans les océans sous trois formes : du gaz carbonique CO_2 en solution, de l'hydrogénocarbonate CO_3H^- (que l'on appelait dans le passé bicarbonate) et du carbonate CO_3^{--}.

Ces trois formes sont en équilibre chimique et la variation quantitative de l'une d'elle entraîne fatalement la variation des autres :

$$CO_{2gaz} + H_2O \Leftrightarrow HCO_3^- + H^+ \Leftrightarrow CO_3^{--} + 2H^+$$

Le signe $\Leftrightarrow$ indique que la réaction peut se produire dans un sens comme dans l'autre. Si le CO_2 dissous dans l'eau augmente, on constatera une augmentation des ions H^+, c'est-à-dire de l'acidité.

Dans les faits, on observe que l'eau de mer est légèrement alcaline (basique) avec un pH légèrement supérieur à 8 en raison de la prédominance de l'hydrogénocarbonate (ce dernier représentant près de 95 % des trois formes), ce qu'explicite la figure 8.8.

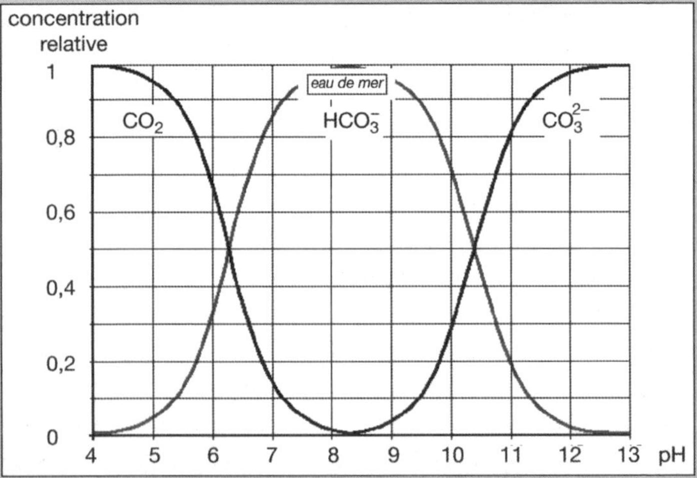

Fig. 8.8. | Équilibre des espèces CO_2, HCO_3^-, CO_3^{2-}, en fonction du pH. (D'après Pironin, 2003.)

Cependant l'eau de mer contient du calcium en quantité suffisante pour que l'on considère que l'équilibre ci-dessus soit substitué par le suivant :

$$CO_{2gaz} + H_2O + CO_3Ca_{\ solide} \Leftrightarrow Ca^{++} + 2\ CO_3H^-$$

Toute augmentation du CO_2 dissous déplacerait l'équilibre vers la droite et aurait pour conséquence la mise en solution du carbonate de calcium solide. Toutefois, l'abondance du calcium disponible en solution est suffisante pour limiter ce déplacement. Au contraire, tant que le pH restera supérieur à 7, du carbonate de calcium se formera en éliminant en conséquence du CO_2. C'est ce qui constitue la « pompe chimique ».
Un programme, développé par Ernie Lewis et Doug Wallace et disponible sur Cdiac.esd.ornl.gov/oceans/co2rprt.html permet de calculer le pH de l'eau de mer en fonction de nombreux facteurs, dont la pression partielle du CO_2 dans l'atmosphère.
L'utilisation de ce programme permet d'obtenir les résultats décrits dans le tableau ci-dessous.

Tableau 8.1. ***pH de l'eau de mer en fonction de la pression partielle du CO_2.***

Pression partielle de CO_2 exprimée en atmosphères	ph
300.10^{-6}	8,14
280.10^{-6}	8,06
600.10^{-6}	7,9

Ainsi, l'augmentation récente de la concentration atmosphérique en CO_2 n'a modifié que très peu le pH des mers, et son doublement maintiendrait l'eau de mer alcaline. La prédominance des hydrogéno-carbonates établit en effet un milieu « tampon » qui résiste aux variations de pH. D'autre part, une augmentation de température a pour effet de déplacer les équilibres en faveur de l'espèce « carbonate ».

Les alarmistes retiennent qu'en réponse à une augmentation de CO_2, le nombre d'ions « carbonate » par unité de volume va diminuer, en rendant moins aisée la formation du carbonate de calcium des tests et coquilles. Ce faisant, ils ne prennent pas en compte les processus biologiques, ni le caractère localisé des variations d'acidité ou d'alcalinité. Dans le monde vivant, l'équilibre carbonate-hydrogénocarbonate va dépendre en fait de l'activité biologique des algues, des bactéries et des plantes chlorophylliennes. Par exemple, l'activité photosynthétique des zooxanthelles va appauvrir en CO_2 le milieu immédiat entourant les coraux et relever le pH. Cette augmentation du pH local est d'ailleurs un phénomène plus général comme on peut le constater dans certaines baies, lagons ou régions océaniques plus vastes, quelquefois avec des conséquences dommageables.

Dans le monde vivant, la formation des coquilles et exosquelettes n'est pas réductible aux seuls équilibres chimiques. Elle ne dépend pas seulement de la seule concentration plus ou moins grande en ions « carbonate », mais s'effectue par des processus biologiques complexes en présence de quantités suffisantes d'ions calcium. C'est d'ailleurs ce que fait apparaître la microstructure des coquilles, qui comporte le plus souvent des couches alternées ou mélangées de carbonate de calcium et de conchyolite, un matériau voisin de la chitine.

Finalement, par le truchement de la biocalcification, la pompe chimique n'est pas dissociable de la pompe biologique.

À la question plus directe : l'augmentation du CO_2 atmosphérique peut-elle conduire à une catastrophe biologique marine ? Crabbe et al. (2004) répondent en constatant que les récifs coralliens, pour la même localisation géographique, ont eu dans le passé une croissance moins rapide qu'aujourd'hui, en raison d'une moindre concentration en CO_2 atmosphérique.

Le réchauffement actuel a d'ailleurs pour conséquence de diminuer la solubilité du CO_2 et donc de limiter la baisse du pH. La croissance des coraux est liée à la production primaire de matière organique effectuée par les zooxanthelles. Or cette production primaire dépend plus de la disponibilité de CO_2 et de la température, qui accélère le métabolisme, que de l'éventuelle diminution de la concentration en ions « carbonate ».

Enfin, la variabilité du pH dans le passé a été démontrée par des carottages effectués dans les récifs coralliens. Ils attestent de la grande adaptabilité des organismes marins. Ceux-ci, depuis des centaines de millions d'années, absorbent le CO_2 atmosphérique pour en faire de la matière vivante, des coquilles et des tests. L'accumulation, de ces derniers a conduit aux énormes dépôts sédimentaires de plusieurs centaines de mètres d'épaisseur que nous connaissons, alors que les concentrations en CO_2 étaient beaucoup plus importantes qu'aujourd'hui,

Les inquiétudes concernant le fonctionnement des pompes biologique, physique et chimique des océans sont donc, très probablement, excessives.

GAÏA

Dans la mythologie grecque, Gaïa ou Gé était une déesse primordiale, identifiée à la « Terre mère ». En 1969, James Lovelock donna ce nom à une hypothèse selon laquelle l'écosphère terrestre se comporte, dans son ensemble, comme un être vivant unique. Dans cette acception, l'écosphère intègre la biomasse, l'atmosphère, l'hydrosphère, la cryosphère, les sols et la couche supérieure de la lithosphère. Elle constitue donc un système beaucoup plus vaste que la biosphère. James Lovelock (1979, 1986) et Lynn Margulis ont développé une théorie selon laquelle la Terre doit être considérée comme un « système vivant », dont toutes les parties travaillent pour garantir que l'ensemble préserve des conditions optimales pour leur survie. Ainsi se met en place un « système d'autorégulation climatique ». Cette théorie était censée apporter une réponse à la question que le géo-physiologue se posait depuis toujours : comment la Terre a-t-elle pu maintenir si longtemps sa température dans des limites favorables à la vie ?

L'hypothèse Gaïa a été diversement interprétée. L'écologie politique se l'est appropriée en considérant que l'homme contrarie l'autorégulation et rend la Terre « malade ». D'autres ont pensé que puisque le « système Terre » est un système autorégulé, il doit pouvoir réguler le climat dans n'importe quelle situation et réparer toute atteinte environnementale. Cette deuxième interprétation a été vigoureusement dénoncée par les écologistes. L'hypothèse Gaïa s'appuie sur l'observation scientifique qui constaterait que les êtres vivants sont effectivement capables de modifier leur environnement dans un sens favorable. Un exemple serait la prolifération des espèces végétales régulant la quantité de CO_2 dans l'atmosphère ; un autre serait la régulation de la production de DMS[16] par le phytoplancton. Le DMS figure parmi les aérosols d'origine naturelle. Il est produit par le phytoplancton, en particulier certaines espèces que l'on trouve en abondance dans l'océan austral, qui se trouve être responsable du tiers des émissions. Le sulfure de diméthyle s'oxyde dans l'atmosphère, où il et est rapidement converti en oxyde de soufre, puis en aérosols sulfatés qui constituent autant de noyaux de condensation des nuages. Il contribue ainsi à l'« effet parasol », c'est-à-dire à la réflexion supplémentaire d'une partie du rayonnement solaire. Sergio Vallina et Rafael Simó (2007) ont établi que, plus le rayonnement solaire est élevé plus le plancton émet de DMS. L'augmentation de nébulosité, et de l'effet parasol qui en résulte, constitue donc une rétroaction régulatrice[17]. Certains modèles commenceraient d'ailleurs à intégrer ce paramètre. Mais il faut probablement relativiser l'hypothèse Gaïa et les exemples donnés à l'appui.

Peut-on aider Gaïa ?

La première façon d'aider Gaïa qui vienne à l'esprit est de chercher à développer les organismes qui consomment du CO_2. Nous l'avons vu, ce peut être en réalisant de nouvelles plantations sur des terrains actuellement non productifs ou en suscitant un développement supplémentaire de phytoplancton. La seconde idée rejoint la première dans le sens où de vastes étendues océaniques sont actuellement des

16. Sulfure de diméthyle ou CH3-S-CH3.
17. Charlson et al., 1987 ; Legrand et al., 1991 ; Mitchell et al., 1995.

déserts. Dans certains cas, le facteur limitant le développement du phytoplancton est le fer, ce qui semble actuellement le cas pour l'océan Austral. Le fer est en effet un élément nécessaire au fonctionnement du photosystème. Certains ont d'ailleurs remarqué, dans les archives glaciaires, que le CO_2 semblait plus abondant au cours des périodes où le fer était absent des poussières atmosphériques. Bref, l'ensemencement des océans sur les zones suffisamment riches en nutriments pourrait être une solution. Des essais en vraie grandeur l'ont d'ailleurs prouvé et ont obtenu un renouveau de développement du phytoplancton, par un apport en fer assimilable.

Une seconde façon d'aider Gaïa serait, comme y ont pensé des scientifiques norvégiens, d'injecter le CO_2 comprimé à une profondeur supérieure à 1 000 m dans les mers de Norvège ou du Labrador. C'est là que l'eau froide plonge et se transforme en eau profonde et ce serait donc là un moyen de stocker le CO_2 dans l'océan profond. On voit bien que l'on s'écarte progressivement de la pure assistance à Gaïa vers des moyens qui ne relèvent que de l'industrie humaine, c'est-à-dire des moyens de géo-ingénierie. Parmi les solutions proposées figure également le stockage profond de CO_2 comprimé dans les roches ayant contenu du pétrole ou du gaz naturel, ou plus généralement dans des structures géologiques appropriées qui pourraient être des aquifères salins.

Mais avant de stocker et de comprimer, il faut capter. Il n'est évidemment pas question de le faire à l'issue des pots d'échappement de chaque véhicule automobile. Il est possible, en revanche, d'envisager le captage des grosses productions concentrées comme c'est le cas de toute centrale thermique de production de chaleur ou d'électricité. Le traitement des fumées par les moyens classiques semble très ou trop coûteux en matériel et en énergie, en raison des trop gros volumes à traiter. Les voies explorées consistent donc à concentrer le CO_2, l'idéal étant d'avoir à traiter du CO_2 pratiquement pur. Pour atteindre cet objectif, il est proposé de remplacer l'air de combustion par de l'oxygène. Ou bien encore de transformer préalablement les combustibles en hydrogène par vapo-formage ou gazéification, en isolant au passage le CO_2 produit.

Ces dernières solutions sont coûteuses, elles postulent par ailleurs que le stockage du CO_2 dans des structures géologiques serait de plus longue durée que le stockage dans l'océan profond. En revanche, elles n'entraînent pas de risques sérieux, contrairement à d'autres solutions, comme par exemple celle consistant à augmenter l'effet parasol en créant des aérosols par injection de SO_2 dans la haute atmosphère. En voulant imiter l'éruption du Pinatubo qui a provoqué durant trois ans une légère diminution de la température par l'envoi dans l'atmosphère de trente millions de tonnes de SO_2, l'homme jouerait l'apprenti sorcier. L'effet serait d'abord de faible durée ; il causerait ensuite une augmentation des pluies acides et le remède serait pire que le mal. L'envoi de micro-miroirs à la limite de l'atmosphère ne présenterait pas cet inconvénient, mais en aurait d'autres.

Avant d'engager des dépenses aussi considérables, beaucoup se demandent si les justifications en sont bien établies et s'il ne conviendrait pas de laisser Gaïa agir seule. Après tout, si Gaïa ne peut réabsorber tout le carbone qu'elle stocke et qui est réinjecté par l'homme dans l'atmosphère, elle montre qu'elle en absorbe des quantités croissantes.

CE QUE L'ON PEUT RETENIR

- *Depuis l'origine de la Terre, la concentration de l'atmosphère en CO_2 n'a jamais été aussi basse que celle qu'Homo sapiens a connu et connaît aujourd'hui.*
- *Le doublement prévisible de la concentration actuelle à la fin du XXIe siècle, voire le triplement, resteraient inférieurs à ce que cette concentration était au temps des dinosaures et de la luxuriance végétale.*
- *Le CO_2, base de la photosynthèse, est indispensable à la vie sur Terre et l'augmentation de sa concentration a des effets bénéfiques sur la croissance végétale et donc sur la vie dans son ensemble.*

- *Un doublement du CO_2 ne mettrait pas en cause l'alcalinité des océans. Alors que la concentration en CO_2 était trois fois supérieure à l'actuelle, voire beaucoup plus, l'acidification (relative) des océans ne semble pas avoir engendré les dommages que certains redoutent.*
- *Gaïa absorbe déjà sensiblement plus de la moitié du CO_2 réinjecté dans l'atmosphère à partir des combustibles fossiles.*

9

Un peu plus sur les événements extrêmes

La tempête de 1999 et la canicule de 2003 ont, en France, frappé les esprits.

L'appréhension collective face au risque a, partout dans le monde, fait redouter les cyclones, les inondations, les vagues de chaleur ou de froid, la sécheresse, les tempêtes, les glissements de terrains... dont on nous annonce la recrudescence. Il est vrai que ces événements occasionnent plus de dommages que par le passé en raison du développement démographique et économique. Sans préjuger des causes, les conséquences sont devenues considérables.

Si l'influence de l'homme sur les événements climatiques est loin d'être avérée, elle intervient en revanche pour aggraver les conséquences. C'est ainsi, par exemple, que l'urbanisation mal maîtrisée augmente la vulnérabilité aux inondations, dont les débits instantanés sont, d'autre part, accrus par la mauvaise gestion des terrains. La déforestation des pentes, la suppression des haies, la multiplication des surfaces bétonnées ou asphaltées sont autant d'exemples de cette mauvaise gestion.

La lecture des livres d'Emmanuel Leroy Ladurie et de Hubert H. Lamb a beau nous montrer que l'expression « le temps se détraque » ne date pas d'hier, nos contemporains ont le sentiment que la fréquence et l'intensité des événements extrêmes augmentent. La relation quasi-journalière par les médias des catastrophes naturelles, où qu'elles se produisent dans le monde, n'est évidemment pas étrangère à ce sentiment. Cette information, le plus souvent dramatisée, dont nous accablent les médias, fonde peut-être la véritable différence avec le passé et ne constitue en rien une preuve d'accroissement des calamités.

Pourtant, on voudrait nous faire croire à l'intensification prochaine d'un grand nombre de ces événements extrêmes, en ajoutant que l'homme en serait responsable. Bien sûr, les alarmistes ne vont pas jusqu'à évoquer cette responsabilité à propos des tremblements de terre ni des tsunamis, dont l'origine est sismique et qui ne peuvent être imputés à l'homme. Mais ceux qui surfent sur nos peurs n'hésitent pas à prédire des vagues de chaleur plus fréquentes, des sécheresses estivales plus longues, des pluies diluviennes génératrices d'inondations destructrices, des tempêtes et des cyclones tropicaux plus fréquents et plus violents. Ils y ajoutent, pour faire bonne mesure, l'extension des zones arides et la généralisation des maladies tropicales, et même un possible ralentissement du Gulf Stream, générateur de froid sur l'Europe occidentale… De tout cela, l'homme serait responsable puisqu'il est accusé de provoquer le réchauffement climatique dont les conséquences deviendraient catastrophiques avant la fin du siècle en cours.

L'exemple de l'accélération du ruissellement et de l'urbanisation en zone inondable nous l'a rappelé, l'homme peut être responsable de l'aggravation des conséquences des phénomènes naturels. Quant à le rendre responsable de l'intensification des phénomènes naturels eux-mêmes, il y a un fossé qu'il n'est pas raisonnable de franchir. Les alarmistes le font pourtant allègrement en se fondant sur les estimations prédictives des modèles climatiques. Mais peut-on croire que ces derniers soient capables de prédire les événements extrêmes qui se produiront à la fin du XXIe siècle ? Alors que les ordinateurs des services météorologiques, tout aussi puissants que ceux utilisés par les créateurs de modèles climatiques, ne peuvent nous renseigner au-delà d'un horizon de quelques jours et, quelquefois, oublient de nous alerter sur l'événement extrême qui se produira le lendemain, comme ce fut le cas lors de la tempête de 1999.

Plutôt que d'analyser des perspectives d'avenir fatalement incertaines et contestables, cherchons plutôt à voir si le réchauffement, constaté au XXe siècle, a accru le nombre des événements extrêmes ou les a intensifiés.

LES VAGUES DE CHALEUR ET DE FROID

Le GIEC se propose, par un raisonnement non dénué de logique, de nous convaincre que le réchauffement climatique s'accompagne inéluctablement d'une augmentation des vagues de chaleur. Il utilise à cet effet le schéma de la figure 9 1.

Sur ce schéma, la courbe de la répartition annuelle des températures est supposée gaussienne. La courbe de répartition du nouveau climat est supposée identique avec une simple translation. L'importance de la translation fait apparaître une augmentation des

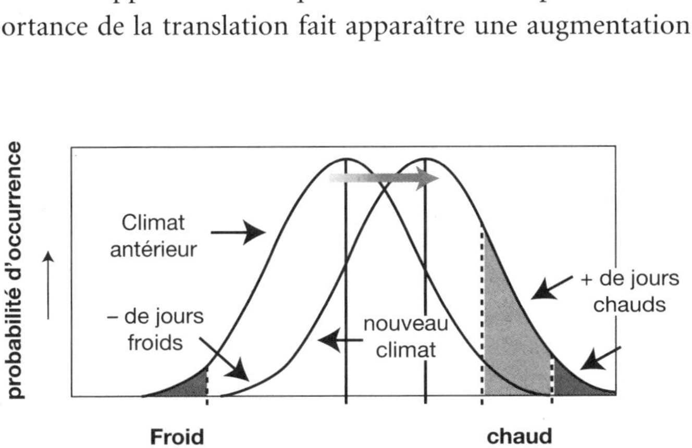

Fig. 9.1. | Climat avec plus de jours chauds.

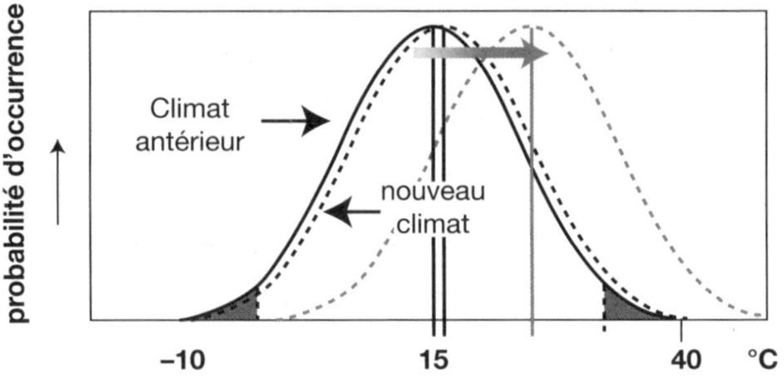

Fig. 9.2. | Climat avec plus de jours chauds ?

surfaces correspondant aux températures élevées, donc des probabilités de canicules.

Si l'on applique ce principe au cas du XXe siècle, on constatera une nouvelle fois que le diable se cache dans le détail de la quantification. Au XXe siècle, l'élévation de température n'a pas dépassé le degré centigrade, on obtiendra donc deux courbes pour le climat de référence et le nouveau climat qui sont très proches l'une de l'autre. C'est ce que montre la figure 9.2, où le nouveau climat, supposé avoir une température moyenne plus élevée de 1 °C, est représenté par la courbe en tirets épais.

Le principe proposé par le GIEC ne peut expliquer, dans ces conditions, une augmentation significative des vagues de chaleur. C'est effectivement ce que l'on constate. Pour que le raisonnement du GIEC ait le sens que veut lui donner la figure 9.2, il faudrait que la température moyenne soit de 6 à 10 °C supérieure à l'actuelle, ce qui ne saurait être attribuable, comme nous l'avons vu (cf. chapitre 2), à une simple augmentation du CO_2.

Certes, la canicule de 2003, qui a principalement affecté la France et, dans une moindre mesure, l'Europe occidentale, a été exceptionnelle par son intensité et surtout par sa durée. Elle s'explique par des anomalies dans la circulation atmosphérique et reste un événement de caractère aléatoire ; elle ne peut donc conduire à des déductions prédictives. Elle peut encore moins être attribuée aux émissions récentes de CO_2 par l'homme car elle a de nombreux précédents avant le réchauffement des dernières décennies. Emmanuel Leroy Ladurie nous rappelle qu'avant les émissions de CO_2 de la période « industrielle », des canicules ont été déjà eu lieu avec une intensité suffisante pour être mentionnées dans les écrits historiques. Il relève notamment celles des années 1206, 1473, 1516, 1540 et, singulièrement, les deux canicules consécutives de 1718-1719. Ces dernières, centrées comme en 2003 sur l'Île de France et le val de Loire, ont fait environ 450 000 morts. Certes, ces morts étaient dues en partie au manque d'eau potable entraînant des dysenteries, mais les conséquences étaient incomparables avec celles si vivement ressenties en 2003.

Le réchauffement se traduit, depuis la fin du petit âge glaciaire vers 1850, par une diminution des jours de gel et des extrêmes de froid, notamment depuis 1981. Ceci ne signifie pas que nous soyons à l'abri d'une vague de froid exceptionnel, tout comme l'augmentation de température ne conduit pas forcément à des records de chaleur. Le schéma proposé par le GIEC concerne une répartition gaussienne des températures, mais les événements extrêmes ne dépendent pas de la seule température. La vague de froid dépendra notamment de la formation d'un anticyclone mobile polaire et la vague de chaleur pourra résulter, comme en 2003, d'un blocage de la circulation atmosphérique. Chacun de ces phénomènes procède de la conjonction de plusieurs facteurs et cette dépendance de plusieurs facteurs, qui doivent se conjuguer, entraîne le caractère aléatoire et heureusement rare des événements extrêmes.

LA SÉCHERESSE ET LES PLUIES DILUVIENNES

Un réchauffement climatique, quelle qu'en soit la raison, a forcément pour effet d'accélérer l'évaporation et le cycle de l'eau. On comprend donc qu'un réchauffement global doit avoir comme conséquence une augmentation des précipitations. Cette augmentation ne

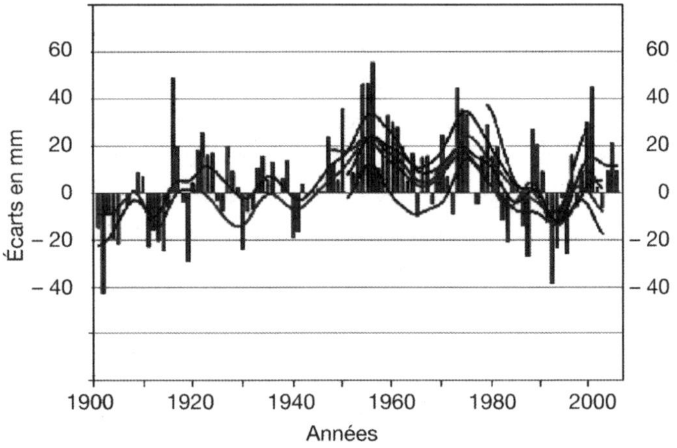

Fig. 9.3. | Précipitations continentales globales.
Les enregistrements annuels des précipitations (barres verticales) de 1900 à 2005 sont caractérisés par leur écart avec la moyenne de 1981 à 2000, établie par le GHCN et prise comme référence. Les courbes montrent le lissage décennal selon différents auteurs[1].

se produira pas seulement sur les océans. Une partie sera exportée par les nuages au-dessus des continents, où le ruissellement finira par retourner cet excédent vers les océans. L'ensemble des phénomènes, et particulièrement le transfert vers les continents, a toutefois une très forte variabilité annuelle qui ne dépend pas de la seule température.

La corrélation avec la température, affirmée par le GIEC, ne peut pourtant pas se déduire du graphique qu'il produit dans son rapport de 2007 (figure 9.3).

Sur ce graphique, on peut seulement constater que les maximums de précipitation ont eu lieu avant les hausses de température de la fin du siècle. La figure 9.4, dont l'original figure également dans le

1. Peterson et Vose, 1997 ; Chen et al., 2002 ; Adler et al., 2003 ; Mitchell et Jones, 2005.

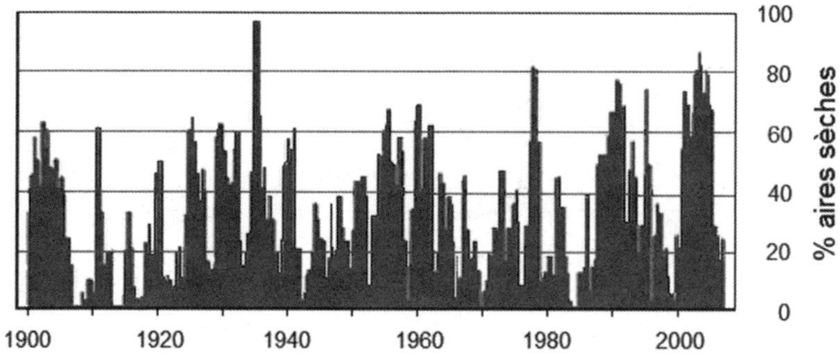

Fig. 9.4. | Pourcentages d'aires humides ou sèches à l'ouest des États-Unis. Graphique établi par NOAA pour onze états à l'ouest des Montagnes Rocheuses, du Montana au Nouveau-Mexique.

rapport du GIEC de 2007, souligne quant à elle l'importance de la variation interannuelle plus que l'existence d'une tendance.

Sur la figure 9.4, on peut remarquer le pic de sécheresse des années trente, responsable du désastre du *Dust Bowl*[2].

Pour revenir sur les précipitations, le GPCP[3] a produit une étude des relevés des satellites couvrant la période 1979-2004[4]. La variabilité des précipitations y est surtout associée à El Niño, avec toutefois une tendance à un peu plus de précipitations sur les mers tropicales des océans Pacifique et Indien et un peu moins de précipitations ailleurs. Le changement global sur la période concernée est à peu près nul. Bien que ces 26 années rassemblent les années « *les plus chaudes*

2. Catastrophe écologique, au cours de laquelle, pendant plusieurs années consécutives, des tempêtes de poussière, emportèrent la terre arable des grandes plaines nord-américaines. Non seulement les récoltes furent détruites, mais la poussière ensevelit habitations et matériel agricole, contraignant des centaines de milliers de fermiers à l'exode. Exode que décrit de manière émouvante John Steinbeck dans un livre qui l'a rendu célèbre, Les raisins de la colère, 1939.

3. *Global Precipitation Climatology Project*, projet climatologie globale des précipitations.

4. Smith T. M. et al. (2006).

du dernier siècle, du dernier millénaire et probablement des deux derniers millénaires » l'analyse du GPCP ne confirme pas les prévisions des modèles climatiques cités par le GIEC.

Le réchauffement du XXe siècle ne semble pas avoir entraîné plus de vagues de chaleur ou plus de précipitations. Alors, si le passé ne permet pas de fonder les prévisions des modèles climatiques, on voit mal ce qui autoriserait ces modèles à annoncer l'accroissement des vagues de chaleur et des précipitations dans l'avenir, sauf le catastrophisme de rigueur.

LES CYCLONES TROPICAUX

Ouragans lorsqu'ils concernent l'Atlantique Nord, typhons lorsqu'ils naissent en Asie, les cyclones tropicaux se forment lorsqu'un certain nombre de conditions se trouvent réunies. Ces conditions se rencontrent en fin d'été sous les tropiques. Tout d'abord la force de Coriolis[5], nulle à l'équateur, devient significative sous les tropiques et la température de la mer y est suffisamment élevée sur une vaste étendue. Il faut ensuite que se constitue une forte dépression. L'accélération de l'évaporation à grande échelle provoque l'élévation d'une colonne convective d'air chaud et humide qui en s'élevant forme des masses nuageuses. Simultanément, l'air froid et sec des couches supérieures de l'atmosphère remplace l'air chaud au centre de la dépression en formant un œil, vide de nuages (cf. la subsidence dans l'encadré du chapitre 3 « Une histoire de bulles »). La force de Coriolis s'exerce sur l'ensemble du système et contribue à former autour de l'œil des vents tourbillonnaires possédant une grande vitesse. L'air qui s'élève va se refroidir, entraînant une condensation nuageuse qui va libérer de nouvelles quantités de chaleur[6], et le système va ainsi s'entretenir jusqu'au moment où,

5. La rotation de la Terre a pour effet de courber la trajectoire d'un corps en déplacement à sa surface, trajectoire qui sans cela aurait été rectiligne. La déviation s'effectue vers la droite dans l'hémisphère Nord et vers la gauche dans l'hémisphère Sud.

parvenant au-dessus des terres, il ne sera plus alimenté en air humide.

Si les conditions nécessaires à la formation d'un cyclone sont assez bien connues, celles de son déclenchement le sont beaucoup moins et demandent l'association de circonstances particulières, mal identifiées, qui font, qu'heureusement les cyclones sont rares.

Mais le réchauffement du XXe siècle a-t-il entraîné leur intensification ? La réponse est non en ce qui concerne leur fréquence. En ce qui concerne leur force destructrice le débat est très ouvert. La force destructrice peut être établie à partir d'une échelle[7] qui combine le niveau de la dépression et la vitesse atteinte par les vents tourbillonnaires. Elle comporte cinq niveaux dont les conséquences vont du dégât faible au dégât catastrophique. Certains la relient aux dégâts pris en compte par les assurances. C'est faire intervenir non seulement les caractéristiques physiques du phénomène, mais ses conséquences qui dépendent, elles, du comportement humain, notamment dans ses aspects démographiques, mais aussi préventifs concernant le type des constructions et leurs localisations.

Lorsque l'on sait que la variabilité interannuelle du phénomène est très grande, on prend conscience de la difficulté objective du débat. Après lecture d'un certain nombre de documents qui se contredisent les uns les autres, avec parfois le mea culpa de l'auteur mis en cause, je ne citerai que la synthèse du WMO[8]/CAS *Tropical Meteorology Research Program* de février 2006 :

- la très grande variabilité interannuelle ne permet pas d'établir de tendance à long terme ;

6. Cf. encadré « Une histoire de bulles ».
7. Échelle de Saffir-Simpson.
8. *World Meteorological Organization*, organisation météorologique mondiale (organisme onusien).

- la puissance maximale des cyclones est restée la même avec, peut-être, pour l'atlantique Nord, une tendance à l'augmentation de 10 à 20 % qui a peu de sens, comparée à la variabilité ;
- nul ne peut valablement se prononcer sur une variation de la distribution des puissances des cyclones ;
- les régions concernées ne sont pas appelées à s'étendre ;
- il n'existe pas de constat ou d'indication de tendance quant à une variation de la fréquence ;
- l'importance grandissante des dommages économiques est due principalement à la croissance des populations côtières et à l'augmentation de la valeur des biens assurés dans les zones côtières ;
- peut-être aussi l'importance accordée est-elle liée à la sensibilité particulière des sociétés modernes aux destructions d'infrastructures. C'est probablement le cas pour les événements cycloniques de 2004 et 2005 qui ont affecté sévèrement le sud des États-Unis, le Japon et la Chine.

Cette synthèse n'est pas démentie par les publications plus récentes, et James Kossin et ses collègues (2007) précisent que si la violence des cyclones s'est accrue dans l'Atlantique au cours de la période 1983-2005, ces ouragans ne représentent que 15 % des cyclones de la planète. Pour les autres régions[9], où se produisent 85 % des cyclones, la fréquence et la violence sont restées stables ou ont diminué. Ils confirment par ailleurs l'extrême variabilité de la violence des ouragans et typhons, notamment au cours de la décennie 1950-1960, avec des périodes de calme et des périodes intenses. Variabilité qui s'accorde mal avec la croissance régulière du CO_2 atmosphérique. L'accroissement des tempêtes n'est pas mieux établi. La figure 9.5 en donne un exemple.

9. Nord de l'océan Indien, Pacifique Sud et nord du Pacifique Ouest.

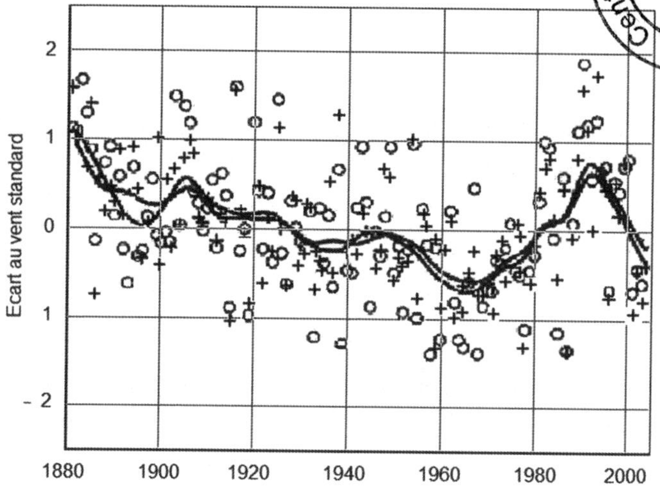

Fig. 9.5. | Tempêtes en mer du Nord, de Norvège et dans les îles Britanniques. Le graphique ci-dessus donne l'index des tempêtes défini par rapport aux vents standard. Il est établi pour les îles Britanniques et les mers du Nord et de Norvège (d'après Alexandersson et al., 2000, rapport 2007 du GIEC).

De ce qui précède, on ne peut que conclure qu'il est pour le moins osé de prévoir une intensification des cyclones ou des tempêtes en raison de l'augmentation du CO_2 atmosphérique. Cette conclusion aide à comprendre pourquoi Christopher Landsea[10] (2005, 2006) a démissionné du GIEC par une lettre ouverte dans laquelle il se justifie :

« *Il est évident qu'il ne peut y avoir dans l'avenir qu'un très faible impact du réchauffement global sur la fréquence ou l'intensité des cyclones tropicaux, que ce soit dans l'Atlantique ou dans n'importe quel autre bassin…*

Je ne peux de bonne foi continuer à contribuer à un processus que je considère comme étant motivé par des ordres du jour préconçus et scientifiquement infondés… »

10. *Leading expert* de la division « hurricanes » du NOAA (*National Oceanic and Atmospheric Administration*).

Cette prise de position intellectuellement honnête et courageuse n'est pas si commune. Beaucoup préfèrent, après avoir fait des constats qui n'étayent pas les thèses du GIEC, se racheter dans la conclusion en s'alignant sur le dogme officiel. Une communication au colloque de la Société hydrotechnique de France, « *Valeurs rares et extrêmes de débit…* » tenu à Lyon en mars 2006, en fournit un exemple parmi de nombreux autres.

Dans le corps du texte : « *Les premiers résultats obtenus sur un jeu d'environ 200 longues séries hydrométriques françaises ne montrent pas de tendance uniforme sur les crues ou sur les étiages.* »

Conclusion : « *Ce qui n'était encore qu'une hypothèse, il y a une décennie, semble aujourd'hui être un fait avéré : l'augmentation de la concentration des gaz à effet de serre dans l'atmosphère a eu des répercussions sur un certain nombre de variables climatiques. Les précipitations seraient, elles aussi, en augmentation, au moins dans l'hémisphère Nord.* »

Il est vrai que la dernière phrase emploie le conditionnel, on n'est jamais trop prudent !

LE RALENTISSEMENT DU GULF STREAM

Pour ceux qui ne seraient pas effrayés par un peu plus de chaleur, l'arsenal des médias alarmistes s'est enrichi de la peur d'un sérieux coup de froid sur l'Europe occidentale.

Le Gulf Stream, par le biais de sa dérive Nord (figure 9.6) qui atteint la mer de Norvège, joue un rôle essentiel dans le climat doux de l'Europe occidentale, particulièrement en hiver. Le Gulf Stream, né dans la zone intertropicale, où l'énergie reçue du Soleil est maximale, transfère une partie de cette chaleur vers les côtes européennes, jusqu'en Norvège. Ce transfert se fait tout d'abord par échange de chaleur sensible avec l'atmosphère, échange qui peut être accéléré par l'agitation de l'eau en surface sous l'action des vents. Mais, surtout, il résulte du transfert de chaleur latente par évaporation puis condensation de l'eau dans l'atmosphère sous forme de nuages (chapitre 3).

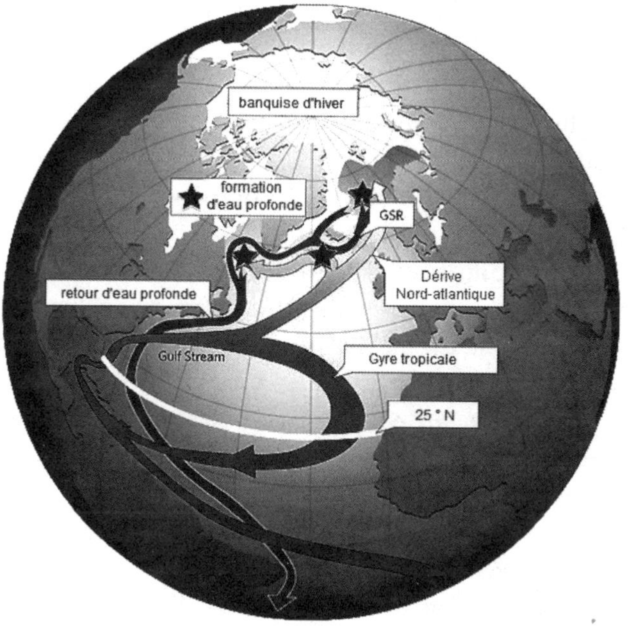

Fig. 9.6. | Le Gulf Stream et sa dérive Nord.

Comme les vents d'Ouest sont dominants, le climat de l'Europe occidentale est un climat atlantique doux et humide. Le transfert de chaleur entre le Gulf Stream et l'atmosphère n'est évidemment possible que si l'atmosphère est plus froide que la surface de la mer. C'est le cas en hiver, et ceci explique pourquoi l'influence du Gulf Stream est particulièrement importante durant cette saison.

Les courants marins procèdent de la poussée des vents combinée avec la force de Coriolis. C'est le cas de la dérive Nord du Gulf Stream, qui provient de la gyre tropicale affectant tout l'Atlantique central. Ils peuvent aussi correspondre à la circulation thermohaline. La cause de cette dernière est la plongée des eaux froides et salées, plus denses. Phénomène couramment désigné sous l'appellation de « formation d'eau profonde ». Les eaux qui parviennent en mers de Norvège et du

Labrador se refroidissent et deviennent plus denses. Mais, surtout, la formation de glace de mer en hiver va les enrichir en sel, et augmenter encore leur densité. C'est évidemment la combinaison des deux (le vent et la formation d'eau profonde) qui explique la dérive Nord Atlantique vers la mer de Norvège (l'un pousse et l'autre tire). L'eau qui arrive doit forcément chasser de l'eau en place et l'eau qui plonge doit être fatalement remplacée. Si une quantité d'eau douce supérieure à la fonte normale de la banquise est injectée en mer de Norvège, la plongée des eaux salées peut devenir moins importante et la dérive nord atlantique du Gulf Stream peut être moins sollicitée et se ralentir, voire s'éteindre.

C'est l'hypothèse qui est formulée pour expliquer certains des événements abrupts[11] et notamment l'épisode du « Younger Dryas » qui s'est traduit il y a 11 000 ans par un refroidissement brutal alors que la planète sortait de la dernière période glaciaire. L'hypothèse ne précise pas d'où viendrait l'eau douce. Pour certains, elle aurait pour cause un accroissement des précipitations lié à un réchauffement accélérant le cycle de l'eau. Pour d'autres elle résulterait d'une débâcle des glaces polaires. Pour d'autres encore, elle proviendrait du déversement brutal d'un gigantesque lac formé par la fonte des glaces. Dans tous les cas, c'est un réchauffement qui se trouve à l'origine du ralentissement du processus thermohalin. La suite est un amoindrissement du moteur que constitue la plongée des eaux profondes et, par voie de conséquence, un ralentissement de la dérive Nord Atlantique. Ce ralentissement diminuerait à son tour le transfert de chaleur depuis les tropiques vers l'Europe occidentale, ce qui causerait le refroidissement de cette dernière (mais pas de la planète).

Le caractère paradoxal d'un réchauffement qui entraîne un refroidissement peut se comprendre puisqu'il s'agit d'échanges interrégionaux, mais le raisonnement ne peut pas justifier un phénomène

11. De Dansgaard et Heinrich.

global. L'hypothèse laisse, d'ailleurs sans explication la cause initiale, le réchauffement. Si, aujourd'hui, la pensée unique désigne l'homme comme responsable de cette cause initiale, l'explication n'est pas valable pour le refroidissement d'il y a 11 000 ans ni pour les événements abrupts des 100 000 dernières années.

Le Gulf Stream n'est pas un long fleuve tranquille, il est formé de tourbillons affectant une profondeur de plusieurs centaines de mètres et ayant une dimension variable, allant jusqu'à 100 km. L'appréciation de son débit n'est pas une mince affaire et est évidemment l'objet de controverses. La figure 9.7, reprise du rapport du GIEC de 2007, donne l'évolution du débit de la dérive Nord atlantique telle que la voient les modèles.

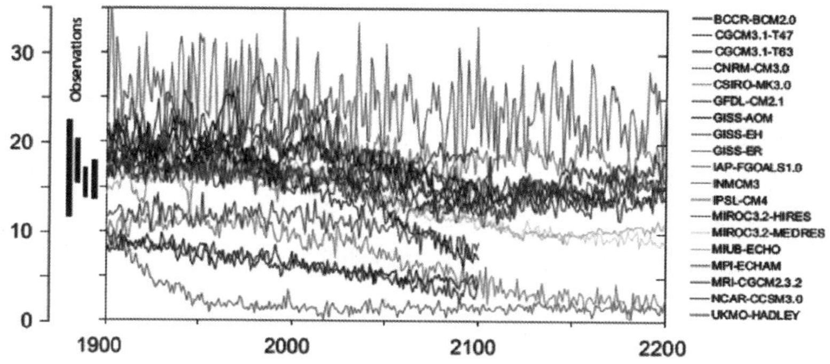

Fig. 9.7. | Le débit du Gulf Stream, estimé et prévu.
Les barres noires verticales, à gauche, figurent le débit[12] actuellement estimé.

L'estimation du débit du Gulf Stream, selon les observations, n'est pas aisée et varie du simple au quadruple. Les simulations des modèles débutent en 1900 et font apparaître une tendance future à la diminution de ce débit, mais avec une dispersion encore plus

12. Exprimé en « sverdrups », du nom d'un spécialiste océanographe, 1 sv = 1 000 000 m^3 par seconde.

importante que les estimations actuelles. Tellement importante que la crédibilité d'un grand nombre de modèles peut être mise en cause. Certains d'entre eux prévoient un arrêt pratiquement total vers 2100 mais sont déjà irréalistes en 2000. Le plus grand nombre indique un ralentissement, mais avec un débit se maintenant dans les limites actuellement estimées.

Certes, des événements qui ont ralenti le Gulf Stream dans sa dérive Nord se sont produits, mais c'était il y a des dizaines de milliers d'années en période glaciaire. Alors n'est-il pas raisonnable, en attendant la prochaine période glaciaire, de considérer, comme le font beaucoup de scientifiques, que les hypothèses formulées comportent encore trop d'incertitudes et que le film «*The Day after tomorrow* » doit rester ce qu'il est : une fiction.

CE QUE L'ON PEUT RETENIR

- *Quel que soit le sentiment de nos contemporains, aucune tendance à l'augmentation des vagues de chaleur n'apparaît au cours des cinquante dernières années. Les alarmistes eux-mêmes expliquent que la canicule de 2003 dans l'ouest de l'Europe ne peut être attribuée au réchauffement climatique et les historiens nous rappellent que des canicules aux conséquences encore plus graves se sont déjà produites au cours du dernier millénaire.*
- *Il n'apparaît pas non plus que le régime des précipitations ait augmenté globalement de manière sensible. En revanche, les conséquences des pluies de durée importante se sont aggravées en raison de la démographie, d'une urbanisation mal maîtrisée et de la mauvaise gestion des terrains.*
- *Ce qui ressort de toutes les études effectuées, c'est la très grande variabilité naturelle des événements extrêmes au cours du temps.*
- *Cette grande variabilité dans le temps s'applique à la fréquence et à l'intensité des cyclones pour lesquelles aucune tendance ne peut être dégagée. Mais comme pour les précipitations, et pour des raisons analogues, les conséquences humaines et financières s'aggravent.*

- *Le ralentissement du Gulf Stream qui, s'il s'aggravait, pourrait causer un refroidissement en Europe occidentale, reste à démontrer.*
- *Malgré une intense exploitation médiatique, il n'est pas possible de dégager, sérieusement, de tendance quant à l'évolution des événements extrêmes au cours du siècle passé.*

10

Les causes du réchauffement

Depuis 2 à 3 millions d'années notre planète est entrée dans une époque glaciaire. La durée des glaciations y a été dominante et justifie l'appellation. Heureusement, des rémissions sont périodiquement intervenues pour interrompre l'accumulation des glaces en Antarctique et sur les continents de l'hémisphère Nord. Nous vivons l'une de ces rémissions interglaciaires.

Au cours des épisodes glaciaires, comme d'ailleurs des épisodes interglaciaires, des variations climatiques sont enregistrées dont l'amplitude peut être importante et, quelquefois, se traduire par des changements brutaux. C'est ce que nous a montré la lecture du chapitre 7.

Mais quelles sont les causes de ces fluctuations, dont certaines ont une périodicité plus ou moins bien établie ? Quelles sont les causes de la période de froid relatif de plus de deux cents ans qui a pris fin au milieu du XIXe siècle ? Et, question ô combien d'actualité, quelles sont les causes du réchauffement que nous connaissons actuellement ?

La circulation atmosphérique, le cycle de l'eau, les courants de surface et le grand « tapis roulant » des eaux profondes océaniques assurent les transferts de chaleur des tropiques vers les hautes latitudes. Il est tentant d'attribuer à ce système la responsabilité de certaines variations climatiques. Il n'est en effet pas exempt de hoquets, dont certains semblent revenir à intervalles plus ou moins réguliers, comme les événements « El Niño », l'oscillation Nord Atlantique, l'oscillation entre les pôles... Le climat peut aussi être affecté par des événements volcaniques ou des météorites.

Mais tout cela ne parvient pas à expliquer clairement la succession des glaciations récentes, de leurs interruptions, ainsi que les fluctuations, souvent très rapides, durant les épisodes froids ou chauds.

Au-delà des modifications dans les répartitions d'énergie internes au système « Terre » (océan-atmosphère, etc.), mais qui ont leurs limites, il convient de se souvenir que notre planète reçoit de son étoile, le Soleil, 99,9 %[1] de son énergie. Finalement la température globale de notre planète dépend de trois facteurs :

– le premier est bien évidemment l'énergie que le Soleil veut bien nous dispenser ;

– le second est la part de cette énergie qui est réfléchie et qui ne peut donc être utilisée pour le réchauffement de la surface terrestre (cf. chapitre 4) ;

– le troisième est « l'effet de serre » qui recycle vers le sol une partie de l'énergie que celui-ci rayonne normalement vers l'espace (cf. chapitre 1).

L'ÉNERGIE QUE LE SOLEIL VEUT BIEN NOUS DISPENSER

Après les révélations d'Agassiz sur l'existence de grandes périodes de glaciations (cf. chapitre 7), Joseph Adhémar, Urbain Le Verrier et James Croll cherchèrent à expliquer la récurrence des périodes de

1. La seule énergie qui ne soit pas d'origine solaire est l'énergie géothermique, dont l'origine est la radioactivité et qui ne représente qu'une fraction de % de l'énergie fournie à la surface de notre planète.

glaciation par les changements intervenant dans l'orbite de la Terre, l'inclinaison de son axe, la précession des équinoxes (voir encadré).

James Croll expliquait notamment qu'une faible insolation d'hiver augmentait la surface enneigée ; que cet accroissement de la surface enneigée augmentait à son tour l'énergie réfléchie et, en conséquence, accélérait le refroidissement. Il en concluait que cette rétroaction pouvait être la cause de l'accumulation d'énormes quantités de glace sur les continents de l'hémisphère Nord. Cette théorie donna lieu à controverses, et certains préférèrent expliquer la formation des énormes masses de glace par une insolation d'été faible n'autorisant pas la réduction des surfaces enneigées, ce qui augmentait l'énergie réfléchie… la suite reprenant le raisonnement précédent.

Milutin Milankovitch élabora, sur cette dernière base, une théorie complète des alternances glaciaires-interglaciaires[2]. Parallèlement, des progrès étaient réalisés dans les données climatiques et surtout temporelles concernant les cycles glaciaires-interglaciaires. La correspondance entre des cycles astronomiques calculés de 100 000, 41 000, 23 000 et 19 000 ans et les données climatiques semblait bien établie (figure 10.1).

Sur la figure 10.1, la corrélation visuelle insolation-températures n'apparaît pas aussi évidente qu'on le souhaiterait, même en effectuant une élongation de l'échelle de temps de l'enregistrement de Vostok. Élongation qui n'est pas choquante compte tenu de l'imprécision de datation du carottage en fonction de la profondeur (cf. chapitre 7). On observe cependant que les variations de température possèdent, outre les grands cycles de 100 000 ans, des cycles plus courts qui sont, de manière approchée, en phase avec des variations de l'insolation et qui peuvent être attribués à des cycles astronomiques.

2. Dans un premier livre publié en français en 1920 mais qui passa inaperçu, puis dans une édition allemande plus complète en 1941, suivie en 1969 d'une traduction en anglais qui fut cette fois remarquée.

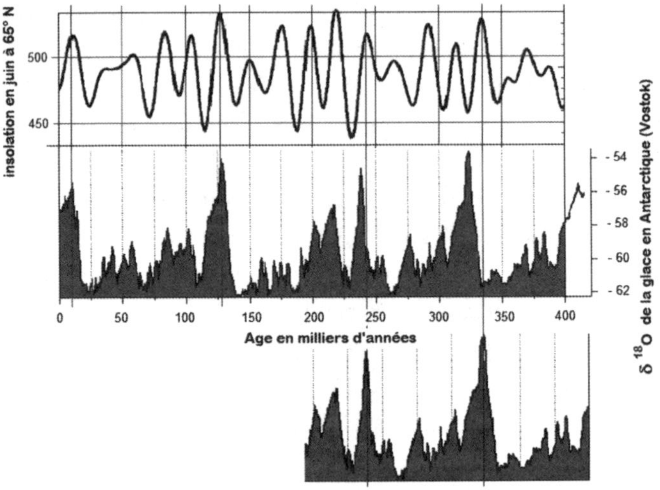

Fig. 10.1. | Correspondance entre cycles astronomiques et données climatiques. Le graphique supérieur indique la variation à long terme, au cours des 400 000 dernières années, de l'insolation en W/m² au solstice d'été et à la latitude de 65°N[3]. Le graphique médian donne la variation du déficit en deutérium dans le carottage de Vostok, ce déficit est une mesure indirecte de la température (cf. chapitre 5). Le graphique inférieur cherche à améliorer la corrélation visuelle de l'insolation et des températures en procédant à une élongation de l'échelle de temps de l'enregistrement de Vostok.

On peut toutefois s'étonner que des fluctuations de l'énergie solaire ayant une même amplitude ne se traduisent pas toujours par des modifications climatiques d'ampleur égale et que tous les cycles astronomiques ne soient pas présents dans l'enregistrement des températures. Autrement dit, on peut s'étonner de l'imperfection de la corrélation entre la variation de l'insolation calculée aux hautes latitudes et l'enregistrement du signal « température » dans les glaces. Faut-il d'ailleurs s'en étonner ou bien admettre que les réponses, en

3. Calculée en prenant en compte les variations d'obliquité, d'excentricité et de précession (A. Berger, 1978, 2006).

termes de surface d'enneigement et d'énergie réfléchie, peuvent avoir un caractère chaotique[4] ?

Quoi qu'il en soit, il ne peut être mis en doute que les variations des paramètres astronomiques reliant la Terre et le Soleil entraînent de fortes variations de l'insolation. Ces variations de l'insolation peuvent atteindre un pourcentage élevé de l'insolation moyenne. Plus précisément, ces variations d'insolation peuvent atteindre aux hautes latitudes ± 45 W/m^2 par rapport à l'insolation actuelle et sont sans commune mesure avec l'accroissement direct d'effet de serre de 3,7 W/m^2 qui résulterait, d'après le GIEC, d'un doublement du CO_2 atmosphérique.

À titre d'exemples, sans se perdre dans la nuit des temps et avec la caution du témoignage d'Homo sapiens, citons J. C. Duplessy (2004) :

« *Il y a 125 000 ans l'excentricité de l'orbite terrestre est voisine de 4 %, l'obliquité de son axe sensiblement plus forte qu'aujourd'hui (23°48´) et la Terre proche du Soleil en été. Cette configuration conduit à distribuer une insolation d'été des hautes latitudes de l'hémisphère Nord* ***13 % supérieure*** *à celle d'aujourd'hui et à instaurer la dernière période interglaciaire* » (sensiblement plus chaude que la nôtre).

« *Il y a 115 000 ans, l'excentricité est toujours forte, mais l'obliquité est très faible (22°24´) et la Terre proche du Soleil en hiver. Aux hautes latitudes de l'hémisphère Nord, l'insolation est* ***inférieure de 9 %*** *à celle d'aujourd'hui. Il en résulte un climat sensiblement plus froid qui marque le début de la glaciation.* »

La grande majorité des scientifiques considère d'ailleurs que la « théorie astronomique des climats » est celle qui rend le mieux compte de la réalité et de la périodicité des cycles glaciaires-

4. La théorie du chaos traite des systèmes dynamiques rigoureusement déterministes, mais qui présentent un phénomène fondamental d'instabilité appelé « sensibilité aux conditions initiales » qui les rend imprévisibles en pratique sur le « long » terme.

interglaciaires. Toutefois les inconditionnels de la gouvernance du climat par le CO_2 ne peuvent s'empêcher d'ajouter que la variation de l'insolation n'aurait pas été suffisante sans la variation concomitante du CO_2 atmosphérique. Ce retour de « l'œuf et la poule » apparaît dérisoire. D'une part, la variation du CO_2 entre une période glaciaire (190 ppmv) et une période interglaciaire (290 ppmv) ne peut justifier directement qu'une variation de température de 0,35 °C. D'autre part, les variations de CO_2 suivent de plusieurs centaines d'années les variations de température et ne les précèdent pas.

Le Soleil a rendez-vous avec la Terre, mais la Terre n'est pas... là où on l'attend

Comme chacun le sait, la Terre tourne autour du Soleil, distant de 150 millions de kilomètres, sur une orbite quasi-circulaire, et son axe de rotation sur elle-même est incliné de 23,3° par rapport au plan de son orbite (l'écliptique), ce qui engendre les saisons.

En réalité, les relations entre la Terre et son étoile sont un peu plus complexes. Le Soleil n'est pas seul à exercer son influence sur l'orbite terrestre, les autres planètes y contribuent également. Le système se complique alors et le résultat est que l'orbite terrestre n'est pas immuable. L'excentricité de l'orbite elliptique varie (d'une valeur proche de 0 à une valeur de 0,07), ce qui se traduit par une variation de la distance Terre-Soleil de 129 à 187 millions de kilomètres. De ce fait, l'énergie reçue par notre planète peut varier de 20 à 30 % selon qu'elle est au point le plus proche ou au point le plus éloigné du Soleil. La figure 10.2 illustre, en exagérant beaucoup, la variation de l'excentricité de l'orbite terrestre et de la distance de la Terre au Soleil. Lorsque l'excentricité est à son maximum et que l'hiver correspond au point le plus éloigné du Soleil, il fait grand froid aux hautes latitudes.

La variation de l'excentricité de l'orbite terrestre n'est pas un phénomène parfaitement périodique. Mais une quasi-périodicité de 100 000 ans et une de 400 000 ans sont cependant manifestes. La figure 10.3, due à Russ Mc Duff and G. Ross Heath (2001) fait clairement apparaître la quasi-périodicité de 100 000 ans et laisse deviner celle de 400 000 ans.

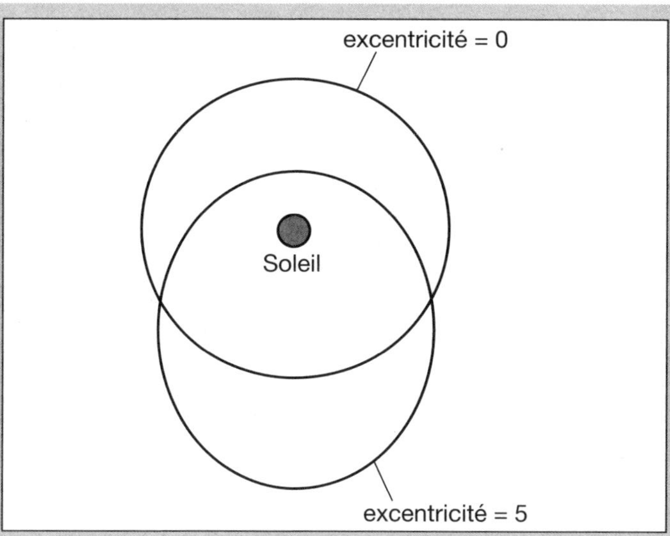

Fig. 10.2. | Excentricité de l'orbite terrestre.

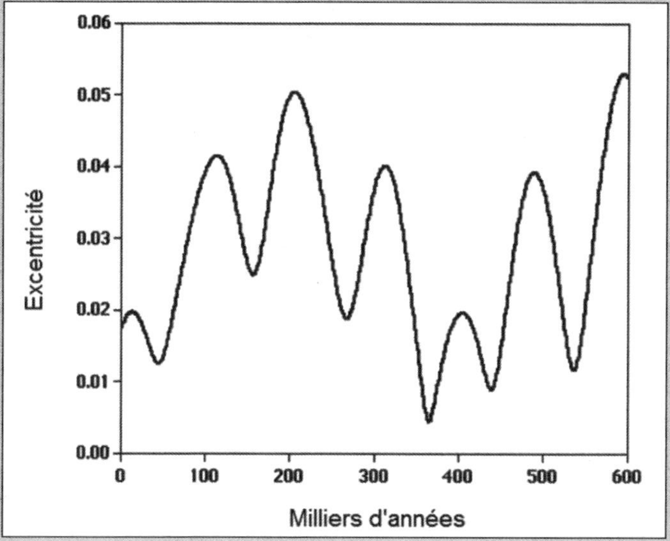

Fig. 10.3. | Périodicité dans l'orbite terrestre.

Le jeu du Soleil et des planètes n'a pas seulement pour effet de faire varier dans le temps (à l'échelle des dizaines de milliers d'années) l'orbite terrestre, il fait aussi varier l'inclinaison de l'axe de notre planète (son obliquité). L'obliquité varie entre 22,1° et 25,5° avec une quasi-périodicité de 41 000 ans.

Lorsque l'inclinaison est forte, le phénomène saisonnier illustré par la figure 10.4, qui schématise à la fois l'hiver et l'été est exacerbé, les étés sont plus chauds et les hivers plus froids.

Lorsque l'axe terrestre pointe vers le Soleil, c'est l'été (partie gauche) ; lorsqu'il s'en écarte, c'est l'hiver (partie droite). Si à l'équateur un faisceau de rayons solaires intercepte une surface identique, hiver comme été, et délivre une énergie par mètre carré quasi invariable, il n'en va pas de même aux hautes latitudes. Notamment au 65e parallèle, qui est représenté sur la figure 10.4.

Cette variation d'énergie est encore aggravée par une durée plus courte de la durée du jour en hiver (en pointillé sur le 65e parallèle).

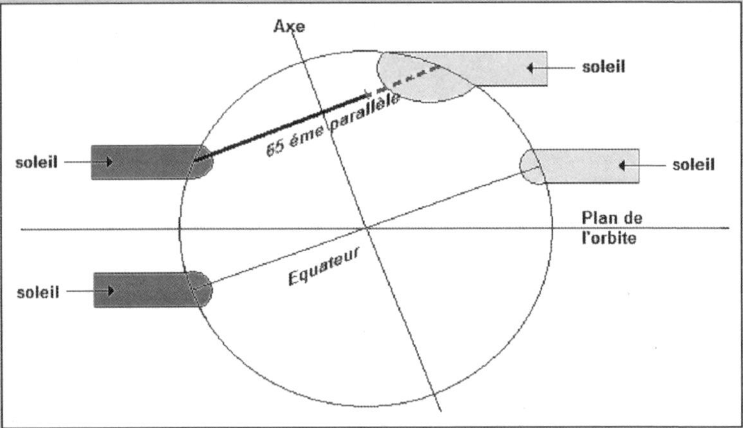

Fig. 10.4. | Les phénomènes saisonniers.
Les oppositions « été-hiver » (été à gauche, hiver à droite) soulignent la différence saisonnière des aires interceptant une même quantité du rayonnement solaire. À l'équateur, la variation saisonnière est inexistante (les demi-ellipses caractéristiques des aires sont égales), alors qu'au 65e parallèle la variation saisonnière est très importante.

La Terre n'est pas une sphère parfaite, elle est aplatie aux pôles et est renflée à l'équateur.

Cela va encore compliquer les choses car les forces de gravité s'appliquant sur cette sphère imparfaite vont entraîner un lent changement (avec une période de 26 000 ans) de l'orientation de son axe.

Notre planète va se comporter comme une toupie. Son axe, qui pointe actuellement vers Polaris (l'étoile polaire), pointera dans 11 000 ans vers Vega (l'une des étoiles remarquable du « triangle de l'été »).

L'axe de la Terre tourne donc dans un sens rétrograde par rapport à la rotation de la Terre, dans un mouvement de précession (figure 10.5).

L'effet de cette oscillation de l'axe terrestre va être de déplacer sur l'orbite terrestre les dates des équinoxes et des solstices. C'est pourquoi ce phénomène est appelé « précession des équinoxes ». On l'appelle aussi « précession climatique » car il a pour conséquences de déplacer la date des saisons et leur durée.

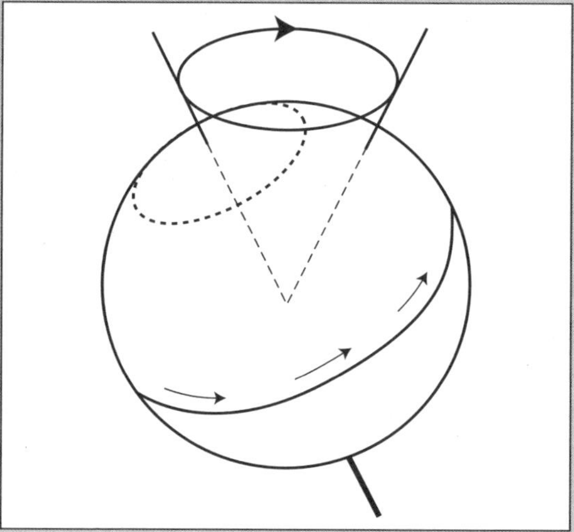

Fig. 10.5. | Précession.

On imagine sans peine que, lorsque le solstice d'hiver se situe sur l'orbite terrestre au point le plus éloigné du Soleil et que l'axe de rotation est à son obliquité maximale, l'hiver sera très froid aux hautes latitudes.

Ces variations des paramètres astronomiques reliant notre planète et son étoile ont comme conséquence d'importantes variations de l'insolation et sont donc des causes de réchauffement et de refroidissement de la Terre. Ces variations d'insolation sont la base de la théorie astronomique des climats. Elles ont été calculées par M. Milankovitch et A. Berger (figure 10.6).

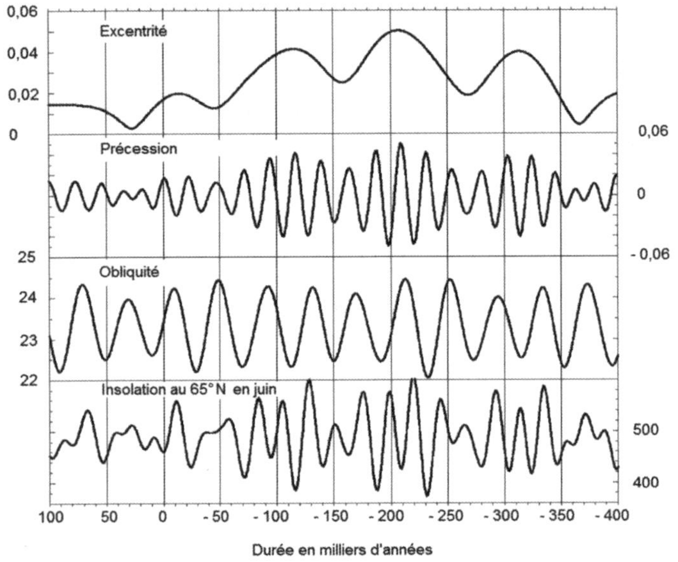

Fig. 10.6. | Théorie astronomique des climats.
La courbe inférieure, qui donne l'évolution d'insolation, est déjà présente sur la figure 10.1, où elle a été reportée pour être comparée à l'évolution de la température.

Le Soleil est une étoile variable

La fluctuation de l'insolation ne relève pas seulement des relations astronomiques entre notre planète et son étoile.

L'énergie solaire rayonnée par le Soleil n'est pas invariable bien que l'énergie reçue à la distance de la Terre soit habituellement désignée sous l'appellation de « constante solaire ». Notre Soleil est en effet une étoile variable !

Bien sûr, chacun sait qu'il existe des étoiles variables et a entendu parler des Céphéïdes. Mais on pourrait s'étonner que notre étoile, dont personne n'a jamais mis en doute le caractère immuable, soit aussi une étoile variable. Pourtant elle présente, comme de très nombreuses étoiles de type solaire, des cycles de durées variables qui ont été mis en évidence par l'observation des taches solaires. Ces taches solaires, qui témoignent de l'activité solaire, sont liées au champ magnétique solaire. Leur nombre varie avec certaines périodicités.

Le cycle le plus connu est le cycle de 11 ans. (Il s'agit d'ailleurs encore une fois d'une appellation impropre car la durée de ce cycle court varie en réalité de 8 à 13 ans.) Ces cycles courts ont été découverts par un astronome amateur, Heinrich Schwabe, pharmacien de son état, d'où leur nom de cycles de Schwabe. Aujourd'hui, le caractère cyclique du rayonnement solaire est confirmé par les mesures récentes effectuées par les satellites (figure 10.7).

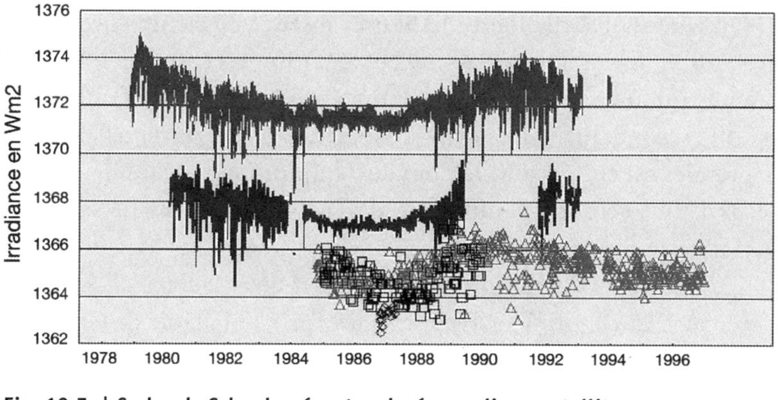

Fig. 10.7. | Cycles de Schwabe récents relevés par divers satellites.
La valeur absolue de la radiance diffère selon les divers satellites, mais pas les amplitudes de variation. Cela vient de ce que les radiomètres ont une très bonne précision relative et que leur étalonnage est inutile lorsqu'il ne s'agit de voir que des variations. (D'après les satellites Nimbus 7, SMM, ERBs, NOAA 9 – 10, UARS.)

Les observations des satellites sont parfaitement en phase avec celles des taches solaires, comme le montre la figure 10.8 sur la même échelle de temps.

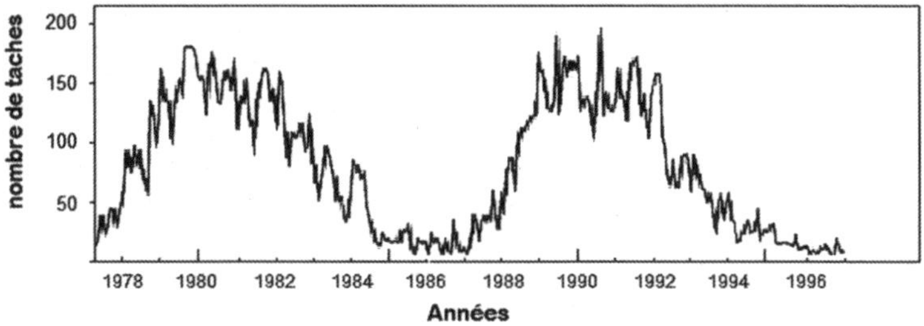

Fig. 10.8. | Évolution des taches solaires au cours des cycles 21 et 22.
(D'après l'index international des taches solaires, établi par le *World Data Center* (WDC).)

L'observation du nombre des taches solaires ou nombre de Wolf[5] était déjà, dans un temps très ancien, pratiquée par les Chinois, mais la fiabilité des relevés chiffrés n'est reconnue que depuis 1610. La figure 10.9 rend compte de l'évolution du nombre de taches solaires depuis cette date.

On constate, sur la figure 10.9, une absence de taches entre 1640 et 1720 et une faible présence entre 1790 et 1830 qui révèlent, pour le premier intervalle, une activité solaire quasi-inexistante et, pour le second, une faible activité solaire. Ces deux intervalles, dont le premier est connu sous le nom de « minimum de Maunder » et le second sous celui de « minimum de Dalton », coïncident avec des périodes de froid intense.

C'est au cours du minimum de Maunder que Madame de Sévigné, citée par J. C. Duplessy[6] écrivait en juin 1675 à Madame de Grignan, sa fille, résidant en Provence, « *il fait un froid horrible, nous nous*

5. Rudolf Wolf, directeur de l'Observatoire de Zurich, compila et pondéra tous les résultats des observations du nombre de tâches solaires depuis 1600.

6. Jean-Claude Duplessy, *Quand l'océan se fâche*, éditions Odile Jacob.

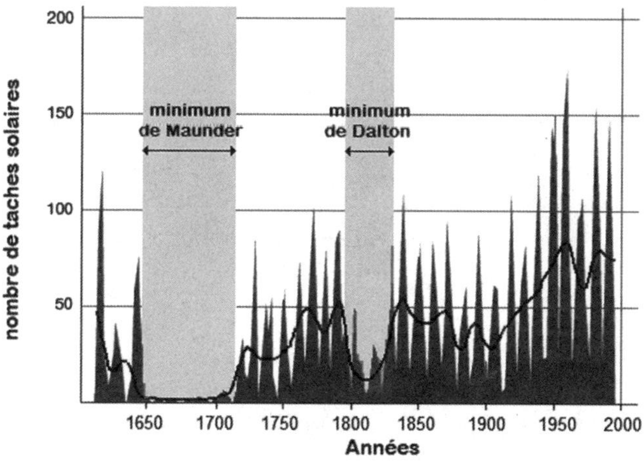

Fig. 10.9. | Évolution du nombre de taches solaires depuis 1610.
La courbe noire correspond au lissage sur une période de onze ans.

chauffons et vous aussi, ce qui est une bien plus grande merveille » et un mois plus tard, car la situation ne s'était pas améliorée, « *il fait un froid étrange* ». C'est aussi au cours de cette période que la Tamise et la mer Baltique gelaient régulièrement. Le climat, durant le minimum de Dalton, n'était guère plus enviable, comme nous le rappellent les conditions rencontrées par la Grande Armée de Napoléon durant la campagne de Russie.

Du début du XVIIe siècle au milieu du XIXe siècle, les glaciers vont avancer et des périodes de gel sévère vont être enregistrées (cf. chapitre 5). C'est d'ailleurs pourquoi cette époque a été appelée « petit âge glaciaire ». Depuis, le nombre des taches solaires augmente et, bien heureusement, les températures aussi.

Le Soleil est notre fournisseur d'énergie ; il ne faut donc pas s'étonner que la variation de son activité ait un impact sur le climat de notre planète. Mais si personne ne le conteste, l'unanimité disparaît rapidement lorsqu'il s'agit d'apprécier quantitativement cet impact.

Les observations récentes, rappelées figure 10.7, ont une durée trop courte pour dégager une tendance séculaire ; il faut donc procéder à une reconstitution de l'évolution de la radiance solaire. Généralement, on évalue le changement intervenu entre le minimum de Maunder et les mesures récentes. Il est possible de faire intervenir, dans des modèles, l'indicateur des taches solaires, les modifications du diamètre du Soleil ou la variation de l'abondance de certains cosmonucléides, les variations spectrales... ou d'extrapoler les données des mesures récentes ou, encore, de compiler les données apportées par l'observation des étoiles comparables à notre Soleil... Ces deux derniers moyens sont les plus utilisés, mais les résultats obtenus divergent.

Selon B. Mendoza (1997), confirmant C. Reid (1991), l'écart de radiance entre l'année 1683 et la situation actuelle serait de l'ordre de 1 %. Pour E. Nesme-Ribes (1993), l'écart entre le minimum de Maunder et la situation actuelle est compris entre 0,25 et 0,5 %, alors que J. Lean (2000) retient, pour ce même écart, 0,24 %. Prenant en considération l'écart entre 1713 et aujourd'hui, Wang et al. (2005) réduisent l'amplitude à 0,1 %. Ainsi, l'estimation de la variation de la « constante solaire » sur trois siècles peut recouvrir un intervalle de 13 W/m^2 à 1,7 W/m^2. C'est cette dernière valeur de 1,7 W/m^2 que retiennent Balmaceda, Krivova et Solanki (2007) bien que Krivova et Solanki (2003) aient considéré antérieurement que la fourchette pourrait être de 2 à 6 W/m^2. C'est, par ailleurs, la moyenne de cette fourchette soit 4 W/m^2 qui est citée par G. Thuillier dans « Histoire solaire et climatique »[7].

4 W/m^2, c'est la variation de la radiance solaire sur un plan situé à la distance de la Terre perpendiculairement à l'axe reliant la Terre et le Soleil. Pour convertir cette variation en insolation par mètre carré de surface terrestre, il convient de la diviser par quatre (cf. chapitre 1) et de la multiplier par 0,7 pour tenir compte de l'énergie réfléchie. On obtient ainsi une différence d'insolation de 0,7 W/m^2. Cette valeur a

7. *Histoire solaire et climatique*, E. Nesme-Ribes, G. Thuillier, éditions Belin, 2000.

beau être proche de celle de l'incidence directe du CO_2 sur le climat au cours du XXe siècle soit 1,2 W/m^2 [8], elle reste très modeste en regard des modifications climatiques évoquées, d'autant plus qu'elle n'est pas la plus faible qui puisse être retenue.

M. Lockwood et C. Frölich (2007) estiment d'ailleurs que l'influence de la variation de la constante solaire depuis 1975 est sans effet significatif sur le climat terrestre.

Pourtant, l'évidence d'une covariation entre l'activité solaire dont témoignent le nombre des taches et la variation du climat est établie par de nombreux documents. La figure 10.10 en est un exemple.

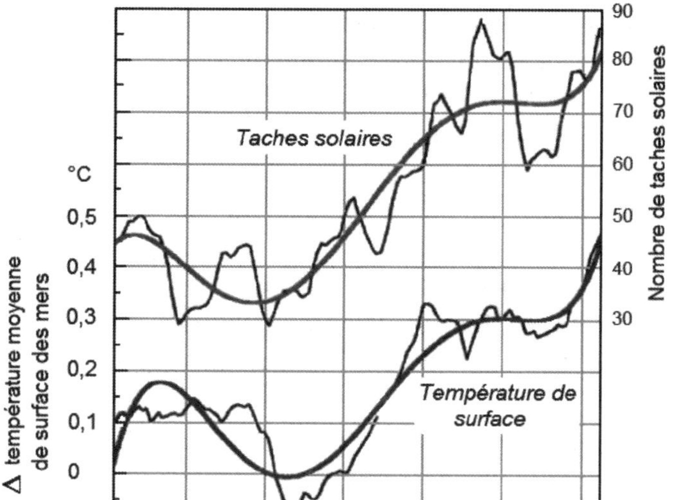

Fig. 10.10. | Corrélation Soleil-climat.
La courbe supérieure est celle de l'évolution des taches solaires. La courbe inférieure est celle de la température de surface des océans. Ces courbes ont été établies en 2005 par Rodney Viereck, du NOAA *(National Oceanic and Atmospheric Administration), Space Environment Center*.

8. Valeur obtenue en appliquant la relation de G. Myhre ($F = 5,35 \ln C/C_0$) avec $C = 370$ ppmv et $C_0 = 295$ ppmv.

La corrélation illustrée par la figure 10.10 entre le nombre de taches observé et la température de surface des océans peut surprendre. Car, compte tenu de ce qui précède, la faible incidence de la radiance ne peut, à elle seule, expliquer l'augmentation de température de plus de 0,4 °C de la surface des océans.

On doit alors s'interroger et se demander si la variation de l'activité solaire n'a pas d'autres effets, concomitants avec la simple variation de la radiance.

INTERCESSION DES RAYONS COSMIQUES

L'efficacité réelle de l'énergie solaire reçue par notre planète dépend de la part qui est retournée vers l'espace par réflexion ou diffusion, autrement dit dépend de l'albédo.

Comme nous le savons (cf. chapitre 4), les aérosols jouent un rôle. L'éruption du Tambora[9] l'a prouvé en provoquant un refroidissement qui a duré plusieurs années et l'éruption du Pinatubo (1991, Philippines) l'a confirmé, bien que dans une moindre mesure. Nous savons aussi que, dans la théorie de Milankovitch, l'enneigement plus ou moins important des hautes latitudes influe sur l'albédo et entraîne une rétroaction qui accroît les effets des variations de l'insolation. Mais si les aérosols, notamment les aérosols volcaniques, jouent un rôle, les grands responsables de l'albédo terrestre sont les nuages. Les deux tiers de l'albédo terrestre leur sont actuellement imputables.

C'est pourquoi tout ce qui peut influer sur la nébulosité peut avoir une influence déterminante sur le climat. C'est le cas du rayonnement cosmique (voir encadré).

Notre planète dévie une grande partie du rayonnement cosmique grâce au bouclier protecteur que constitue le champ magnétique terrestre. Concernant le rayonnement cosmique solaire, ce dernier

9. Éruption cataclysmique en 1815 du volcan Tambora situé dans l'île de Sumbawa, Indonésie.

est, préalablement, déterminé par le champ magnétique solaire. Ce champ magnétique varie avec l'activité solaire et contrôle l'intensité du rayonnement cosmique que le Soleil émet vers l'espace, donc vers la Terre.

Le rayonnement cosmique atteignant l'atmosphère sera donc fonction de l'activité solaire et du champ magnétique terrestre[10].

Le rayonnement cosmique

Le rayonnement cosmique est constitué de particules de haute énergie, essentiellement des noyaux d'hydrogène (protons) et, dans une moindre mesure des noyaux d'hélium (particules α). Ces particules sont porteuses d'une charge électrique et leur trajectoire peut être déviée par un champ magnétique. Une première composante du rayonnement cosmique atteignant la Terre a pour origine notre galaxie et l'espace intergalactique. Une seconde composante a pour origine notre Soleil ; c'est le « vent solaire » dont l'intensité fluctue avec l'activité solaire.

Les particules composant le rayonnement cosmique primaire vont entrer en collision avec les noyaux des atomes constitutifs des molécules présentes dans l'atmosphère (essentiellement l'azote et l'oxygène) en donnant naissance à des radionucléides (carbone 14, béryllium 10...) et à des particules secondaires, électrons, photons, neutrons, mésons. Le comptage des neutrons émis est utilisé pour mesurer le flux des rayons cosmiques.

Seules les particules du rayonnement cosmique primaire les plus énergétiques peuvent atteindre, en petit nombre, le niveau de la mer.

Pourquoi faire intercéder le rayonnement cosmique solaire dans des considérations climatiques ? Parce que les rayons cosmiques qui atteignent notre planète ne sont pas sans conséquences sur l'atmosphère.

10. Celui-ci n'est pas non plus immuable et a baissé de 14 % depuis 1840.

Les rayonnements cosmiques primaires et secondaires sont ionisants. En traversant l'atmosphère humide, ils créent sur leur passage des noyaux de condensation. C'est ce que l'on pouvait observer dans les anciennes « chambres à brouillard » dans lesquelles le passage

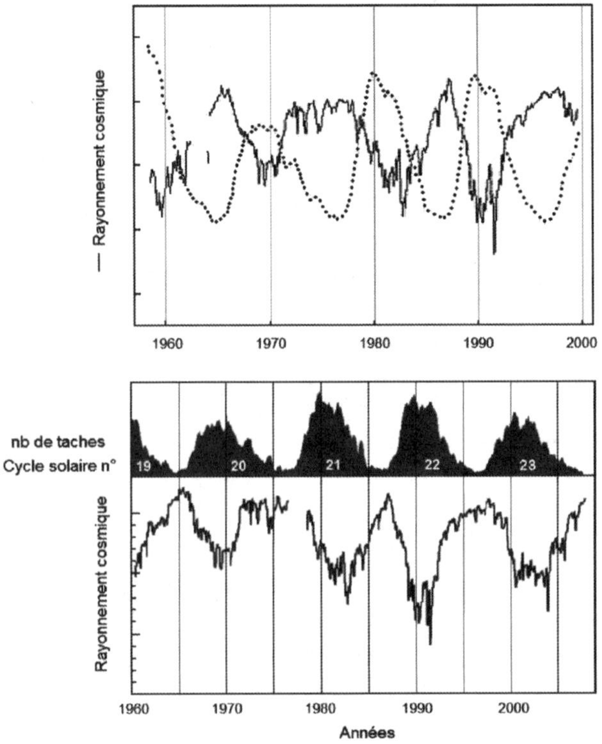

D'après IPEV, Kerguelen.

D'après U. of Delaware, Thulé Groenland.

Fig. 10.11. | Corrélation entre l'activité solaire et le rayonnement cosmique reçu par la Terre, mesuré par comptage de neutrons.
La courbe en trait noir plein du graphique supérieur (IPEV[11] et Observatoire de Paris) donne l'évolution du rayonnement cosmique, et la courbe en pointillé donne l'évolution du nombre de taches solaires. Le graphique inférieur (Université du Delaware) confirme ces évolutions.

11. Institut polaire français Paul Emile Victor.

d'une particule dans un gaz sursaturé en vapeur d'eau ou en vapeur d'alcool était révélé par la formation de gouttelettes de condensation le long de sa trajectoire.

Les rayons cosmiques provoquent donc la formation de nuages. Or ces nuages (cf. chapitre 4) augmentent l'effet parasol, autrement dit augmentent la quantité d'énergie solaire réfléchie ou diffusée. Ce faisant, ils diminuent corrélativement l'énergie solaire parvenant à la surface de notre planète et provoquent son refroidissement. Réciproquement, si le rayonnement cosmique atteignant l'atmosphère terrestre diminue, la nébulosité diminuera également et notre planète se réchauffera.

Lorsque l'activité solaire diminue, le champ magnétique solaire diminue également. Les rayons cosmiques ne sont plus piégés et le nombre de ceux qui traversent l'atmosphère terrestre croît. Les nuages se forment en plus grande quantité et le sol terrestre refroidit. C'est ce qui s'est vraisemblablement produit lors du minimum de Maunder et qui expliquerait le petit âge glaciaire.

La figure 10.11 met en évidence la corrélation entre l'activité solaire, dont témoigne le nombre de taches solaires, et le rayonnement cosmique reçu par la Terre, mesuré par comptage de neutrons.

La fluctuation de l'activité solaire a donc bien comme conséquence la variation d'intensité du rayonnement cosmique et comme indicateur le nombre de taches solaires. La figure 10.11 permet de constater que lorsque le nombre des taches solaires révèle une période de forte activité solaire, le rayonnement cosmique parvenant à notre planète devient moins intense et réciproquement.

Si le rayonnement cosmique augmente d'intensité, la nébulosité terrestre devrait augmenter. C'est ce que l'on constate, comme le montre la figure 10.12 où la corrélation entre le flux de rayons cosmiques et la nébulosité de l'atmosphère terrestre est mise en évidence.

Corrélation n'est pas raison et la quantification de la relation entre la nébulosité et le flux de particules cosmiques est mal connue

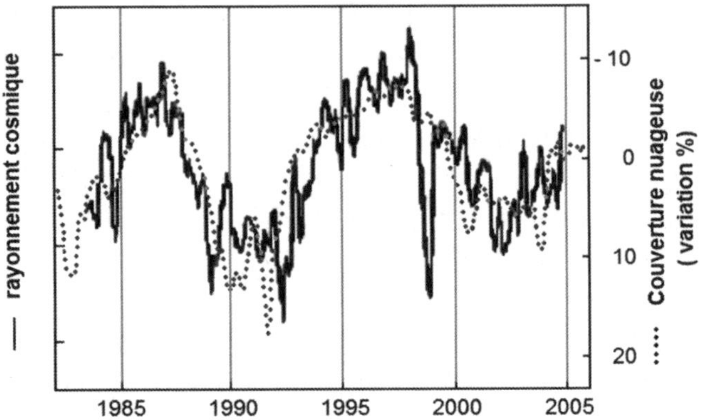

Fig. 10.12. | Rayonnement cosmique et couverture nuageuse.
La courbe pointillée représente l'évolution en % de la couverture nuageuse au-dessous de 3 500 m, par rapport à la moyenne de la période juillet 1983-juin 1994. La courbe noire est le rayonnement cosmique mesuré par comptage des neutrons durant la même période. Le graphique est dû à N. D. Marsh and H. Svensmark (2000) et a été mis à jour en 2005 par le *Danish National Space Center*.

aujourd'hui. Mais une variabilité de la nébulosité de plusieurs % en relation avec la fluctuation du rayonnement cosmique ne peut être écartée. L'hypothèse d'une variation d'albédo de 1 % entraînerait une diminution ou une augmentation de l'insolation de l'ordre de 3,6 W/m^2, c'est-à-dire le triple du forçage radiatif de 1,2 W/m^2 qui peut être attribué à l'augmentation de l'effet de serre dû au CO_2, au cours du XXe siècle.

Cette hypothèse est d'ailleurs confortée par le constat effectué par G. Warren et al. (2006) d'une diminution de la couche nuageuse de 0,7 % par décennie sur la période 1971-1996. Constat confirmé par les travaux de Eric Pallé (2004, 2006), qui utilise les relevés des satellites de l'ISCPP (*International Satellite Cloud Climatology Project*) au cours des vingt dernières années. C'est ce constat que montre la figure 10.13. (La remontée depuis l'année 2000 a bien, en conformité avec ce qui précède, produit une pause dans l'augmentation de la température, cf figure 7.15).

Les radionucléides (voir encadré), qui sont radioactifs, peuvent servir d'indicateurs pour retracer l'intensité du rayonnement

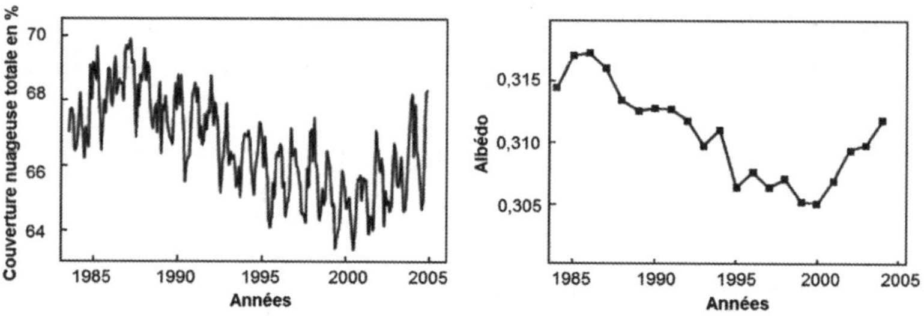

Fig. 10.13. | Évolutions récentes de la couverture nuageuse et de l'albédo.
La variation de l'albédo, obtenue à partir des relevés des satellites (courbe de droite) confirme l'évolution de la couverture nuageuse (courbe de gauche). (D'après ISCCP décembre 2004.)

cosmique passé. En mesurant l'abondance de ces radionucléides dans les sédiments marins, les carottes glaciaires, les cernes des arbres etc., on a pu reconstituer l'intensité du rayonnement cosmique passé. Et en la rapprochant de l'évolution des températures, on constate une corrélation étroite à l'échelle des millions d'années, des millénaires et à l'échelle séculaire.

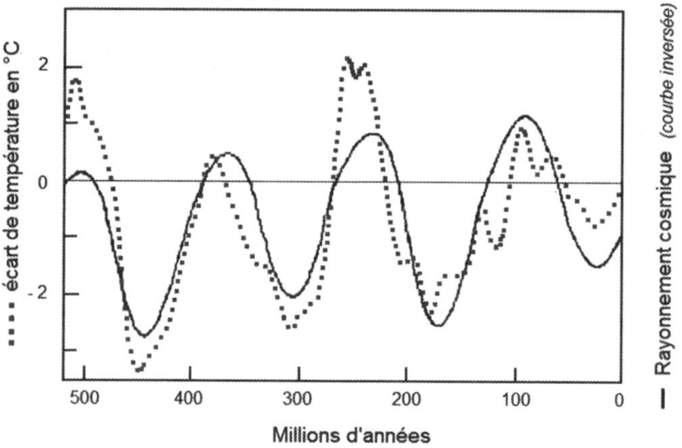

Fig. 10.14. | Évolution du rayonnement cosmique et des températures au cours des 500 derniers millions d'années, d'après Shaviv et Veizer.
L'échelle de fluctuation des rayons cosmiques (en trait noir plein) a été inversée pour faciliter la comparaison.

À l'échelle des millions d'années

La figure 10.14, due à Shaviv et Veizer (2003), restitue le flux de rayons cosmiques par dosage des radionucléides dans les coquilles des sédiments marins et reconstitue les températures par dosage du rapport $^{18}O/^{16}O$ dans les mêmes coquilles.

À l'échelle des millénaires

La figure 10.15 due à Sharma (2002) juxtapose le flux de rayons cosmiques déduit des mesures de béryllium 10 dans les carottes de glaces de Vostok et les températures déduites de la mesure de l'oxygène 18 dans les sédiments marins.

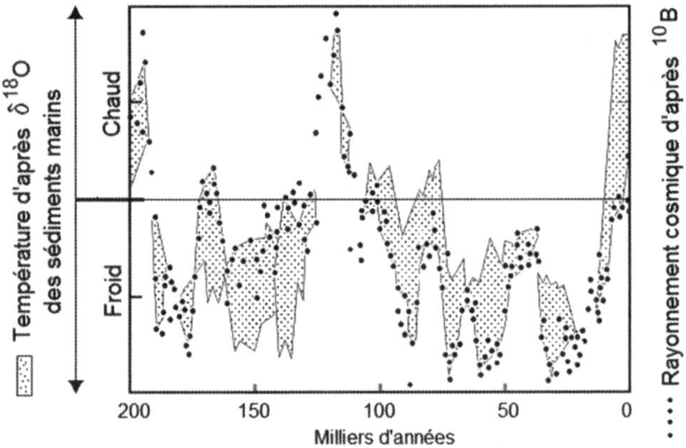

Fig. 10.15. | Évolution du rayonnement cosmique et des températures au cours des 200 derniers milliers d'années. (D'après Sharma.)
Les températures sont indiquées par des zones en grisé, les mesures de ^{10}Be sont figurées par des points.

À l'échelle séculaire

La figure 10.16 comporte deux graphiques dus respectivement à Nicola Scafetta (2006) et Caspar Amman (2005) qui rapprochent évolution du climat et reconstructions de l'activité solaire selon plusieurs indicateurs (le carbone 14, le béryllium 10 et le nombre de taches solaires).

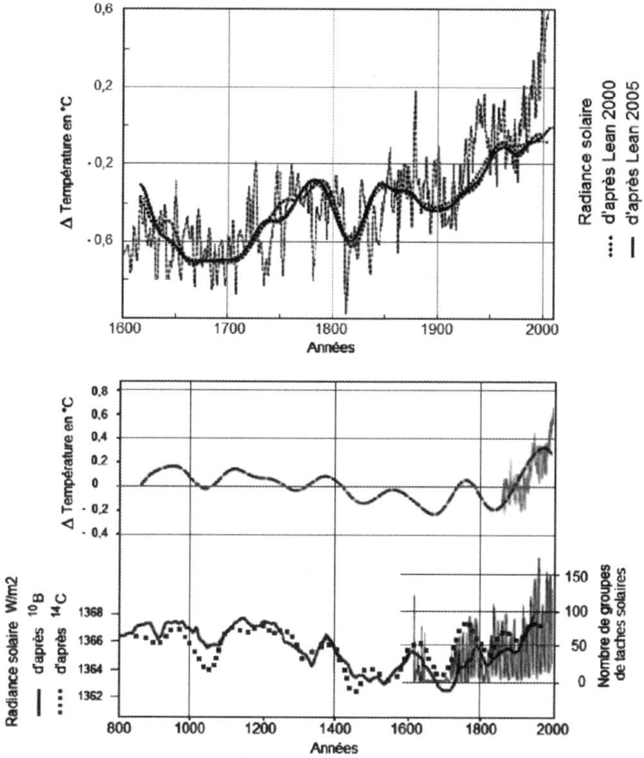

Fig. 10.16. | Évolution du climat et reconstructions de l'activité solaire.
Le premier graphique, dû à Nicola Scafetta, montre la corrélation entre l'évolution de la radiance solaire (en trait noir plein) et la température pour les 400 dernières années (en trait fin). (D'après N. Scafetta, 2006.)
Le second graphique, dû à Caspar Amman, met en évidence la corrélation entre l'évolution de la température (courbe supérieure) et l'activité solaire déduite de l'évolution du ^{10}Be (courbe en trait plein), du ^{14}C (courbe pointillée) et du nombre de taches solaires depuis 1610 (à droite). (D'après G. Ammann, 2005.)

La tendance actuelle de l'activité solaire est en augmentation ; le rayonnement cosmique devrait donc diminuer en conséquence. C'est bien ce que l'on constate : durant le XXe siècle, le rayonnement cosmique aurait diminué de 15 %. Plus précisément, comme le rapportent J. W. Bieber et al. (2007), les mesures effectuées au pôle

Sud révèlent une diminution du rayonnement cosmique de 8 % entre 1965 et 1997 ! Cette diminution du rayonnement cosmique devrait donc entraîner une moindre couverture nuageuse, donc un moindre albédo, donc un réchauffement. C'est aussi ce que l'on constate !

L'influence des rayons cosmiques sur le climat est une hypothèse récente et gêne ceux qui pensent, sur la foi des modèles climatiques, que l'homme est responsable d'un réchauffement climatique qui ne résulterait que des émissions anthropiques de CO_2. Ils soulignent donc le fait qu'aucune relation quantitative n'est actuellement établie entre l'intensité du rayonnement cosmique d'une part, la couverture nuageuse et les températures d'autre part. C'est exact, mais on peut espérer que cela ne le restera pas longtemps et que l'on va, enfin, passer du domaine virtuel des modèles du climat à l'expérimentation.

Les très nombreuses observations, notamment celles des satellites et les études théoriques concluant à l'influence du rayonnement cosmique sur les nuages et le climat, ont convaincu les physiciens du CERN[12] de lancer le programme de recherche CLOUD[13]. Ce programme se propose d'étudier, avec l'utilisation d'une source artificielle simulant les rayons cosmiques, le mécanisme fondamental de leur action sur la nébulosité atmosphérique, et partant sur le climat, ainsi que la quantification de cette action. Le programme CLOUD est aujourd'hui au stade du prototype et devrait permettre de premières conclusions d'ici un an ou deux. Il a été précédé par une expérience beaucoup plus simple, Sky, conduite par le *Danish National Space Center* à Copenhague sous la direction de Henrick Svensmark, qui démontre le déclenchement d'un processus de condensation après ionisation, de manière analogue à ce que l'on voyait dans les anciennes « chambres à brouillard ».

12. Le Centre européen de recherche nucléaire est situé à Genève. L'expérience réunit 18 Instituts de recherche de 9 pays européens, des États-Unis et de Russie.

13. *Cosmic Leaving OUtdoor Droplet*, rayons cosmiques produisant des gouttelettes extérieures.

Le Soleil, faut-il le rappeler, fournit plus de 99,9 % de l'énergie dont dispose le système Terre. Il est donc très naturel que toute variation de son activité induise des variations du climat de la Terre. À l'échelle des dizaines de milliers d'années, il provoque de très fortes variations climatiques quasi-périodiques en conséquence de ses relations astronomiques avec la Terre. Il ne faut pas s'étonner qu'il puisse continuer à intervenir à l'échelle séculaire ou décennale. C'est ce qui se produit en raison de la variation de son activité. Activité qui conditionne à la fois sa radiance et son émission de rayons cosmiques.

L'EFFET DE SERRE ET SA FLUCTUATION

L'essentiel de l'effet de serre existant sur notre planète est redevable à l'eau. En faisant intervenir de manière prépondérante la rétroaction positive de la vapeur d'eau en conséquence d'un réchauffement, les modèles de climat cités par les alarmistes ne disent pas autre chose.

Pour les alarmistes, le réchauffement en cours serait initié par l'augmentation du CO_2 atmosphérique. L'un des éléments ayant contribué à cette allégation est la corrélation visuelle observée sur les courbes de température et de CO_2 établies à partir des carottes de glace de Vostok. La figure 10.17 due à Petit et al. (1999) rapproche la courbe des températures, déduite de la mesure du rapport isotopique $^{18}O/^{16}O$, de celle des concentrations en CO_2 qui résultent de la mesure directe dans les bulles d'air emprisonnées dans la glace.

À cette échelle graphique, la covariation entre les concentrations en CO_2 et les températures apparaît en effet saisissante !

La covariation soulignée par la figure 10.17 est d'ailleurs confirmée par l'observation des courbes établies à partir des carottes de glace du forage antarctique EPICA[14], présentées à la même échelle. Cette covariation visuelle faisait d'ailleurs dire à Thomas Stocker (le second auteur de l'article de Siegenthaler et al.), le 24 novembre 2005 à la

14. *European Project for Ice Coring in Antarctica*, projet de forage européen des glaces en Antartique.

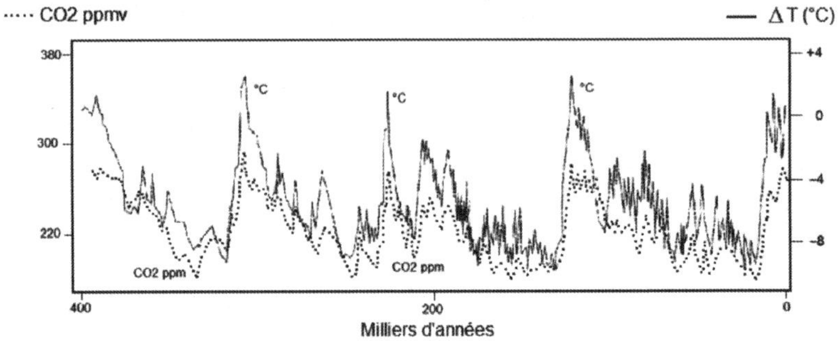

Fig. 10.17. | Évolution de la température (déduite des rapports isotopiques) en trait continu et de la concentration en CO_2, en pointillé.

BBC : « *La corrélation, constante dans le temps, entre le deutérium et le* CO_2 *est, sans autre besoin d'évidence additionnelle, une indication très forte du rôle important du* CO_2 *dans la régulation du climat.* »

Pourtant, une covariation n'est pas forcément une relation de cause à effet, et, de toute manière, ne désigne pas la cause. Dans le cas présent, l'article de Siegenthaler et al. (2005), qui publie les premiers résultats dérivés du forage EPICA concernant le CO_2, désigne d'ailleurs clairement qui est l'œuf et qui est la poule. Cette publication précise, en effet, que le signal « température » précède en moyenne de 1 900 ans la variation du CO_2, avec des fluctuations de 800, 1 600, 2 800 ans. Ce retard du CO_2 ne fait d'ailleurs que confirmer les publications précédentes[15], qui révélaient des retards analogues dans les relevés du forage de Vostok. Le fait que la variation du CO_2 soit une conséquence de l'évolution de la température et non une cause apparaît ainsi solidement établie. Il convient alors de se demander si d'autres échelles de temps permettent de confirmer l'absence ou l'existence d'un rôle directeur du CO_2 sur le climat.

15. Monnin et al., 2001 ; Mudelsee, 2001 ; Caillon et al., 2003 ; Clarke, 2003 ; Vakulenko et al., 2004.

À l'échelle séculaire

La figure 10.18 est due à Berner et Streiff (2000) et cherche à établir une corrélation entre les valeurs de la concentration en CO_2 et la température, au cours du dernier millénaire. La concentration en CO_2 a été déterminée sur les carottes de glace du forage GISP2 (Groenland), puis à Mauna Loa à partir de 1958, la température a été déduite du dosage de ^{18}O sur les mêmes carottes.

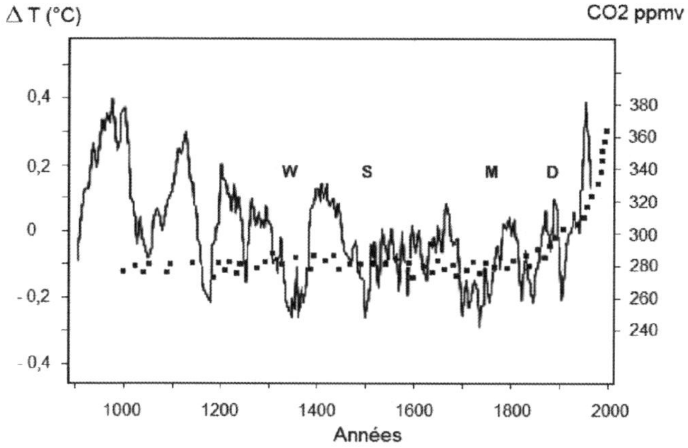

Fig. 10.18. | Évolution du CO_2 et de la température au cours du dernier millénaire. La courbe en trait plein donne l'évolution des températures. Les lettres indiquent les minimas observés du nombre des taches solaires. La concentration en CO_2 est donnée par les points.

Si la corrélation ne semble pas absente, à cette échelle, pour les derniers 150 ans, elle n'est guère convaincante pour les siècles qui précèdent. Cela invite à un examen plus détaillé des 150 dernières années.

À l'échelle décennale

La figure 10.19 compare la variation du CO_2 et celle de la température depuis 1850. La variation du CO_2 a été déterminée sur une carotte de glace prélevée en Antarctique Ouest (*Sipple Station*) par

Nephtel et al.[16] et, depuis 1958, par les analyses réalisées en continu à Mauna Loa (Hawaï) par Keeling et Whorf[17]. La variation de la température est celle qui a été publiée par Jones et al.[18] pour l'hémisphère Nord.

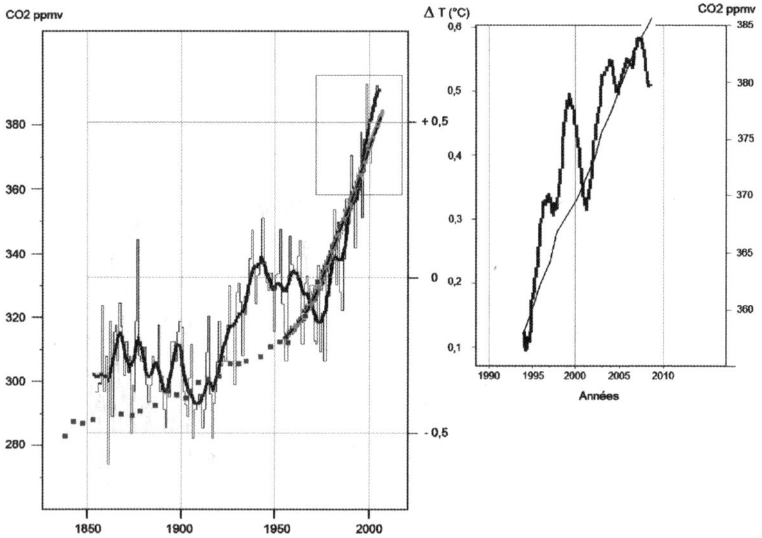

Fig. 10.19. | Variation du CO_2 et de la température.
Graphique de gauche : l'évolution de la température est donnée par la courbe en trait noir épais, celle du CO_2 est donnée par les points (Sipple) et la courbe tiretée soulignée en gris clair (Mauna Loa). L'adéquation des échelles est réalisée au mieux pour mettre en évidence une éventuelle corrélation.
Graphique de droite : l'effet de loupe comporte, outre un complément pour les années récentes, l'utilisation de données numériques pour le tracé des courbes ; Données du GISS[19] pour la température (courbe en trait noir épais), données de NOAA[20] pour le CO_2 (courbe en trait fin).

16. A. Nephtel et al. (université de Berne).
17. C. D. Keeling and T. P. Whorf (*Scripps Institution of Océanography*).
18. P. D. Jones et al. (*University of East Anglia*) et D. E. Parker (*Met. Office*). Cette référence et les deux précédentes peuvent être consultées sur htpp://cdiac.ornl.gov/trends/CO2/
19. http://data.giss.nasa.gov/gistemp/tabledata/GLB.Ts+dSST.txt
20. http://cdiac.ornl.gov/trends/co2/

La comparaison pour les 150 dernières années ne peut convaincre d'une éventuelle corrélation, autrement que pour les toutes dernières décennies. L'examen plus détaillé de ces dernières ne permet cependant pas d'établir le bien-fondé de cette corrélation puisque, depuis six ans, le CO_2 continue d'augmenter alors que l'on peut observer une pause dans la montée de la température.

De tout ce qui précède, il est possible de conclure que, sur le long terme, la covariation CO_2/température est bien établie, mais que c'est la température qui est la cause et non l'inverse, et que sur le moyen et court terme la corrélation est moins évidente. Nous ne pouvons pas nous en étonner puisque nous savons depuis les chapitres 1 et 2 que le CO_2 ne peut avoir qu'une incidence très modeste sur le climat et ne peut pas être considéré comme l'unique facteur de son évolution. Il convient d'ailleurs de se souvenir que durant l'Éémien (le précédent interglaciaire), alors que la concentration atmosphérique en CO_2 affichée était sensiblement inférieure à ce qu'elle est aujourd'hui (290 ppmv versus 380 ppmv) les températures étaient plus élevées de 2 à 4 °C.

Une variation de la nébulosité pourrait avoir un effet quantitatif plus marquant sur le climat. Les gaz à effet de serre ne peuvent en être directement responsables, mais le rayonnement solaire, si !

ET LES ÉCHANGES INTERNES ?

La première page de ce chapitre évoque, sans y insister, les transferts de chaleur des tropiques vers les hautes latitudes. Le Soleil délivre dans la zone intertropicale l'essentiel de l'énergie dont il fait bénéficier notre planète. Cette énergie est ensuite redistribuée par l'énorme machine thermique que constitue le système océan-atmosphère.

Le réchauffement actuel, prétendu global, apparaît surtout localisé dans l'hémisphère Nord. Ne peut-on imaginer que le réchauffement plus important de l'hémisphère Nord soit la conséquence d'un transfert privilégié de la chaleur tropicale par le truchement de la circulation atmosphérique ou des courants océaniques et notamment le Gulf Stream et le Kuro-Shivo ? Cette question peut paraître incongrue au moment où plusieurs publications annoncent que le débit du Gulf Stream diminuerait depuis les années 1970. Certains vont même jusqu'à envisager un ralentissement si important de ce courant que l'Europe et la côte Est des États-Unis pourraient connaître un refroidissement de plusieurs degrés en quelques décennies. Mais énoncer cette hypothèse, c'est admettre la réciproque, et reconnaître implicitement la contribution actuelle des courants océaniques au climat de l'hémisphère Nord. Je me sens donc encouragé à maintenir ma question. Sinon, comment expliquer qu'un réchauffement global conséquent de l'augmentation d'un gaz à effet de serre parfaitement diffusé autour du globe affecte plus un hémisphère que l'autre ?

L'exploitation des enregistrements climatiques issus des carottes de glace de l'Antarctique[21] et du Groenland a fait apparaître une bascule climatique entre les deux hémisphères au cours de la dernière période glaciaire[22]. Quand le pôle Sud se réchauffe, le pôle Nord se refroidit et vice versa. L'explication de cette « synchronisation à haute résolution temporelle » réside dans les échanges d'eau plus ou moins vigoureux entre l'océan circumantarctique et l'Atlantique Nord. Alors, pourquoi ce qui a été constaté de manière répétitive dans le passé n'existerait-il pas aujourd'hui ?

Tout cela ne se justifie, bien sûr, que si la différence constatée entre le réchauffement de l'hémisphère Nord et celui de l'hémisphère Sud est établie sans conteste, or nous avons vu au chapitre 6 que le doute est permis.

---

21. Le rapprochement fin entre les deux enregistrements a été autorisé par le carottage entrepris à Dronning Maud Land où le taux d'accumulation de neige de ce site est le plus élevé de l'Antarctique. Cette analyse fine confirme les observations de concordance inverse déjà effectuées pour quelques événements de large ampleur.

22. EPICA (2006).

CE QUE L'ON PEUT RETENIR

- *La variation de l'effet de serre est, avec la fluctuation de l'activité solaire et celle de l'albédo terrestre, l'un des trois facteurs pouvant influencer le climat global.*
- *La fluctuation de l'insolation peut être la conséquence des variations des paramètres astronomiques reliant la Terre et le Soleil. C'est d'ailleurs ainsi que l'on explique la succession des périodes glaciaires et interglaciaires.*
- *Sur des périodes de durées plus courtes, la fluctuation de l'insolation solaire pourrait résulter de la variation de la radiance solaire et de la variation de la couverture nuageuse liée au rayonnement cosmique. Si la variation de la radiance solaire apparaît modeste, l'incidence du rayonnement cosmique pourrait avoir une beaucoup plus grande importance.*
- *La variation du rayonnement cosmique parvenant dans l'atmosphère terrestre est sous le contrôle de l'activité solaire et du champ magnétique terrestre.*
- *Les modèles, qui rendent le CO_2 seul responsable du réchauffement actuel, n'établissent son incidence quantitative qu'en lui attribuant un accroissement de l'eau atmosphérique. Un tel accroissement n'est en rien spécifique d'une variation du CO_2. Il pourrait dépendre de n'importe quel facteur qui augmente la température, tel qu'un accroissement de l'insolation ou une diminution d'albédo.*
- *La covariation du CO_2 et de la température introduit bien une possibilité de relation de cause à effet. Mais ce n'est que dans le sens où une variation de température, sur une durée suffisante, peut conduire à une variation du CO_2 atmosphérique. Par exemple, par l'absorption ou le dégazage des océans.*
- *Il n'est pas impossible qu'une modification de la circulation océanique puisse contribuer au réchauffement plus important de l'hémisphère Nord, comme cela a été le cas dans le passé.*
- *La contribution du seul CO_2 ne peut pas être considérée comme suffisante pour expliquer les variations climatiques. Cette contribution,*

comme cela a été montré, ne saurait qu'être extrêmement modeste en regard de la variabilité naturelle du climat. Le Soleil, par les fluctuations conjuguées des relations astronomiques avec la Terre, de la radiance et du rayonnement cosmique, apparaît comme un responsable beaucoup plus plausible de la variation du climat global.

Quelques pages en guise de conclusion

Ce qu'on n'a jamais mis en question
n'a point été prouvé.
Le scepticisme est donc le premier pas
vers la vérité.

Denis DIDEROT
(*Pensées philosophiques,* XXXI, 1746)

Parmi les variations des trois facteurs dont dépend le climat de la Terre, les alarmistes et le GIEC ne veulent prendre en considération que celles qui affectent le troisième, l'effet de serre. Pourtant, les variations de l'insolation ou de l'albédo n'ont pas une moindre importance. Bien au contraire, les variations d'insolation sont la seule explication, finalement acceptée, des changements climatiques profonds qu'a connu notre Terre depuis 1,8 millions d'années sous la forme de l'alternance des périodes glaciaires et interglaciaires.

Mais l'homme ne peut être rendu responsable ni des variations d'activité de notre Soleil ni des relations astronomiques que notre étoile entretient avec notre planète. En revanche, il peut être accusé de provoquer une intensification de l'effet de serre en raison des émissions de gaz, particulièrement de CO_2, conséquentes de ses activités.

Le présupposé de la responsabilité humaine dans les variations récentes du climat est inclus, comme je l'ai rappelé, dans le rôle dévolu au GIEC lors de sa création : « *Expertiser l'information scientifique, technique et socio-économique qui concerne le risque de changement climatique* ***provoqué par l'homme.*** » Il ne faut donc pas s'étonner que le GIEC ait élaboré une théorie pour justifier ce présupposé.

UNE THÉORIE TRÈS CONTROVERSÉE

La théorie du GIEC est fondée sur la simultanéité du réchauffement climatique et de la croissance des émissions de CO_2 depuis 1750, début de l'ère industrielle. Le GIEC s'attache donc à démontrer d'une part que le réchauffement en cours est sans précédent depuis au moins un millier d'années, et d'autre part que les émissions industrielles ont augmenté la concentration atmosphérique en CO_2 et l'ont amenée à un niveau jamais enregistré depuis des centaines de milliers d'années. Il établit ensuite une relation de cause à effet entre ces deux constats : le CO_2, gaz à effet de serre, engendre l'augmentation de l'effet de serre et, par voie de conséquence, celle de la température. Conscient, toutefois, de l'insuffisance du seul CO_2 pour justifier l'augmentation de température constatée, il appelle la vapeur d'eau en renfort. Il justifie ce recours en expliquant que l'augmentation de température, due au seul CO_2, générera une évaporation accrue qui augmentera la quantité de la vapeur d'eau atmosphérique. Or, comme chacun le sait, la vapeur d'eau est, de loin, le plus important des gaz à effet de serre…

Le réchauffement climatique

Le GIEC s'appuie, pour démontrer l'existence d'un réchauffement climatique depuis 1750, c'est-à-dire depuis le début de l'ère industrielle, sur un certain nombre d'observations et notamment sur les relevés thermométriques, la montée du niveau des mers, le recul des glaciers…

Personne ne le contredit véritablement sur ces différents points. Sauf à faire remarquer :

- d'abord, que le réchauffement n'est avéré que depuis 1850, le début du XIXe siècle ayant été une période particulièrement froide ;

- ensuite, que les mesures thermométriques réalisées depuis cette époque, singulièrement au cours des dernières décennies, devraient être corrigées de l'effet des « îlots de chaleur urbains » ; si ces derniers n'apportent pas de contribution significative au réchauffement global, ils faussent la mesure que l'on en fait ;
- enfin, que les relevés thermométriques au sol ne sont pas confirmés par les relevés atmosphériques des satellites, alors que les modèles de climat annoncent un réchauffement de l'atmosphère plus important que celui de la surface.

Le GIEC complète sa démonstration en soulignant le réchauffement « sans précédent » de l'Arctique. Il reconnaît cependant qu'un réchauffement du même ordre a déjà eu lieu durant la période 1925-1940, mais il en minimise l'importance en précisant qu'il ne s'agissait pas, alors, d'un réchauffement « global ». Comme si le réchauffement actuel, qui affecte plus l'hémisphère Nord que le Sud, épargne l'Antarctique et comporte d'autres exceptions, possédait, sans doute possible, les caractéristiques « globales » que l'on voudrait lui attribuer.

Le GIEC certifie que les décennies récentes ont été les plus chaudes depuis 1860. Personne ne le contredit, non plus, sur ce point. L'année 1860 marquait la fin du petit âge glaciaire et il est normal que la température soit en hausse depuis. Sauf à remarquer que, au cours des six dernières années, la hausse semble marquer une pause bien que les émissions de CO_2 continuent de croître (cf. figure 7.15).

En affirmant que le réchauffement en cours est sans précédent, le GIEC suggère que ce réchauffement climatique sort des limites de la variabilité naturelle. C'est cette prise de position qui est contestable et contestée.

Le réchauffement climatique lui-même n'est nié par personne, même s'il existe quelques raisons de penser qu'il est peut-être moins intense que ne le fait apparaître l'exploitation officielle des mesures thermométriques (cf. chapitre 6). Le petit âge glaciaire, caractérisé par l'avancée des glaciers et une intensification des durées de gel, a forcément été précédé d'une période plus chaude et d'autres périodes chaudes ont existé (cf. chapitre 5 et chapitre 7). La période chaude actuelle n'est donc pas sans précédent. En témoignent « l'optimum médiéval » et la période encore plus chaude baptisée « optimum climatique » que nos ancêtres ont connu il y environ 8 000 ans. Ceci, sans oublier le précédent interglaciaire (l'Éémien), durant lequel Homo sapiens a connu des températures plus élevées que l'actuelle de 2 à 4 °C.

Le réchauffement apparaît ainsi moins global et vraisemblablement moins intense que ne le souhaiteraient les défenseurs de la théorie de la responsabilité anthropique. S'il y a bien réchauffement climatique depuis la période qualifiée de petit âge glaciaire, ce réchauffement est loin d'être uniforme et régulier (cf. chapitre 6). Comment, alors, admettre que sa seule justification soit l'augmentation de la concentration du CO_2 qui, elle, est régulière et uniforme ?

La concentration atmosphérique en CO_2

Personne ne met en doute l'accroissement du CO_2 atmosphérique mesuré depuis 1958. Il est plausible d'attribuer cette augmentation aux émissions de CO_2 résultant de l'utilisation croissante des combustibles fossiles. Il est plus étonnant qu'aucune valeur égale ou supérieure à l'actuelle ne soit « officiellement » reconnue, sauf à remonter à quelques millions d'années.

Mais la question essentielle qui doit être posée est celle de la contribution quantitative de l'accroissement du CO_2 à l'augmentation de température.

RELATION QUANTITATIVE CO_2/TEMPÉRATURE

Les tenants de la théorie de la responsabilité anthropique du réchauffement climatique attribuent le réchauffement en cours à la seule augmentation des gaz à effet de serre d'origine anthropique et, pour l'essentiel, au CO_2. La justification de cette attribution a d'abord reposé sur la covariation du CO_2 et des températures, que faisaient apparaître les mesures effectuées sur les carottes glaciaires. Cette argumentation a été rejetée. D'une part parce que la faible fluctuation du CO_2 entre période glaciaire et interglaciaire ne peut justifier qu'un écart de température bien inférieur au degré centigrade et d'autre part parce que la variation du CO_2 est en retard sur celle de la température, et non l'inverse. La relation CO_2/température ne s'appuie plus alors que sur la covariation qui serait constatée pour le XXe siècle. Or, cette covariation n'existe en réalité que pour les deux dernières décennies et il serait hasardeux d'en tirer des conclusions. D'une part un changement climatique ne peut s'apprécier que sur une durée minimum de trente années, d'autre part la tendance à la hausse des températures semble s'essouffler et n'apparaît plus, au cours des six dernières années, alors que le CO_2 continue d'augmenter.

La véritable attribution ne peut être que quantitative. Le GIEC annonce un forçage de 3,7 W/m^2 pour un doublement de la concentration préindustrielle. En retenant cette valeur, que beaucoup trouvent excessive, la contribution directe du CO_2 à l'augmentation de température constatée pour le dernier siècle ne peut dépasser trois dixièmes de degré, alors que l'augmentation de température annoncée par le GIEC est de 0,74 °C. Surtout, la relation entre l'augmentation du CO_2 et celle de la température a une expression logarithmique. La contribution future d'un accroissement du CO_2 à l'augmentation de température devient donc de plus en plus faible et ne saurait justifier les prévisions des modèles du climat. Selon les propres bases du GIEC, un doublement de la concentration qui, au rythme actuel, serait atteint à la fin du siècle, ne saurait conduire, seul, qu'à une augmentation de température inférieure à quatre dixièmes de degré centigrade par rapport à aujourd'hui (cf. chapitre 2).

Intervention d'éventuelles rétroactions

Conscient de l'insuffisance de l'incidence directe d'un surcroît de CO_2, le GIEC fait alors intervenir l'eau. Cette intervention est foncièrement logique, puisque c'est à l'eau que nous devons l'essentiel de l'effet de serre terrestre. Il convient cependant de relever qu'une intensification de l'évaporation ne serait pas la conséquence d'un surplus de CO_2, mais serait celle d'une augmentation de la température. Comme l'effet direct du CO_2 sur la température est modeste, l'intensification de l'évaporation devrait l'être tout autant. La possibilité d'une rétroaction positive de l'eau est, par ailleurs, fortement mise en doute ; d'une part parce que plus d'eau dans l'atmosphère signifie plus de nuages donc un effet parasol accru, d'autre part parce que plus de nuages signifie plus de précipitations et donc un assèchement des hautes couches de l'atmosphère (cf. chapitre 3). À cet égard, la dispersion des résultats des modèles climatiques, dont la rétroaction positive de l'eau constitue une base commune et prépondérante, souligne combien les incertitudes à ce sujet sont grandes. Tellement grandes que le doute est permis quant au signe, positif ou négatif, à attribuer au résultat de cette rétroaction éventuelle.

En raccourci

Le réchauffement climatique ne peut être que très partiellement redevable au surcroît du CO_2 atmosphérique résultant des émissions anthropiques. Pour cette même raison, une éventuelle rétroaction conduisant à une augmentation de température supplémentaire ne pourrait être que discrète. Elle serait encore plus discrète pour de nouvelles augmentations du CO_2 et ne peut donc pas justifier les prévisions des modèles climatiques qui annoncent jusqu'à 6 °C d'augmentation pour la fin du siècle. Les incertitudes des modèles ne peuvent soutenir de manière crédible la théorie élaborée par le GIEC, reprise par les alarmistes et popularisée journellement par les médias.

Cela n'exclut évidemment pas que le réchauffement de l'hémisphère Nord puisse se poursuivre, mais ce serait, alors, pour de toutes autres raisons.

La théorie de la responsabilité anthropique, mythe ou réalité ?

Mais, me direz-vous, si la théorie du GIEC s'avère être un mythe, pourquoi est-elle acceptée aussi généralement ?

Simplement parce que, comme tout mythe, elle comporte sa part de vérité :

- il est vrai que la concentration atmosphérique en CO_2 augmente, même si la totalité des émissions anthropiques ne se retrouve pas dans l'atmosphère ;
- il est vrai que le CO_2 est un gaz à effet de serre et absorbe, pour certaines longueurs d'onde, le rayonnement infrarouge, même si, pour ces mêmes longueurs d'onde, cette absorption est limitée par celle de l'eau, à l'absorption de laquelle le CO_2 ajoute peu ;
- il est vrai qu'un réchauffement est en cours, même s'il est, vraisemblablement, moindre pour l'hémisphère Nord que celui qui est « officiellement » affiché.

Les relations de cause à effet établies entre ces divers éléments ne sont pas totalement fausses, du point de vue qualitatif ; c'est pourquoi elles sont communément acceptées car la quantification n'est pas la préoccupation du plus grand nombre. Ce qui est récusable, c'est justement la quantification qui en est faite dans le monde virtuel des modèles climatiques, sur des bases physiquement infondées (cf. chapitre 2). C'est aussi l'attribution au seul CO_2 d'une éventuelle rétroaction positive qui dépend en fait d'une augmentation de température et pourrait avoir toute autre cause.

Il n'est donc pas surprenant qu'il existe des « sceptiques » qui expriment de sérieux doutes à l'égard des prédictions du GIEC pour la fin du siècle.

Malgré tout, le GIEC maintient sa théorie, en s'appuyant sur le large consensus dont elle serait l'objet dans le monde scientifique.

UN LARGE CONSENSUS ?

À bien y regarder, ce « consensus » scientifique qui est, pour l'essentiel, celui d'une partie de la communauté des climatologues, météorologues et glaciologues, n'est peut-être pas aussi large qu'il le paraît. Il n'est pas possible d'ignorer qu'un certain nombre des membres du GIEC ont démissionné et que d'autres ne partagent pas ou ne partagent plus dans son intégralité l'ensemble des conclusions présentées par le GIEC. Mais surtout, il n'est pas possible d'ignorer les déclarations de plus en plus nombreuses de scientifiques qui nient l'existence d'un consensus.

Le groupe des climatologues et des glaciologues qui soutiennent le GIEC se défend d'intervenir pour obtenir toujours plus de crédits. Mais il faut bien constater que les crédits alloués aux climatologues, aux météorologues et aux glaciologues non seulement se sont accrus considérablement[1] par rapport au passé, mais sont toujours plus conséquents d'année en année. On ne peut s'empêcher, non plus, de remarquer que, lors du témoignage des scientifiques de la NASA devant le Sénat américain en 1988, les crédits alloués à cet organisme venaient d'être remis en question[2]. Il était urgent de trouver une nouvelle motivation pour éviter une amputation trop lourde des crédits et la disparition de certains centres de recherches. L'ambition légitime de tout responsable scientifique n'est-elle pas de disposer du maximum de moyens pour poursuivre ses recherches et assurer le succès de son équipe ?

Dans le monde complexe et sensible de la communauté scientifique, au sein de laquelle les questions de prestige ne sont pas

1. Ils ont été largement décuplés en quinze ans aux États-Unis.
2. À la suite de l'explosion de la navette spatiale Challenger en 1986.

absentes, n'est-il pas plus gratifiant d'être sur le devant de la scène médiatique que d'être ignoré ?

Soutenir la pensée dominante est évidemment plus confortable que le contraire. Soutenir une idée qui ne peut, d'après soi, nuire à personne et que l'on croît susceptible d'éviter de graves difficultés à l'humanité, n'est-ce pas légitime ? Devenir un responsable éminent du GIEC et être fréquemment sollicité pour donner un avis d'expert respecté n'incite pas à l'autocritique. Jouir de la considération des associations écologistes, des responsables politiques et des médias est une situation valorisante et plus encore si cette considération est concrétisée par un prix Nobel de la Paix. Voir augmenter ses crédits et se sentir protégé au sein d'une communauté scientifique officiellement reconnue est incontestablement plus gratifiant que le contraire ; or ce contraire existe.

Richard Lindzen, l'un des plus grands météorologues mondiaux, professeur au MIT, en témoigne dans le *Wall Street Journal* du 12 avril 2006, sous le titre « Climat de peur ». Il y raconte comment des scientifiques de talent ont perdu leur poste pour avoir contesté la vérité « officielle », et comment d'autres ont perdu leurs moyens de recherche. Richard Lindzen n'est d'ailleurs pas seul à avoir démissionné du GIEC pour protester contre ses méthodes et les moyens utilisés pour discréditer ceux qui ne partagent pas la pensée unique.

Comme l'analyse Philippe Roqueplo[3], les scientifiques réunis sous la bannière du GIEC se trouvent promus à la fonction d'experts. Leur mission est triple : fournir une information scientifique ; évaluer les conséquences économiques et l'impact sur l'environnement ; proposer des réponses stratégiques. Cette mission oblige les experts à prendre parti, ce qui convient parfaitement à certains, même s'ils savent qu'il existe des incertitudes scientifiques. « *Les experts sont formels* » est d'ailleurs la seule position confortable pour les décideurs politiques.

3. Philippe Roqueplo, *Climats sous surveillance*, Éd. Economica, 1993.

Les scientifiques ont aussi des convictions politiques, la tentation de mettre en valeur certains aspects de leur savoir pour faire prévaloir ces convictions ne peut être ignorée. La tentation politique existe, en témoigne la publication du « résumé pour décideurs », quelques mois avant la publication du rapport du GIEC de 2007 qu'il est censé synthétisé, mais opportunément avant l'élection présidentielle en France.

Enfin, la pensée unique est largement entretenue par la « climatocratie » créée par l'ONU. Si l'ONU ne réussit guère à empêcher les guerres, conformément à l'idéal qui a présidé à sa création, elle réussit, en revanche, de manière plus remarquable, dans la création d'organismes technocratiques dont le contrôle finit par lui échapper.

La liste des organismes créés par l'ONU pour s'occuper du climat est longue, ce qui explique que beaucoup de ces organismes ne soient plus sous contrôle. Sans être exhaustif, je citerai: ACCAD (*Advisory Commitee on Climate Applications and Data*) ; WMO (*World Meteorological Organisation*) ; CCI (*Commission for Climatology*) ; GCOS (*Global Climate Observing System*) ; IPCC (*Intergovernmental Panel on Climate Change*) ; JSC (*Joint Scientific Commitee for the World Climate Research Programme*) ; SAC (*Scientific Advisory Committee for the World Climate Impact Assessment*)...

Le clan alarmiste se trouve ainsi sérieusement renforcé, et même institutionnalisé.

Alors, s'agit-il d'un consensus réel, partiel, illusoire ou fermement sollicité ? La présentation du résumé pour les décideurs politiques est-elle intégralement approuvée par tous les membres du GIEC ? Est-il vrai que la cause soit entendue et le débat clos ?

D'AUTRES CAUSES POUR LE RÉCHAUFFEMENT CLIMATIQUE ?

La réalité du réchauffement en cours ne peut-elle avoir d'autres causes que celle que tente de nous imposer une pensée unique fondée sur un prétendu consensus scientifique ?

L'alternance de périodes froides et chaudes, que notre planète a connues, implique de nombreuses phases de réchauffement. Nous avons montré dans les différents chapitres de cet ouvrage que la variation du CO_2 ne pouvait y avoir qu'une très faible responsabilité.
Il a été rappelé que la cause primordiale de l'agréable température dont nous bénéficions était la chaleur délivrée par notre étoile. Le climat sera donc particulièrement sensible à sa variation. La variation d'insolation est d'ailleurs la raison retenue pour expliquer la succession des périodes glaciaires et interglaciaires. Sur le moyen terme récent, le GIEC fait remarquer que la variation de la « constante solaire » est faible et ne saurait expliquer le réchauffement en cours. Mais c'est également le cas de la seule augmentation du CO_2. Dans le cas du CO_2, Le GIEC fait intervenir une éventuelle rétroaction positive de la vapeur d'eau. Mais cette éventualité est tout autant justifiée pour la variation d'insolation et ne permet pas de départager les deux causes. En fait, une éventuelle rétroaction positive serait justifiée pour toute cause conduisant à une élévation de température. Encore faudrait-il que la rétroaction invoquée soit positive, ce qui n'est nullement prouvé. Dans le cas contraire, chacune des causes serait insuffisante pour justifier le réchauffement constaté.

Mais la variation d'insolation peut avoir une autre cause que celle de la variation de la radiance solaire. Cette autre cause est la variation d'albédo, qui peut être initiée par une augmentation ou une diminution de la nébulosité. Les nuages sont en effet les contributeurs les plus importants à l'albédo terrestre. Nous l'avons vu, une diminution d'albédo de 30 à 29 % peut expliquer une élévation de température égale au triple de celle qui serait causée, avant toute rétroaction, par un éventuel doublement du CO_2. Et une diminution d'albédo inférieure à 1 % pourrait expliquer, à elle seule, le réchauffement constaté depuis 1850.

Une diminution d'albédo de cet ordre et, a fortiori, supérieure, peut résulter de la fluctuation du rayonnement cosmique qui accompagne les variations d'activité solaire. Le GIEC veut l'ignorer et ne retenir que la variation d'albédo redevable aux aérosols, de préférence d'origine anthropique. Pourtant, la probabilité de l'intervention du rayonnement cosmique montre bien que l'accroissement du CO_2 atmosphérique n'est pas la seule hypothèse pouvant être retenue pour expliquer le réchauffement actuel.

En tout état de cause, malgré le battage médiatique et les allégations du GIEC dans son rapport destiné aux décideurs politiques, il n'existe aucune certitude d'une responsabilité majeure du CO_2 dans le réchauffement en cours. La fluctuation d'activité de notre fournisseur d'énergie, le Soleil, apparaît plus plausible. Cette dernière hypothèse sera d'ailleurs, prochainement évaluée par le programme CLOUD en cours de développement au CERN.

DES PEURS ET DES HOMMES...

Nos ancêtres, les Gaulois, ne redoutaient qu'une chose, c'est que le ciel leur tombe sur la tête. Le maintien en place de ce ciel étoilé, supposé proche, pouvait leur apparaître miraculeux et nous ne devons pas nous étonner qu'ils aient pu redouter la fin du miracle. Aujourd'hui, les hommes n'ont plus peur que le ciel leur tombe sur la tête au sens littéral du terme, mais ils le redoutent sous d'autres formes, comme le trou d'ozone et l'enrichissement de l'atmosphère en gaz à effet de serre. S'agissant des modifications de notre atmosphère, qu'elles soient mineures ou qu'elles soient considérées par les alarmistes comme majeures, il est remarquable que les craintes de l'humanité ne soient plus suscitées par « l'ignorance » comme chez nos ancêtres les Gaulois, mais qu'elles soient alimentées par la « connaissance » de ceux qui sont censés la posséder.

Al Gore n'a pas produit son film « Une vérité qui dérange » sur la base de sa seule expérience. Madame Corinne Lepage ne parle pas de la nécessité devant laquelle nous sommes de « sauver notre peau »[4] en

4. Émission *Rendez-vous politiques* de France Culture du 19 octobre 2006 dont Madame Corinne Lepage était l'invitée sur le thème « Vers une économie des coûts ».

conclusion d'une recherche scientifique personnelle. Les porteurs de pancartes de Rio et de Kyoto et les journalistes qui affichent ou titrent « *la planète est en danger de mort* », « *la nature en état d'urgence* », « *l'humanité touche à son terme* »... ne le font pas plus sur la base de leur propre savoir.

Non, tout ceci s'appuie sur les propos de Roger Revelle, qui fut le professeur d'Al Gore, sur la révélation médiatisée du témoignage des scientifiques de la NASA, conduits par James Hansen, devant le Sénat américain et sur les rapports successifs du GIEC qui servent de base aux conférences internationales et dont les résumés destinés aux décideurs politiques sont très largement diffusés.

Le catéchisme du GIEC qui y est exposé, prêché par les médias et récité avec des motivations diverses par la plupart des hommes ou femmes politiques occidentaux, n'accepte pas la critique. La pensée unique, soutenue par l'intimidation intellectuelle, déjà d'usage à une autre époque, n'admet qu'une vérité : l'homme est coupable et nous devons redouter la catastrophe annoncée dont il est responsable. Certes, la peur est un auxiliaire bienvenu pour certains, qui ne se privent pas de l'entretenir et même de renchérir. Notamment ceux qui refusent le progrès technologique, ceux qui soutiennent l'idéologie de l'écologie profonde et ceux qui prônent la nécessaire repentance du fils coupable d'une agression contre la Terre-mère et qui seraient soulagés qu'un châtiment vienne l'en châtier.

Nous pouvons nous interroger sur les véritables motivations de ceux qui crient que l'humanité court à sa perte. Si la cause est bonne, elle ne devrait pas avoir besoin d'un recours à la peur pour entraîner la conviction. On ne peut donc s'empêcher de penser que, dans certains cas, ce recours à la peur, son cautionnement et sa médiatisation frisent la manipulation des esprits.

LE CO_2 EST-IL L'ENNEMI PUBLIC QU'ON NOUS PRÉSENTE ?

La théorie de la responsabilité de l'homme dans un réchauffement climatique, à venir, qui nous est présenté comme catastrophique, a

amené une partie de l'humanité à considérer le CO_2 comme un polluant majeur. L'association de sa présence avec celle d'autres polluants n'y est sans doute pas étrangère. Le dioxyde de carbone ne sort-il pas, tout comme le monoxyde de carbone, les hydrocarbures imbrûlés, l'ozone... (les oxydes d'azote sont moins connus du grand public) des pots d'échappement malodorants des véhicules automobiles ?
Pourtant, le CO_2 n'est pas toxique. En 1986, le lac Nyos, situé au Nord-Est du Cameroun, a brutalement relâché une grande quantité de CO_2, d'origine volcanique. Cette bouffée a eu des conséquences dramatiques et a causé dans les vallées voisines des milliers de morts. Mais ces morts sont dues à la privation d'oxygène et non à une quelconque toxicité du CO_2. Le CO_2, plus dense, avait remplacé l'air et la respiration n'apportait plus l'oxygène indispensable. Ce drame a cependant laissé dans les mémoires une image très négative à l'égard du CO_2.

Pourtant, non seulement le CO_2 n'est pas toxique, mais, bien au contraire, il est indispensable à la production végétale et, par là même, à la vie sur Terre. Son augmentation dans l'atmosphère stimule la production des végétaux qui élaborent, par photosynthèse à partir du CO_2, les molécules complexes qui sont les bases de toute la matière vivante (cf. chapitre 8). Il fertilise et diminue l'évapotranspiration des plantes donc leurs besoins en eau ; il augmente ainsi la productivité et la possibilité d'extension géographique des cultures.

Sa participation, aussi faible soit-elle, au réchauffement climatique n'est pas forcément critiquable, car il n'est nullement prouvé que ce réchauffement soit un élément défavorable à la vie et même au confort des humains[5]. Alors, le seul risque serait-il que son accumulation dans l'atmosphère conduise à une diminution de l'alcalinité des océans, et même à son acidification disent certains. Il faudrait

5. Certains vont jusqu'à penser qu'un réchauffement suffisant pourrait retarder, ou même éviter, la prochaine glaciation.

vraiment que cette accumulation devienne démesurée. Encore que ce risque (cf. chapitre 8) ne semble pas s'être concrétisé du temps des dinosaures, où la concentration en CO_2 était très supérieure à l'actuelle et où la végétation était luxuriante.

S'il convient de ne pas s'alarmer de son augmentation et même de s'en féliciter avec Arrhénius, dont se réclament pourtant en toute occasion les alarmistes, faut-il, pour autant, ne se soucier d'aucune façon de l'accroissement du CO_2 dans notre atmosphère ? Non, sans doute !

Si l'on estime qu'il existait avant l'ère industrielle un équilibre dans les échanges et donc une concentration stable, le rejet excessif dans l'atmosphère de CO_2, comme de tout autre composé, est par principe condamnable puisqu'il modifie l'équilibre naturel. Mais où est la limite ? Doit-on qualifier de pollution le rejet de CO_2 par la respiration d'une humanité croissante et de ses troupeaux, rejet qui est du même ordre de grandeur que celui du CO_2 émis par les véhicules automobiles ?

Quoi qu'il en soit, l'intérêt bien compris de l'humanité est, de manière évidente, de limiter ou, mieux, d'éviter ce qui peut être considéré comme une dénaturation de son environnement. La limitation de la consommation des combustibles fossiles s'impose, par ailleurs, pour économiser une ressource qui n'est pas inépuisable et dont le prix ne cessera pas de monter.

Le réalisme économique s'allie ainsi à la vertu écologique pour conduire à la même recherche d'un développement durable, que l'on considère la crise climatique éventuelle ou bien la crise pétrolière inéluctable.

DES RÉPONSES POUR UN DÉVELOPPEMENT DURABLE ?

Du point de vue énergétique, un développement durable requiert l'économie des ressources actuelles et la recherche de ressources nouvelles. Une première réponse consiste à motiver financièrement les consommateurs. La « taxe carbone » proposée par les écologistes n'a pas d'autre objet. C'est aussi ce que font les États en subventionnant ou en défiscalisant les énergies renouvelables. La réalité économique, basée sur la loi de l'offre et de la demande, les ressources naturelles n'étant pas inépuisables, se charge aussi de le faire par l'intermédiaire des coûts. Dans les premières années du siècle présent, alors que le prix du baril de pétrole se situait en moyenne autour de 25 $, les écologistes ne rêvaient pas d'une taxe carbone dépassant 100 %.

Un cours du baril de pétrole de 100 $ est l'équivalent d'une taxe de 300 %, par rapport au prix d'il y a cinq ans. À ce niveau, qui est loin d'être un plafond, la contrainte économique est plus qu'incitative. Comme les solutions proposées pour économiser ou remplacer les combustibles fossiles sont les mêmes que pour réduire l'augmentation du CO_2 dans l'atmosphère la justification que certains trouvaient à la création d'un climat de peur devient inutile.

Les solutions proposées ne sont cependant pas tout à fait les mêmes, et avant de passer en revue les différentes solutions répondant au double objectif ci-dessus, faisons une place à ceux qui se proposent d'aider Gaïa à limiter le CO_2 atmosphérique.

Aider Gaïa

Gaïa fait déjà disparaître dans le règne végétal ou dans les océans plus de la moitié des émissions anthropiques de CO_2. Certains se demandent comment aller plus loin, autrement dit, comment aider Gaïa ? Des propositions sont avancées, mais ne rencontrent pas toutes un accueil positif.

La proposition d'assurer le développement des forêts par une meilleure gestion et surtout par de nouvelles plantations, tout en renonçant à la pratique du brûlis, est approuvée par tous. Les avis restent favorables mais sont plus dubitatifs pour ce qui concerne le succès du « verdissement » des déserts, réalisable en utilisant des techniques et des plantes sélectionnées. Ils le sont aussi lorsqu'il s'agit de développer le phytoplancton par un ensemencement en fer[6] des grands espaces désertiques que sont les parties centrales des océans (cf. chapitre 8). La pertinence de ce dernier processus a été prouvée par l'expérience KEOPS[7], menée au voisinage des îles Kerguelen. À cet endroit, la remontée des eaux profondes, riches en fer, assure incontestablement une fertilisation du phytoplancton. Il reste, toutefois, à trouver sous quelle forme, aussi efficace que la forme naturelle, devrait être réalisé l'ajout de fer chimique.

Les avis sont plus réservés à l'égard des investissements lourds qui permettraient la séquestration du CO_2. Rappelons qu'il s'agit de projets qui comportent la séparation du CO_2, sa compression ou sa liquéfaction, puis son injection dans des structures géologiques terrestres appropriées ou au fond des mers (cf. chapitre 8). De tels investissements sont strictement défensifs, sans aucun bénéfice additionnel, et ne se justifieraient que pour répondre à une grave menace, or nous avons vu combien une telle menace était incertaine.

La réaction devient franchement hostile lorsqu'il s'agit d'augmenter artificiellement l'albédo terrestre. L'objectif est alors de réfléchir une plus grande part du rayonnement solaire. Les solutions proposées sont quelquefois pires que le mal, lorsqu'il est, par exemple, envisagé d'augmenter les aérosols par injection de composés du soufre conduisant à la formation d'aérosols sulfuriques, générateurs de pluies acides. Ou relèvent de la science-fiction, avec l'installation en orbite terrestre d'immenses panneaux réfléchissants, dont le mérite serait d'être réglables.

Le projet d'aider Gaïa, si l'on excepte le développement végétal qui est à notre portée, n'apparaît pas comme une solution appropriée et ne résout pas le problème de la satisfaction des besoins de l'humanité en énergie. Il nous faut donc envisager autre chose.

---

6. Le fer est un élément dont le manque limite le développement du phytoplancton.

7. *Kerguelen Ocean and Plateau compared Study*, Kerguelen : étude comparée de l'Océan et du Plateau en Surface et subsurface.

RECHERCHE D'UNE PLUS GRANDE EFFICACITÉ ÉNERGÉTIQUE

Je préfère le terme « efficacité énergétique » au terme « économies d'énergie » dont la connotation évoque de possibles contraintes et me rappelle fâcheusement les restrictions et le rationnement de la période 1940-1945. Sous cet aspect sémantique anodin se cachent, en fait, des conceptions différentes. Pour les uns, les « économies d'énergie » impliquent un autre projet de société et une importante modification des comportements. Pour les autres, il s'agit de répondre de la manière la plus économe en énergie aux besoins de bien-être, de sécurité, de culture ou même d'activités ludiques, sans remettre en cause ces besoins. Pour ces derniers, l'efficacité énergétique consiste à consommer le minimum d'énergie pour atteindre et maintenir un niveau de vie satisfaisant. Dans cette acception, le gisement des économies d'énergie est considérable et le terme « économies » prend tout son sens, celui d'économiser des matières premières, du temps de travail, de la peine et de l'argent.

Heureusement, l'exploitation de ce gisement a déjà commencé et l'idée de l'accélérer par des incitations diverses ne peut faire l'objet d'aucune critique et, bien au contraire, mérite d'être activement soutenue. Les exemples où le même service peut être obtenu avec une efficacité énergétique spectaculairement accrue abondent. Pour n'en citer que quelques-uns :

- la consommation d'un poste de télévision est aujourd'hui cinq à dix fois plus faible qu'au cours des années cinquante (et nous avons la couleur en plus) ;
- l'utilisation d'ampoules électriques fluocompactes ou à LEDs permet de réduire la consommation d'énergie électrique au tiers, et même moins, de celles à filament de tungstène, avec une durée de vie bien supérieure ;
- la consommation de carburant pour cent kilomètres parcourus, pour des automobiles plus sûres et plus confortables, a été réduite de moitié ;

- la photographie numérique permet, parmi d'autres avantages, de réduire à néant la consommation de pellicules argentiques et leur développement ;
- la consommation d'énergie pour produire un composant en alliage léger pour la construction aéronautique a également été réduite de plus de la moitié depuis 50 ans. Ce dernier cas présente l'intérêt de combiner différents axes de progrès : la réduction de la consommation d'énergie pour produire l'alumine et l'aluminium primaire, le recyclage par refusion, et l'élaboration d'alliages à haute résistance réduisant le poids, pour un objet de même fonction.

Les pistes sont sans limites, de la miniaturisation à l'emploi de matériaux performants permettant d'alléger les structures ou d'obtenir une meilleure isolation thermique, en passant par le recyclage des métaux, du verre, du papier, des matières plastiques... Sans oublier ce qui est sans conteste le plus important, la mise en œuvre de technologies nouvelles.

Faire plus largement appel aux énergies renouvelables

Si l'on excepte l'énergie géothermique et celle des marées, toutes les énergies « renouvelables » sont directement ou indirectement de l'énergie solaire. Les combustibles fossiles eux-mêmes ne sont pas autre chose que de l'énergie solaire mise en stock[8]. L'énergie solaire reçue par la Terre est considérable et sa ressource peut être regardée comme inépuisable. Malheureusement, ses caractéristiques limitent sa disponibilité réelle. Ces caractéristiques font que toutes les énergies qualifiées de renouvelables ne méritent pas forcément d'être aveuglément encouragées. Le Soleil ne luit pas 24 heures sur 24, il ne luit pas tous les jours et ne luit pas également en tous points de la Terre.

8. Les combustibles fossiles ont comme origine les êtres vivants, donc la photosynthèse, réaction dont l'énergie est apportée par le rayonnement solaire.

Surtout, l'énergie qu'il permet de récupérer, par unité de surface, est modeste.

La biomasse, par exemple, a un rendement d'utilisation de l'énergie solaire très faible, inférieur à 1 %. L'utiliser comme base énergétique apparaît au final comme une « fausse bonne solution », même si l'utilisation du bois comme combustible a un plaisant parfum rétro puisque le bois de feu a été la seule source d'énergie utilisée jusqu'à la révolution industrielle et l'emploi du charbon. Cette utilisation du bois repose sur le principe qu'une exploitation forestière bien conduite devrait réabsorber, par la photosynthèse, le CO_2 libéré par la combustion. Cette réabsorption ne se produit toutefois qu'au terme d'un nombre suffisant d'années. Il faut avoir conscience que si un arbre peut brûler en quelques heures, il faudra 10 à 20 ans pour le renouveler. L'irréalisme de l'utilisation du bois comme source d'énergie résulte directement du faible rendement du captage de l'énergie solaire sous forme de biomasse. Il faudrait, en France, pour remplacer les centrales nucléaires existantes par des foyers automatiques à haut rendement fonctionnant au bois, multiplier par 6 la surface des bois et forêts. L'utopie d'une telle solution s'apprécie en retenant que la surface des bois et forêts est de 14 millions d'hectares et celle des cultures et pâturages (dont les jachères) est de 28 millions d'hectares.

La même remarque vaut pour les biocarburants, dont le rendement énergétique est encore diminué par les traitements de transformation nécessaires, tous consommateurs d'énergie. Leur production peut, peut-être, être envisagée pour la remise en exploitation de jachères ou à partir de résidus agricoles, encore que ces résidus soient le plus souvent utilisés pour la nourriture du bétail. La production subventionnée de biocarburants n'est plus défendable lorsqu'elle vient en concurrence de cultures vivrières nécessaires à une humanité en croissance démographique. Elle devient alors un exemple des mauvaises décisions que peuvent inspirer la peur et l'idéologie dominante. Les études de production à partir des seuls résidus de culture sont plus prometteuses, mais il convient de ne pas oublier que ces résidus sont le plus souvent utilisés pour la nourriture du bétail.

Les éoliennes, dont la puissance unitaire peut atteindre 3 000 kW, présentent plus d'intérêt, même si certains regrettent qu'elles n'aient pas le charme romantique des anciens moulins à vent, et si d'autres considèrent que la prolifération des petites éoliennes est une pollution visuelle et sonore. Les éoliennes permettent, notamment, de pouvoir desservir des lieux où n'existe pas de réseau de distribution électrique. Mais Éole est capricieux, le vent ne souffle pas en permanence. En France, la productibilité moyenne ne dépasse pas 0,25. Autrement dit, il faut installer une puissance nominale quatre fois supérieure pour obtenir la production escomptée, et encore, cette production n'est pas toujours au rendez-vous des besoins. Il faut donc l'associer à des possibilités de stockage de l'énergie ou ne la considérer que comme une énergie d'appoint.

Cette nécessaire association avec des possibilités de stockage est un point commun avec l'énergie photovoltaïque qui convertit directement l'énergie solaire en énergie électrique. Le Soleil ne brille que le jour, et si ceci est compatible avec une partie des besoins de climatisation, cela ne l'est plus pour s'éclairer la nuit.

La production massive d'énergie d'origine solaire devrait faire appel aux centrales solaires. Ces centrales solaires peuvent être photovoltaïques mais peuvent aussi être des centrales thermiques fonctionnant par concentration du rayonnement solaire vers une chaudière, ainsi portée à haute température. Cette concentration est réalisée par des miroirs répartis sur une grande surface.

Qu'il s'agisse d'une centrale solaire thermique ou photovoltaïque, une production importante nécessite de très vastes surfaces et, comme nous l'avons vu plus haut, un stockage de l'énergie. Ces très grandes surfaces ne peuvent pas être des surfaces exploitables pour la culture vivrière. Rien n'empêche, en revanche, d'imaginer qu'elles soient installées dans des déserts enSoleillés, l'énergie étant alors stockée sous forme d'hydrogène.

Mais, me direz-vous, la production d'hydrogène nécessite de l'eau ; or les déserts chauds sont des zones arides et de plus, sont éloignés des lieux de consommation d'énergie. Il faudrait, bien entendu, apporter l'eau par pipeline ou forages. Ce transport et celui de l'hydrogène nécessiteraient de l'énergie et augmenteraient d'autant la surface nécessaire. Néanmoins, un calcul « de coin de table » montre que l'équipement des déserts enSoleillés permettrait de répondre à une partie très importante des besoins énergétiques de l'humanité.

Le solaire « à basse température », qui utilise la chaleur solaire pour un appoint de chauffage, est appréciable mais a une incidence limitée. Reste l'énergie l'hydraulique. Ce n'est pas à proprement parler une énergie nouvelle, si l'on veut bien se souvenir qu'en 1840, avant l'avènement de la machine à vapeur, 55 000 moulins au fil de l'eau existaient en France. Elle a toutefois un mérite particulier, elle est aisément mobilisable lorsque le besoin se manifeste *si elle est produite à partir de réservoirs*, et peut ainsi répondre aux pointes de la demande. Elle est, de plus, économique, si l'on veut bien considérer le long terme. Malheureusement, si l'on excepte le projet pharaonique d'usine marémotrice « Mont-Saint-Michel/îles Chausey », peu de sites restent à équiper en Europe occidentale.

Le développement des énergies renouvelables ne devient compétitif qu'en conséquence de la hausse inéluctable du prix des combustibles fossiles. Jusqu'à présent, il avait besoin d'être soutenu par des subventions ou des incitations fiscales. Ce doit être fait avec discernement. Alors, en attendant l'équipement des déserts chauds, ne faudrait-il pas recourir aux centrales nucléaires ?

Faire appel à l'énergie nucléaire

Certains refusent ce recours pour des raisons idéologiques, d'autres par crainte de la radioactivité ne veulent entendre parler que d'énergie solaire. Les ironistes ne manqueront pas de faire remarquer que le Soleil n'est qu'un énorme réacteur nucléaire et que l'énergie géothermique n'est que la conséquence de la radioactivité interne de la planète. Le rayonnement solaire dont nous bénéficions ne résulte que des réactions nucléaires développées au sein de notre astre familier. Mais les sages observeront, en réponse aux ironistes, que le Soleil est un réacteur nucléaire qui se trouve éloigné de 150 millions de kilomètres et que la vie sur Terre s'accommode de son rayonnement, comme elle s'accommode de la radioactivité naturelle terrestre.

L'énergie nucléaire est immédiatement disponible à un prix compétitif et dans des conditions suffisamment sûres. Elle peut se développer ultérieurement par la surgénération et plus tard par la fusion actuellement expérimentée à Cadarache. Pourquoi faudrait-il se priver de cette solution, qui n'exclut d'ailleurs pas l'utilisation parallèle de l'énergie solaire, sous ses formes compétitives ?

Une plus grande sobriété individuelle

Modifier son comportement individuel dans le sens d'une plus grande sobriété est la solution qui revient le plus souvent dans la bouche de ceux qui ont été convaincus de la culpabilité de « l'homo occidentalus ». Les ironistes ne manqueront pas de faire remarquer que ce comportement « individuel » ne peut avoir d'effet que s'il devient collectif. Ils redouterons alors que cette recherche ne se traduise par des contraintes autoritaires ou par une privation de liberté. Mais l'incitation à la sobriété individuelle n'est pas critiquable. Il n'est en effet pas déraisonnable d'inviter à un usage moins important de l'automobile pour des petits parcours qui peuvent être effectués, avantageusement pour la santé, à bicyclette, du moins par les personnes jeunes et valides. Il est peut-être plus difficile d'obtenir le renoncement au « steak-frites » au prétexte que les bœufs consomment plus d'énergie que le soja pour produire la même quantité de protéines, même si l'on ajoute que les vaches pètent du méthane, ce qui aggrave l'effet de serre. En revanche, peut-être est-il possible de convaincre les retraités, qui disposent de temps libre, d'utiliser le bateau pour des voyages touristiques lointains, en renonçant au transport par avion, et de convaincre tout un chacun de renoncer à consommer des fruits produits hors saison dans des régions lointaines.

Toutefois, ce type de mesures restrictives atteint rapidement ses limites. Et il est certainement plus fructueux de rechercher une meilleure efficacité énergétique par la recherche scientifique et le progrès technologique.

De manière plus spécifique, pour réduire les émissions procédant de l'utilisation des combustibles fossiles et économiser ces derniers, certains proposent la généralisation de la voiture électrique ou à hydrogène. Cette proposition est excellente, car elle constitue une parfaite réponse au problème de la pollution urbaine. Toutefois, elle suppose qu'on ait résolu, préalablement, le problème de la substitution des combustibles fossiles par l'énergie solaire ou nucléaire, sinon cette proposition ne serait qu'une « fausse bonne solution ». La substitution des produits pétroliers par de l'électricité ou par l'hydrogène implique évidemment la production de ces derniers.

Au terme de cette revue des ressources énergétiques, dont la constante est de rendre plus efficace leur utilisation, nous constatons qu'il existe des solutions pour limiter ou remplacer l'usage des combustibles fossiles. Alors, pourquoi faudrait-il créer un climat de peur et recourir à une menace climatique qui pourrait être fatale pour l'humanité, pour que chacun de nous en prenne conscience ?

S'il existe une menace pour l'humanité, c'est sa propre croissance. La croissance démographique va porter l'effectif humain aux environs de dix milliards avant la fin du siècle en cours, la pression sur l'environnement ne peut que s'en trouver accrue.

Il est donc raisonnable et même indispensable, ne serait-ce que parce que les hydrocarbures fossiles sont de précieuses matières premières, de soutenir la recherche d'une plus grande efficacité énergétique et de faire un appel plus large aux énergies renouvelables et à l'énergie nucléaire. De toute manière, la montée inéluctable des prix des combustibles fossiles en imposera une utilisation plus mesurée et accélérera leur remplacement. Tant mieux si, ce faisant, les émissions de CO_2 se trouvent réduites sans que nous ayons à nous préoccuper d'éviter une catastrophe annoncée.

PRISE DE POSITION

Je préfère, quant à moi, écouter Haroun Tazieff (1992), qui nous conseille « *de dormir en paix et de ne pas redouter un effet de serre anthropogénique aux conséquences négligeables* » tout en nous invitant à avoir des préoccupations plus fondées concernant notre environnement.

Ou bien encore, considérant que l'augmentation de la température n'a pas que des inconvénients, je rejoindrais volontiers W. Kellog et Svante Arrhénius[9] dans leurs conclusions.

W. Kellog (1989), pourtant convaincu du caractère indiscutable de l'effet de serre additionnel dû au CO_2, écrit en 1989 : « *Pour les prochaines décennies, le changement climatique devrait nous ramener 4 000 ou 8 000 ans en arrière. Je ne puis juger si c'est bon ou si c'est mauvais. Mon sentiment (*my unscientific opinion*) est que ce devrait être tantôt bon, tantôt mauvais, mais que pour l'ensemble de la Terre le climat serait plus favorable pour nourrir une population croissante.* »

Svante Arrhénius (1910), le découvreur de l'effet de serre, écrivait de son côté : « *Par suite de l'augmentation de l'acide carbonique dans l'air, il nous est permis d'espérer des périodes qui offriront au genre humain des températures plus égales et des conditions climatiques plus douces. Cela se réalisera sans doute dans les régions les plus froides de notre Terre. Ces périodes permettront au sol de produire des récoltes considérablement plus fortes qu'aujourd'hui, pour le bien d'une population qui semble en voie d'accroissement plus rapidement que jamais.* »

9. Svante Arrhénius, prix Nobel 1903.

Plus rationnellement, je me réfère à ce qui a été démontré dans cet ouvrage : l'effet de serre additionnel résultant de l'émission anthropogénique de CO_2 ne peut avoir qu'un effet très limité et les prévisions alarmistes des modèles ne sont pas justifiées par les lois de la physique. Je rejoins en cela ceux qui émettent de sérieux doutes sur le fait que le gaz carbonique soit le principal responsable du changement climatique en cours et qui nous rappellent que ce n'est pas la première fois qu'un « consensus scientifique » conduit à des idées fausses ou refuse des idées qui s'avèrent ultérieurement être justes. L'augmentation du CO_2 présent dans l'atmosphère est sans doute, au sens strict, une pollution. Mais il s'agit là, comme nous l'avons vu, d'une « pollution » très particulière, aux aspects bénéfiques indéniables.

Alors, pourquoi se laisser gagner par la peur si ce n'est en conséquence d'une présentation excessive des conséquences négatives d'une augmentation du CO_2 ? Le dioxyde de carbone nous est présenté, à contre-emploi, comme l'ennemi public numéro un, responsable présumé d'une catastrophe virtuelle à venir et contre lequel il nous faudrait engager une lutte prioritaire. Alors qu'il est indispensable à la vie. Les fondements scientifiques d'une telle présentation, et c'est un euphémisme, ne sont pas assurés. Il est donc loisible de s'interroger sur la véritable raison de cette accusation et, sans oublier la part d'opportunisme, il n'est pas déraisonnable de penser qu'elle est de nature idéologique. Les émissions de CO_2 anthropogéniques sont associées au développement de type technologique de notre civilisation et c'est ce type de développement que les écologistes fondamentalistes combattent ainsi indirectement. Heureusement, une grande partie des actions concrètes qui sont imaginables pour répondre à l'épuisement futur des combustibles fossiles et aux besoins énergétiques d'une humanité, dont l'effectif est en croissance continue, sont aussi celles qui peuvent être envisagées pour limiter l'accroissement atmosphérique du CO_2.

Certains vont jusqu'à penser que l'épouvantail du réchauffement climatique pourrait être une aide dans la recherche des économies d'énergie. Je ne peux les suivre lorsque, à l'appui de ce raisonnement, ils font appel à une théorie scientifique quantitativement infondée. Mais je ne vois aucune raison de ne pas soutenir les actions qui conduiront dans une perspective de développement durable, le plus intelligemment et le plus économiquement possible, à l'amélioration de l'efficacité énergétique, à une utilisation plus large des énergies nucléaire et solaire, au renouvellement des forêts et à une plus grande efficacité dans l'utilisation des ressources. Simplement, ces actions me paraissent suffisamment motivées par le souci d'accroître notre productivité dans l'utilisation de l'énergie et des ressources de notre planète, sans qu'il soit utile de recourir à une diabolisation du CO_2.

Il ne me dérange pas d'appeler « sobriété » cette recherche d'une plus grande efficacité énergétique qui peut aussi résulter d'options individuelles, pourvu qu'il s'agisse réellement de choix et non de contraintes. Je dois toutefois préciser qu'il me paraîtrait bien naïf de tout faire reposer sur l'unique proposition d'une modification des comportements individuels et qu'il serait inacceptable de culpabiliser les citoyens, notamment ceux des pays en développement, à ce sujet.

Les ironistes ne manqueront d'ailleurs pas de faire remarquer que la récente conférence de Bali[10] qui a réuni plus de 10 000 participants, tous venus par avion, ne répond pas à l'appel insistant à la sobriété qui nous est adressé quasi journellement. Malgré les quelques bicyclettes mises à disposition, les participants se sont déplacés en voitures climatisées. Bien des responsables réunis à Bali ont d'ailleurs ressenti le paradoxe existant entre l'objectif poursuivi et le choix d'un site exotique lointain et ont proposé de se racheter en sponsorisant des actions écologiques.

Le plus grave n'est pas que le site de Bali ait pu être choisi en raison de son attrait touristique, c'est que la conférence ait été inutile. Certes, les principes déjà exposés à Kyoto, dix ans plus tôt, ont été rappelés et les conclusions du dernier rapport du GIEC ont été commentées.

10. Décembre 2007.

Mais aucun nouvel engagement chiffré n'a été pris, même si les experts ont souhaité qu'après le pic de la concentration en CO_2 qui ne manquera pas de se produire d'ici dix ou quinze ans, on procède, pour l'horizon 2050, à une réduction de moitié des émissions constatées en 2000. Seul acquis positif, la déforestation sera désormais prise en compte comme source de CO_2. Pour le reste, les recommandations concrètes ont été renvoyées en 2009, à Copenhague... pour mise en œuvre en 2013[11].

Comme cela a été souligné plus haut, la raréfaction du pétrole, en entraînant la hausse des prix des autres combustibles fossiles, imposera un profond changement. Et le changement procédera, pour l'essentiel, comme cela a toujours été, du progrès scientifique et technologique. Seul ce progrès, dont il n'est nullement interdit d'orienter la recherche, conduira à une utilisation efficace des énergies solaires et nucléaires et permettra à l'homme de poursuivre un développement durable. Et je voudrais souligner que dans cette expression, je me sens motivé par le terme « développement » tout autant que par le terme « durable ».

Ce n'est pas la peur paralysante d'une catastrophe annoncée, au reste parfaitement hypothétique, qui soutiendra la recherche de l'équilibre écologique nécessaire. Ce n'est pas plus un sentiment de culpabilité et le repentir des avancées passées du progrès. Ce n'est pas, non plus, l'application sans discernement d'un principe de précaution qui ne serait qu'un renoncement à la créativité, à l'expérimentation, au progrès. Ou pire, qui ne serait qu'une excuse du pouvoir politique pour ne pas prendre ses responsabilités, en alléguant la recherche d'un hypothétique et illusoire risque zéro.

La motivation doit être l'humanisme, autrement dit la prise en considération de l'intérêt bien compris des humains. L'homme a

11. J'oubliais un autre acquis positif : l'approbation d'un budget de 50 millions de dollars pour l'organisation des réunions à prévoir en 2008 et 2009 pour préparer « Copenhague » !

besoin de conserver un environnement qui lui soit propice au sens le plus large et ceci va du sentiment esthétique au maintien de conditions naturelles favorables. Cette préoccupation devient d'ailleurs une nécessité, en raison du développement démographique de l'humanité. Car si l'homme crée une pression sur son environnement, ce n'est pas seulement en raison de son industrie, mais surtout en conséquence du nombre croissant d'humains[12]. J'entends ici le mot « industrie » au sens ancien du terme : habileté inventive autorisant l'ensemble des activités d'exploitation des richesses minérales et des diverses sources d'énergie, ainsi que la transformation des matières premières (animales, végétales ou minérales) en produits fabriqués.

Si, finalement, je devais avoir quelque appréhension, ce serait celle de la prochaine grande glaciation, qui ne manquera pas de survenir d'ici un ou plusieurs milliers d'années. Appréhension ? Oui, car l'accumulation des glaces au dessus de la Scandinavie et de l'Amérique du Nord ne serait pas sans entraîner de profonds bouleversements. Mais sans angoisse excessive, car Homo sapiens a déjà connu ce type de climat.

Alors, protégeons avec lucidité notre environnement, gérons avec efficacité et prudence l'énergie et les ressources naturelles et n'ayons pas peur que le ciel nous tombe sur la tête. Après tout, le réchauffement climatique, que nous constatons aujourd'hui par rapport au passé récent, n'est pas, comme on voudrait le faire croire, une dramatique anomalie, dont l'homme serait responsable. Il n'est qu'un avatar mineur qui s'inscrit dans les limites de la variabilité naturelle. Je conclurai en citant Nicole Petit-Maire[13] : « *Le climat actuel de la Terre n'est qu'un état transitoire, un point mobile sur la courbe d'une évolution toujours en marche.* »

---

12. Voir le graphique « relativisons » en dernière page.

13. Nicole Petit Maire a été responsable du programme international de l'UNESCO « climats du passé ». La citation qui lui est empruntée figure dans son ouvrage *Sous le sable... des lacs*, éditions CNRS, 2003.

Références citées

De Fourier à Kyoto

Arrhenius S. (1896), « On the Influence of Carbonic Acid in the Air upon the Temperature of the Ground », *Philosophical Magazine and Journal of Science* (fifth series), 41, 237-275.

Barnola J.-M. et al. (1987), « Vostok ice core provided 160,000 year record of atmospheric CO_2 », *Nature*, 329, 408-414.

Budyko M. (1962), « Some Ways of Influencing the Climate » (in russian), *Meteorologiial Gidrologiia*, 2, 3-8.

Callendar G. S. (1939), « The Composition of the Atmosphere through the Ages », *The Meteorological Magazine*, 74(878), 33-39.

Callendar G. S. (1949), « Can Carbon Dioxide Influence Climate? », *Weather*, 4(10).

Manabe S., Wetherald R. T. (1967), « Thermal equilibrium of the atmosphere with a given distribution of relative humidity », *J. Atmos. Sci.*, 24, 241–259.

Revelle R., Suess H. (1957), « Carbon dioxide exchange between atmosphere and ocean and the question of an increase of atmospheric CO_2 during the past decades », *Tellus*, 9, 18-27.

Roqueplo P. (1993), « Climats sous surveillance », Éd. Economica.

Chapitre 1

Curry J. A., Webster P. J. (1999), *Thermodynamics of Atmospheres and Oceans*, Academic Press, London, 467 pp.

Mars institute, http://www.marsinstitute.info/epo/marsfacts.html

Williams D. R., http://nssdc.gsfc.nasa.gov/planetary/factsheet/marsfact.html

Chapitre 2

Barrett J. (1995), « The climate catastrophe, a spectrographic artefact Spectrochim », *Acta Part A*, 51, 415.

Cess R. (1976), « Climate change: an appraisal of Atmospheric Feedback Mechanisms employing Zonal Climatology », *Journal of the atmospheric sciences*, 33(10), 1831-1843.

Dietze P. (2000), « Estimation of the radiative forcing for CO_2 doubling », http://www.jonh-daly.com/forcing/forcing.htm (Dietze a démissionné du GIEC en 2001).

GIEC (2001), « Climate change 2001, The scientific basis », www.grida.no/publications/other/ipcc_tar/wg1/index.htm

GIEC (2007), « Bilan 2007 des changements climatiques. Contribution des Groupes de travail I, II et III au quatrième Rapport d'évaluation du Groupe d'experts intergouvernemental sur l'évolution du climat », Équipe de rédaction principale, Pachauri R. K. et Reisinger A. www.ipcc.ch/assessment-report/ar4/syr/ ar4_syr_fr.pdf

Harvey D. (2000), « Global Warming, the Hard Science – Prentice Hall », citation : www.acee-ceaa.gc.ca//015/001/025/sec7_f.htm

Hug H. (1998), *Chemische Rundschau*, 20 février, p. 9 (1998) et http://www.wuerzburg.de/mm-physik/klima/artefact.htm.

Jain A. K. et al. (2000), « Radiative forcings and global warming potentials of 39 greenhouse gases », *Journal of geophysical research*, 105, D16, 20773-20790.

Gentili J. (2004), courbes absorption IR H_2O et CO_2, www.enslyon.fr/Planet-terre/infosciences/climat/Rayonnement/effetserre-html

Livre blanc du projet escrime (2007), www.insu.cnrs.fr/f949.pdf,processus-regissant-sensibilite-climatique.pdf

Lorius C., Jouzel J., Raynaud D., Hansen J., Le Treut H., « The Ice-core record: climate sensitivity and future greenhouse warming », *Nature*, 347, 139, sept. 1990.

Myhre G. et al. (1998), « New Estimates of Radiance Forcing Due to Well mixed Greenhouse Gases », *Geophysical Reserch Letters*, 25(14), 2715-2718.

Wigley T. L. M., Angell J. K., Jones P. D. (1985), In « *Detecting the climate effects of increasing Carbon dioxide* », eds MC.Mac Cracken & FM. Luther, 55-90.

Chapitre 3

Douglass D. H., Blackman E. G., Knox R. S. (2004), « Temperature response of Earth to the Annual Solar Irradiance Cycle », *Physics Letters* A, 323(3-4), 315-322, et http://www.arxiv.org/ftp/astro-ph/papers/0403/0403271.pdf

Douglass D. et al. (2007), « A comparison of tropical temperature trends with models predictions », *International Journal of Climatology* (www.interscience.wiley.com).

Fu Q., Baker M., Hartmann D. L. (2002), « Tropical cirrus and water vapor: an effective Earth infrared iris feedback? », *Atmos. Chem. Phys.*, 2, 31-37.

Karner O. (2002), « On non-stationarity and anti-persistency in global temperature series », *J. Geophys. Res.*, 107, D20, et http://www.aai.ee/~olavi/2001JD002024u.pdf

Lindzen R. (1990), « Some Coolness Concerning Global Warming », *Bulletin of the American Meteorological Society,* 71, 288-299.

Lindzen R. S., Chou M. D., Hou A. Y. (2001), « Does the Earth have an adaptive infrared iris? », *Bull. Amer. Meteorol. Soc.*, 82, 417-432.

Manabe S., Wetherald R. T. (1967), « Thermal equilibrium of the atmosphere with a given distribution of relative humidity », *J. Atmos. Sci.,* 24, 241-259.

Minschwaner K., Dessler A. E., (2004), « Water Vapor Feedback in the Tropical Upper Troposphere: Model Results and Observations », *Journal of Climate,* 17, 1272-1282.

Mitchell J. F. et al. (1989), CO_2 and climate: a missing feedback? », *Nature,* 341, 132-134.

Ramanathan V., Collins W. (1991), « Thermodynamic regulation of ocean warming by cirrus clouds deduced from observations of the 1987 El Niño », *Nature,* 351, 27-32.

Sloan L. C., Huber M. (2001), « North Atlantic climate variability in early Palaeogene time: a climate modelling sensitivity study », *Geological Society, London, Special Publications,* 183, 253-272.

Spencer R. et al. (2007), « Cloud and radiation budget changes with tropical intraseasonnable oscillations », *Geophysical research letters,* 34, 115-707.

Stubenraush C. (2008), www.ipsl.jussieu.fr/Eau/Branville/StubenrauchRes.htm

Chapitre 4

Mishchenko M. I. et al. (2007), « Long-term satellite record reveals likely recent aerosol trend », *Science,* 315, 1543.

Todd D. E., Graeme L. Stephens (2005), « Valuation of internationnal satellite cloud climatology project (ISCCP) D2 cloud amount changes », Department of Atmospheric Science, Colorado State University, Research supported by NASA.
http://schubert.atmos.colostate.edu/publications/theses/ellis_thesis.pdf

Wong T. et al. (2006), « Re-examination of the observed decadal variability of Earth radiation budget using altitude-corrected ERBE/ERBS non scanner WFOV data », *J. Climate*, 19, 4028-4040.

Chapitre 5

EPICA 2004, Nature, 429, 623-628.

GIEC 1990, « Scientific Assessment of Climate Change – Report of Working Group I (sous la direction de J. T. Houghton, G. J. Jenkins, J. J. Ephraums », *Cambridge University Press*, Cambridge, Royaume-Uni, 202.

GISP 2 : ftp://ftp.ncdc.noaa.gov/pub/data/paleo/icecore/greenland/
Stuiver et al. (1997), *Quaternary Research* 44, 241-54, 1995 ; *Quaternary Research*, 48, 259-66,
Steig et al. (1994), *Science*, 266, 1885-86.

GRIP : Dansgaard et al. (1993), *Nature*, 364, 203-207.
Johnsen et al. (1997), *Geophysical research*, 102, 26317-26410.

Jousseaume S. (1993), « Climats d'hier à demain », *CNRS éditions CEA*.

Jouzel J. et al. (1994), « Climate instabilities, Greenland and Antarctic records », *CR. Académie des Sciences* ; T 319(II), 65-77.

Jouzel J. et al. (1994), « Les archives glaciaires du Groenland », *La Recherche*, 261, 806-818.

Lonnie G. Thompson (1995), *Bulletin de l'Institut français d'études des Andes*, 24(3), 619-629.

Le Roy Ladurie E. (2004), « Histoire humaine et comparée du climat », Fayard.

Mann M. et al. (1998), « Global-scale temperature patterns and climate forcing over the past six centuries », *Nature*, 392, 779-787.

Martison et al. (1987), « Age Dating and the Orbital Theory of the Ice Ages, Chronostratigraphy », *Quaternary Research*, 27, 1-29.

Ramstein G. (2006), www.ipgp.jussieu.fr/docs/seminaires/videos/20060608_RAMSTEIN_SLIDES.pdf

Soon W., Baliunas S. et al. (2003), « Reconstructing climatic and environmental changes of the past 1000 years : A reappraisal. », *Energy & Environment*, 14, 233-296.

Université de Picardie (2002),
http://www.u_picardie.fr/~beaucham/Paleoclim/Paleoclimats-1.html

Wilmshurst J. M. et al. (2007), « A pre-deforestation pollen-climate calibration model for New Zealand and quantitative temperature reconstructions for the past 18 000 years BP », *JQS*, 22(5), 535-547.

Chapitre 6

Brohan P. et al. (2006), « Uncertainty estimates in regional and global observed temperature changes: a new dataset from 1850 », http://www.cru.uea.ac.uk/cru/data/temperature/HadCRUT3_accepted.pdf

Calnay E., Cai M. (2003), « Impact of urbanization and land-use change on climate », *Nature*, 423, 528-331.

Christy J. R., Spencer R. W. (1998), reliability of satellites data sets, *J. Clim.*, 11, 2016.

Christy J. et al. (2000), « MSU tropospheric temperatures: Dataset construction and radiosonde, comparison », *J. Atmosp. & Oceanic Technol.*, 17, 1153-1170.

Christy J. R., Norris W. B. (2004), « What may we conclude about tropospheric temperature trends? », *Geophys. Res. Lett.*, 31, L0621.

Daly Jennifer T. (2000), *Research magazine spring*, University of Georgia.

Fujibe F. (1995), « Temperature rising trends at Japanese cities during the last hundred years and their relationships with population, population increasing rate and daily temperature ranges », *Papers in Meteorology and Geophysics*, 46(2), 35-55.

Gallo K. P. et al. (1999), « Temperature trends in the US historical climatology network based on staellite designated land-use land-cover », *Journal of Climate*, 12(5), 1344-1348.

GIEC (2001), « Climate Change 2001: The Scientific Basis ».

GIEC (2007), « Climate Change 2007: The Scientific Basis », Ch.3.

Gonzalez J. E. et al. (2005), « Urban heat islands developping in coastal tropical cities », *Eos*, 86(42), 397-403.

Grody N. C. et al. (2004), « Calibration of multi-satellite observations for climatic studies: microwave sounding unit (MSU) », *J. Geophys. Res.*

Hansen J., Lebedef S. (1987), « Global trends of measured surface air temperature », *J. Geophys. Rev.*, 92(13), 345-372.

Hansen J. et al. (2001), « A closer look at United States and global surface temperature change », *J. Geophys. Res.*, 106, 23947-23963.

Jin M. et al. (2005), « The footprint of urban areas on global climate as characterized by MODIS », *Journal of Climate*, 18, 1551-1565.

Lugina K. M. et al. (2005), « Monthly surface air temperature time series area-averaged over the 30-degree latitudinal belts of the globe, 1881-2004 », in *Trends: A Compendium of Data on Global Change*, http://cdiac.esd.ornl.gov/trends/temp/lugina/lugina.html.

Mears C. A., Schabel M. C., Wentz F. J. (2003), « A reanalysis of the MSU channel 2 tropospheric temperature record », *J. Clim.*, 16, 3650-3664.

Oke T. R. (1982), « The energetic basis of an urban heat island », *Quart. J. Roy. Meteor. Soc.*, 108, 1-24.

Parker D. E. (2004), « Large-scale warming is not urban », *Nature*, 432, 290.

Peterson T. C. (2003), « Assessment of urban versus rural *in situ* surface temperatures in the contiguous United States: no difference found », *J. Clim.*, 16, 2941-2959.

Pielke R. A. (2002), « The influence of land-use change and landscape dynamics on the climate system: relevance to climate-change policy beyond radiative effect of greenhouse gases », *Phil. Trans. Res. Soc. Lond.* A, 360, 1705-1719.

Remote Sensing Systems (2007), http://www.ssmi.com/msu/msu_data_description.html#figures

Streutker D. (2003), « Satellite-measured growth of the urban heat island of Houston, Texas », *Remote Sensing of Environment*, 85(3), 2595-2608.

Wentz F. J., Schabel M. (1998), « Effects of satellite orbital decay on MSU lower tropospheric temperature trends », *Nature*, 394, 661-664.

Zhou L. et al. (2004), « Evidence for a significant urbanization effect on climate in China », *PNAS*, 26, 9540-9544, 109, D24104.

Chapitre 7

Cazenave A. (2006), « How fast are the ice sheets melting? », *Science*, 314, 1250-1252.

Church J. A. et al. (2006), « Sea-level rise at tropical Pacific and Indian Ocean islands », *Global Planet. Change*, 53, 155-168.

Chylek P. et al. (2004), « Global warming and the Greenland ice sheet », *Climatic Change*, 63, 201-221.

Clavé B. (2001), « Évolution des paléo-environnements côtiers à l'Holocène », *Thèse Université de Bordeaux*.

Comiso J. C. (2000), « Variability and trends in Antarctic surface temperatures from in situ and satellite infrared measurments », *Journal of Climate*, 13, 1674-1696.

Dahl-Jensen D. et al. (1998), « Past temperatures directly from the Greenland Ice Sheet », *Science*, 282, 268-271.

Davis C. H., Ferguson A. C. (2004), « Elevation change of the Antarctic ice sheet, 1995-2000, from ERS-2 satellite radar altimetry », *IEEE Transactions on Geoscience and Remote Sensing*, 42, 2437-2445.

Davis C. H. et al. (2005), « Snow-fall driven growth in East Antarctic ice sheet mitigates recent sea-level rise », *Science*, 308, 1898-1901.

Drinkwater K. F. (2006), « The regime shift of the 1920s and 1930s in the North Atlantic », *Progress in Oceanography*, 68, 134-151.

EPICA community members (2006), « One-to-one coupling of glacial climate variability in Greenland and Antarctica », *Nature*, 444, 195-198.

GIEC (2007), « Changes in Sea Level », http://ipcc-wg1.ucar.edu/wg1/Report/AR4WG1_Pub_Ch04.pdf

Fairbridge R. W. (1961), « Eustatic changes in the sea level », *Physics and Chemistry of the Earth*, 5, 99-185.

Hanna E. et al. (2005), « Runoff and mass balance of the Greenland ice sheet : 1958-2003 », *J. Geophys. Res.*, 110, D13108.

Holloway G., Sou T. (2002), « Has Arctic sea ice rapidly thinned? », *J. Clim.*, 15, 1691-1701.

Howat I. M. et al. (2007), « Rapid changes in the ice discharge from Greenland outlet glaciers », *Science*, 315(5818), 1559-1561.

Johannessen O. M. et al. (2005), « Recent ice-sheet growth in the interior of Greenland », *Science*, 310, 1013–1016.

Leroy-Ladurie E. (1983), « Histoire du climat depuis l'an mil », Flammarion, Paris, (Champs-Flammarion, Paris, 2004).

Luthcke S. B. et al. (2006), « Recent Greenland ice mass loss by drainage system from satellite gravity observations », *Science*, 314, 1286-1289.

Oerlemans J. (2005), « Extracting a climate signal from 169 glacier records », *Science*, 308, 675-677.

Parkinson C. L. (2000), « Recent trend reversals in Arctic sea ice extents: possible connections to the North Atlantic Oscillation », *Polar Geography*, 24, 1-12.

Parkinson C. L. (2004), « Southern Ocean sea ice and its wider linkages: insights revealed from models and observations », *Antarctic Science*, 16, 387-400.

Polyakov I. V. et al. (2003), « Long-term ice variability in Arctic marginal seas.», *Journal of Climate*, 16, 2078-2085.

Przybylak R. (2000), « Temporal and spatial variation of surface air temperature over the period of instrumental observations in the Arctic », *International Journal of Climatology*, 206), 587-614.

Przybylak R. (2002), « Changes in seasonal and annual high frequency air temperature variability in the Arctic from 1951 to 1990 », *International Journal of Climatology*, 22(9), 1017-1032.

Ramillien G. et al. (2006), « Interannual variations of the mass balance of the Antarctica and Greenland ice sheets from GRACE », *Global and Planetary Change*, 53, 198-208.

Remy F., Frezzotti M. (2006), « Antarctica ice sheet mass balance », *Comptes Rendus Geoscience*, 338, 1084-1097.

Reynaud L., Vincent C. (2002), « Histoire des fluctuations des glaciers en remontant le Petit Âge de Glace », *La Houille Blanche*, n° 8.

Rignot E., Thomas R. H. (2002), « Mass balance of polar ice sheets », *Science*, 297(5586), 1502–1506.

Rignot E. et al. (2005), « Recent ice loss from the Fleming and other glaciers, Wordie Bay, West Antarctic Peninsula », *Geophys. Res. Lett.*, 32(7), 1-4.

Rignot E., Kanagaratnam P. (2006), « Changes in the velocity structure of the Greenland Ice Sheet », *Science*, 311, 986-990.

Rothrock D. A., Yu Y., Maykut G. A. (1999), « Thinning of the Arctic sea ice cover », *Geophys. Res. Lett.*, 26(23), 3469.

Robinson Arthur B. et al. (2007), « Environmental Effects of Increased Atmospheric Carbon Dioxide », *J. Am. Phys. Surg.*, 12(3), 79-90.

Shepard F. P. (1963), « Thirsty-five thousand years of the sea level », *in Essays in Honor of K. O.Emery, University of Southern California Press, Los Angeles,* 1-10.

Thompson D. W. J., Solomon S. (2002), « Interpretation of recent Southern Hemisphere climate change », *Science*, 296, 895-899.

Turner J. et al. (2005), « Antarctic climate change during the last 50 years », *Int. J. Climatol.*, 25(3), 279–294.

Vallot J. (1893), *Annales de l'observatoire météorologique, physique et glaciaire du Mont-Blanc*, vol.1.

Van de Berg et al. (2006), « Reassessment of the Antarctic surface mass balance using calibrated output of a regional atmospheric climate model », *Journal of Geophysical Research,* 111, 10.1029/2005JD006495.

Velicogna I., Wahr J. (2006), « Measurements of time variable gravity show mass loss in Antarctica », *Science*, 311(5768), 1754–1756.

Vinnikov K. Y. et al. (2006), « A model assessment of satellite observed trends in polar sea ice extents », *Geophysical Research Letters,* 33, 10.1029/2005 GL025282.

Winsor P. (2001), « Arctic sea ice thickness remained constant during the 1990s », *Geophys. Res. Lett.*, 28(6), 1039–1041.

Vinther B. M. et al. (2006), « Extending Greenland temperature records into the late eighteenth century », *J. Geophys. Res.,* 111, D11105.

Vivian R. (2003), www.virtedit.org

Wingham D. J. (2006), « Mass balance of the antarctic sheet », *Philosophical transactions. Royal Society London*, 364(1844), 1627-1635.

Yuan X., Martinson D. G. (2000), « Antarctic sea ice variability and its global connectivity », *Journal of Climate,* 13, 1697-1717.

Zwally Jay H. et al. (2000), « Variability of Antarctic sea ice 1979-1998 », *Journal of Geophysical Research.*

Zwally H. J. et al. (2005), « Mass changes of the Greenland and Antarctic ice sheets and shelves and contributions to sea-level rise: 1992-2002 », *Journal of Glaciology,* 51, 509-527.

Chapitre 8

Barnola J. M. et al. (1991), « CO_2?climate relationship as deduced from the Vostok ice core: a re-examination based on new measurements and a re-evalution of the air dating », *Tellus, Ser. B*, 43, 83-90.

Beck E. G. (2007), « 180 Years of atmospheric CO_2 Gas Analysis by Chemical Methods », *Energy & Environment*, 18, 259-282.

Blunier T., Brook E. J. (2001), « Timing of millennial-scale climate change in Antarctica and Greenland during the last glacial period », *Science*, 291, 109-112.

Blunier T., Schwander J. (2000), « Gas enclosure in ice: age difference and fractionnation », *Physics of Ice Core Records*, edited by T. Hondoh, Hokkaido University Press.

Budyko Mikhail (1962), « Some Ways of Influencing the Climate » (in russian), *MeteorologiiaI Gidrologiia*, 2, 3-8.

Callendar G. S. (1938), « The Artificial Production of Carbon Dioxide and its Influence on Climate », *Quarterly J. Royal Meteorological Society*, 64, 223-240.

Charlson R. J. et al. (1987), « Oceanic phytoplankton, atmospheric sulphur, cloud albedo and climate », *Nature*, 326, 655-661.

Crabbe M. J. C., Karaviotis S., Smith D. J. (2004), « Preliminary Comparison Of Three Coral Reef Sites In The Wakatobi Marine National Park (S.E. Sulawesi, Indonesia) », *Bulletin of Marine Science*, 74(2), 469-476.

Fonselius S. F. et al. (1956), « Carbon dioxide variations in the atmosphere », *Tellus*, 8, 176-183.

Idso C. D. et al. (1999), « The relationship between near-surface air temperature over land and the annual amplitude of the atmosphere's seasonal CO_2 cycle », *Environmental and Experimental Botany*, 41, 31-37.

Jaworowski Z. et al. (1992), « Do glaciers tell a true atmospheric CO_2 story? » *The Science of the Total Environment*, 114, 227-284.

Jaworowski Z. (2007), « CO_2 : The Greatest Scientific Scandal of Our Time », *EIR Science*, March 16, 38-53.

Kleypas J. A. et al. (1999), « Geochemical consequences of increased atmospheric carbon dioxide on coral reefs », *Science*, 284, 118-120.

Laurance W. F. (2005), « When bigger is better: the need for Amazonian megareserves », *Trends in Ecology and Evolution*, 20, 645-648.

Legrand M. et al. (1991), « Ice-core record of oceanic emissions of dimethylsulphide during the last climate cycle », *Nature*, 350, 144-146.

Lopatin E., Kolström T., Spiecker H. (2007), « Impact of climate change on radial growth of Siberian spruce and Scots pine in North-western Russia », *Forest*, 4(1), 28-41.

Lovelock J. (1979), « GAIA: A New Look as Life on Earth », *Oxford University Press.*

Lovelock J. E. (1986), « La Terre est un être vivant », *Éd. du Rocher, Coll. « l'Esprit et la Matière »*.

Nephtel A. et al. (1994), « Historical CO_2 record from the Siple Station ice core », *in Trends: A Compendium of Data on Global Change*, Carbon Dioxide Information Analysis Center,

Nemani R. R. et al. (2003), « Climate-driven increases in global terrestrial net primary production from 1982 to 1999 », *Science*, 300, 1560-1563.

Orr J. C. et al. (2005), « Anthropogenic ocean acidification over the twenty-first century and its impact on calcifying organisms », *Nature*, 437, 681-686.

Siegenthaler U., Sarmiento J. L. (1993), « Atmospheric dioxide and the ocean », *Nature*, 365, 119-125.

Vallina S., Simó R. (2007), « Strong relationship between DMS and the solar radiation dose over the global surface ocean », *Science*, 315, 506-508.

Wagner F. et al. (2004), « Reproducibility of Holocene atmospheric CO_2 records based on stomatal frequency », *Quaternary Science Reviews*, 23, 1947-1954.

Wagner F. et al. (2002), « Rapid atmospheric CO_2 changes associated with the 8.200-years-B.P. cooling event », *Proceedings of the National Academy of Sciences*, 99, 12011-12014.

Chapitre 9

Adler et al. (2003), « Evidence for strengthening of the tropical general circulation in the 1990s », *Science*, 295, 838-841, 2002.

Alexandersson et al. (2000), « Trends of storms in NW Europe derived from an updated pressure data set », *Clim. Res.*, 14, 71-73.

Chen et al. (2002), « Evidence for strengthening of the tropical general circulation in the 1990s », *Science*, 295, 838-841.

Kossin J. P. et al. (2007), « A globally consistent reanalysis of hurricane variability and trends », *Geoph. Res. Lett.*, 34, L04815.

Landsea C. W. (2005), « Hurricanes and global warming », *Nature*, 438, E11-E13.

Landsea C. W. et al. (2006), « Can we detect trends in extreme tropical cyclones? », *Science*, 313, 452-54.

Mitchell T. D. and Jones P. D. (2005), « An improved method of constructing a data base of monthly climate observations and associated high resolution grids », *Int. J. Climatol.*, 25, 693-712.

Peterson T. C., Vose R. S. (1997), « An overview of the global historical climatology network temperature database », *Bull. Amer. Meteor. Soc.*, 78, 2837-2849.

Smith T. M. et al. (2006), « Variations in annual global precipitation (1979-2004), based on the Global Precipitation Climatology Project 2.5 analysis », *Geophysical Research Letters*, 33.

WMO/CAS (2006), « Statement on tropical cyclones and climate change, non pub Tropical Meteorology Research Program », février 2006.

Chapitre 10

Ammann C. M. (2005), « Solar signal in records and simulations of past climates », *Mem. S.A. It.*, 76, 802.

Balmaceda L., Krivova N. A., Solanki S. K. (2007), http://fr.arxiv.org/PS_cache/astro-ph/pdf/0703/0703147v1.pdf

Berger A. (1978), « Long-term variations of daily insolation and Quaternary climatic changes », *J. Atmos. Sci.*, 35(12), 2362-2367.

Berger A. (2006), « Les causes astronomiques des grandes variations du climat au Quaternaire », *C. R. Palevol*, 5, 21-26.

Berner U., Streif H. (2001), « Klimafakten » Der Rückblick ein Schlüssel für die Zukunft », *Auf Schweizerbart Verlag, Stuttgart*, www.bgr.bund.delerge-bakco22. html

Bieber J. W et al. (2007), « Long term decline of South pole neutron rate », preprint for *Journal of Geographical Research.*

Caillon N. et al. (2003), « Timing of atmospheric CO_2 and Antarctic temperature changes across Termination », *Science,* 299, 1728-173.

CERN, ClOUD, http://public.web.cern.ch/Public/fr/Research/CLOUD-fr.html

Clarke T. (2003), « Bubbles prompt climate-change rethink », *Nature,* Science Update, March 14 (www.nature.com/nsu/nsu pf/030310/030310-12.html).

Duplessy J.C. (2004), *Encyclopaedia Universalis.*

Duplessy J.C. (1996), « Quand l'océan se fâche », Odile Jacob.

Duplessy J.C. (2000), « Gros temps sur la Planète », avec P. Morel, Odile Jacob.

EPICA (2006), Community Members (European Project for Ice Coring in Antarctica) « One-to-one coupling of glacial climate variability in Greenland and Antarctica », *Nature,* 9 novembre.

Foster S. S. (2004), « Reconstruction of solar irradiance variations, for use in studies of global climate change: Application of recent SOHO observations with historic data from the Greenwich observations », *Ph.D. thesis,*

England, University of Southampton (United Kingdom), Publication Number: AAT C820450. DAI-C 66/02.

Hoyt D. V., Schatten K. H. (1998), « Group sunspot numbers: a new solar activity indicator », wwwastro.umontreai.calpaulcharlsplgreat moments.2.html

Krivova N. A., Solanki S. K. (2003), « Solar total and spectral irradiance: modeling and possible impact on climate », http://www.mps.mpg.de/projects/sun-climate/papers/iscs2003.pdf

Lean J. (2000), « Evolution of the Sun's Spectral Irradiance Since the Maunder Minimum », *Geophys. Res. Lett.*, 27(16), 2425–2428.

Lockwood M., Frölich C. (2007), « Recent oppositely directed trends in solar climate forcings and the global mean surface air temperature », *Proc. R. Soc/ rspa.2007.1880,* http://publishing.royalsociety.org/media/proceedings_a/rspa20071880.pdf

Marsh N. D., Svensmark H. (2000), « Low cloud properties influenced by cosmic rays », *Physical Review Letters,* 85(23), 5004-5007.

McDuff R., Heath Ross G. (2001), *Oceanography*, 540 pages, ou http:Iwww2.ocean. washington.eduloc.540 ftp://ftp.ngdc.noaa.gov/paleo/icecore/greenland/summit/gisp2/isotopes/d18o1yr

Mendoza B. (1997), « Estimations of Maunder minimum solar irradiance and Ca H and K fluxes using rotation rates and diameters », *The astrophysical journal,* 483, 532-526.

Milankovitch M. (voir 2007), http://www.terreentiere.com/MEDIAS/pdf/croisieres/De_la_theorie_astronomique_au_rechauffement_global_Berger_Loutre.pdf

Monnin E. et al. (2001), « Atmospheric CO_2 concentrations over the last glacial termination », *Science,* 291, 112-114.

Mudelsee M. (2001), « The phase relations among atmospheric CO_2 content, temperature and global ice volume over the past 420 ka », *Quat. Sci. Rev.,* 20, 583-589.

Nesmes-Ribes E., Thuillier G. (2000), « Histoire solaire et climatique », Éditions Belin.

Pallé E. et al. (2004), « The possible connection between ionisation in the atmosphere by cosmic rays and low level clouds », *J. Atmosph. Solar-Terr. Physics,* 66, 1779-1790.

Pallé E. et al. (2006), « Can Earth albedo and surface temperatures increased together? », *EOS,* 87(4), 37-43.

Petit J. R. et al. (1999), « Climate and atmospheric history of the past 420,000 years from the Vostok ice core, Antarctica », *Nature,* 399, 429-436.

Reid G. C. (1991), « Solar total irradiance variations and the global sea surface temperature record », *Journal of Geophysical Research*, 96, D2, 2835-2844.

Scafetta N., West B. J. (2006), « Phenomenological solar signature in 400 years of reconstructed Northern Hemisphere temperature record », *Geophys. Res. Lett.*, 33, L17718.

Sharma M. (2002), « Variations in solar magnetic activity during the last 200,000 years: is there a Sunclimate connection? », *Earth and Planetary Science Letters*, 199, 459-472.

Shaviv N. J., Veizer (2003), « Irradiance since 1610 » implications for climate change », J. Celestial driver of phanerozoic climate, *GSA Today*, V13 I 7, 410.

Siegenthaler U. et al. (2005), « Stable carbon cycleclimate relationship during the late Pleistocene », *Science*, 310, 1313-1317.

Vakulenko N. V. et al. (2004), « Evidence for the leading role of temperature variations in the Vostok ice core record », *Dokl. Russian Acad. Sci., Earth Sciences*, 397, 663-667.

Veizer J. (2005), « Celestial climate driver a perspective from four billion years of the carbon cycle », *Geoscience Canada*, 32(1), 13-28.

Viereck R. (2002), solarnews.nso.edu/120020116.html

Wang Y. et al. (2005), « Modeling the sun's magnetic field and irradiance since 1713 », *The Astrophysical Journal*, 625, 522-538.

Warren Stephen G. et al. (2006-2007), « A Survey of Changes in Cloud Cover and Cloud Types over Land from Surface Observations », 1971-96. *Journal of Climate*, 20(4), 717-738.

Conclusion

Arrhenius S. (1910), « L'évolution des mondes », traduction française de T. Seyrig, librairie polytechnique.

GIEC (2007), « Climate Change 2007 », the scientific basis, http://ipcc-wg1.ucar.edu/

GIEC (2001), « Climate Change 2001, Assessing physical science of climate change », IPCC working group 1.

Gore A. (2007), « An inconvenient truth », film.

Kellog W. (1989), « Global influence of mankind on the climate, Global climate change », Parangon House, N.Y.

Lindzen R. (2006), « Climate of fear », *Wall Street Journal*, 12 avril.

Petit-Maire N. (2003), « Sous le sable… les lacs », éditions du CNRS.

Tazief H. (1992), « La Terre va-t-elle cesser de tourner ? », Éd Seghers.

Pour en savoir plus

Indépendamment des ouvrages de Svante Arrhénius, Philippe Roqueplo, Jean Marc Jancovici, GIEC 1990, 2001, 2007, Sylvie Jousseaume, Emmanuel Le Roy Ladurie, Bérangère Clavé, James Lovelock, Jean-Claude Duplessy, Elisabeth Nesmes Ribes et Gérard Thuillier, Al Gore, Nicole Petit-Maire, Haroun Tazieff, figurant dans cet ordre dans les références citées, voici quelques autres ouvrages récents sur le sujet :

Jean Louis Fellous et Catherine Gauthier, 2007, *Comprendre le changement climatique*, Odile Jacob.
Jean Jouzel et Anne Debroise, 2007, *Le climat : jeu dangereux*, Dunod.
Sous la direction d'Edouard Bard, 2006, *l'Homme face au climat*, Odile Jacob.
* Michael Crichton, 2006, *État d'urgence*, Robert Laffont *(roman).*
Jean François Deconninck, 2006, *Paléoclimats*, Vuibert.
Monica Rotaru, Jérôme Gaillardet, Michel Steinberg et Jean Trichet, 2006, *Les climats passés de la Terre*, Vuibert.
Lucian Boia, 2004, *L'Homme face au climat*, Les Belles Lettres.
Pascal Acot, 2003, *Histoire du climat*, Éditions Perrin.
Jean-Pierre Chalon, 2002, *Combien pèse un nuage* ? EDP sciences.
* Bjorn Lomborg, 2001, *The skeptical Environmentalist*, Cambridge University Press (*en langue anglaise*).

Gérard Lambert, 2001, *La Terre chauffe-t-elle* ? EDP sciences.
* Yves Lenoir, 2001, *Climat de panique*, Favre.
Sylvestre Huet, 2000, *Quel Climat pour demain* ? Calmann-Levy.

Les sites suivants peuvent également être consultés sur internet :

*www.climateaudit.org	(site de Steve McIntire)
*www.climat-sceptique.over-blog.com	(site tenu à jour jusque 2008 par Charles Muller)
*www.co2science.org	(Center for the Study of Carbon Dioxide and Global Change)
www.effet-de-serre.gouv.fr	(mission ministérielle sur l'effet de serre)
*www.friendsofsciences.org	(organisation of canadian climate scientists)
www.giss-nasa.gov	(Godart Institute for Space Studies)
www.ipcc.ch	(GIEC)
*www.john-daly.com	(site créé par John Daly, A Lukewarm View of Global Warming)
www.lmd.jussieu.fr	(laboratoire de méthodologie dynamique CNRS)
www.lscc.ipsl.fr	(laboratoire des sciences du climat et de l'environnement)
www.manicore.com	(Site de J.P. Jancovici)
www.realclimate.org	(Climate science from climate scientists)
*www.pensée-unique.fr	(site de Jean Martin)
*www.worldclimatereport.com	(The Web's Longest-Running Climate Change blog)

Les ouvrages et sites Internet précédés d'un astérisque exposent un point de vue sceptique.

Remerciements

Ce livre, sous sa forme présente, doit beaucoup à James Lequeux que je remercie très vivement pour ses conseils rédactionnels, la rigueur scientifique de ses corrections et l'apport précieux d'informations additionnelles.

Mes remerciements vont aussi à Raymond Baulac qui a bien voulu lire les différentes ébauches du texte et suggérer des améliorations au cours de nombreux échanges sur le sujet.

Je remercie enfin ma famille qui m'a encouragé à développer et publier le texte originel qui lui était dédié et qui m'a soutenu dans cet exercice.

Composition : Facompo à Lisieux (14100)

Achevé d'imprimer par Présence Graphique
2 rue de la Pinsonnière - 37260 Monts
N° d'imprimeur : 030931273
Dépôt légal : mars 2009